베베 고고 Bebe Gogo

초판 1쇄 발행 | 2019년 4월 29일

지은이 | 길지혜
펴낸이 | 이원범
기획 · 편집 | 김은숙
마케팅 | 안오영
표지 · 본문 디자인 | 강선욱

펴낸곳 | 어바웃어북 about a book
출판등록 | 2010년 12월 24일 제313-2010-377호
주소 | 서울시 마포구 양화로56 1507호(서교동, 동양한강트레벨)
전화 | (편집팀) 070-4232-6071 (영업팀) 070-4233-6070
팩스 | 02-335-6078

ⓒ 길지혜, 2019

ISBN | 979-11-87150-54-1   03980

베베고고
Bebe Gogo

백일부터 7세까지 아이를 위한 여행

길지혜 지음

어바웃어북

아이와 부모가
한 뼘씩 성장하는 여행

"잘하고 있어요."

사실 이 책에서 가장 하고 싶은 말은 이 한마디입니다. 지금 첫 장을 펼친 당신
은 참 잘해내고 있습니다. 특별한 장소로 떠나지 않아도 우린, 매일 아이의 세계
를 여행합니다.

수없이 읽은 육아 서적 내용 가운데 단 한 문장이 제 머릿속에 오래 남아 있습니다.
"아이는 부모의 애씀을 본능적으로 안다."

서툰 육아 방식에도 아이는 '엄마의 진심'을 느끼고 있습니다. 늘 부족하지만,
사랑하고 또 사랑하며 언제까지나 아이를 지켜주고 싶은 그 마음을요.

아이와 함께하는 여행은 우리가 풋풋한 청춘이었을 때, 홀로 가볍게 떠난 여행
과는 완전히 다릅니다. 해 질 무렵 집 앞 공원을 거닐 던 산책의 고요함과는 거
리가 멉니다. 찬바람에 부서질까, 태양에 녹아들까 품에 안고 안절부절못합니
다. 때론 출발하기도 전에 준비로 지치고, 감기라도 떠안고 돌아온 날에는 내 욕
심만 차린 게 아닐까 자책도 듭니다.

저와 아이의 첫 여행지는 집 앞 빵집이었습니다. 1월 1일에 태어난 첫째가 백일
을 넘겼을 때 봄이 찾아왔고, 어디라도 바람을 쐬고 싶었던 간절한 마음에 용기
를 냈습니다. 30분 내외의 짧은 외출에 준비는 두 시간을 훌쩍 넘겼습니다. 그

사이 수유 시간이 찾아와 젖을 물린 기억이 납니다. '나가지 말까?' 수없이 고민했지만 결국 용기를 냈습니다. 그때 맡은 바깥 바람의 내음을 잊지 못합니다. 코끝을 간질이는 알싸한 봄 향기가 엄마라는 이름으로 감당해야 했던 모든 시간을 위로해 주었습니다.

아이가 매일 한 뼘씩 자라는 동안, 부모도 성장하는 건 분명합니다. 아이가 세상을 기억하고 여행할수록 서툴던 여행 준비도 익숙해집니다. 다양한 세상을 보여주고 싶은 부모는 늘 '색다른' 여행지를 고민하지만, 어린아이들은 어디에서든 새로운 여행법을 찾아냅니다. 몽돌로 밥을 짓고, 꽃잎을 맛보고, 물가에서 경중경중 뛰놉니다. 어쩌면 여행작가를 업으로 삼고 있는 저보다 우리 아이들이 진정한 여행자입니다. 부모는 그저 용기 내어 문밖으로 나서기만 하면 된다는 것을 저도 뒤늦게 깨달았습니다.

《베베 고고》는 여행지를 소개하는 가이드북만은 아닙니다. 부모나이 한 살, 두 살, 세 살이 되어가며 아이와 여행으로 위로받고 행복했던 모든 날의 기록입니다. 더불어 미리 알고 가면 아이와 부모 모두 즐거워지는 정보를 꼼꼼히 표시했습니다. 어린아이와 무작정 여행하며 부딪혔던 경험담을 들려 드리고 도움이 되고 싶었습니다.

제 딸들은 여행작가를 엄마로 둔 덕분에 참 많은 곳을 다녔습니다. 하지만 이후 제가 책상에 앉아 꼬박꼬박 글을 토해내는 시간 동안, 엄마의 부재를 견디는 것 또한 아이들의 몫이었습니다. 글과 사투하는 동안, 두 아이를 기꺼이 맡아준 남편에게 온 마음을 담아 고마움을 전합니다. 이 책을 통해 세상의 모든 부모님 그리고 세상의 모든 아이와, '여행하는 행복'을 나누고 싶습니다. 고맙습니다.

《베베 고고》
200% 활용 가이드

전업맘이나 워킹맘이나 육아는 고단합니다. 아이 어린이집 보내고 폭탄 맞은 듯 어질러진 집을 치우고 보면 금세 하원 시간이 다가옵니다. 아이가 하원 하면 '육아 전쟁' 2막이 열립니다. 워킹맘들은 회사에서 퇴근해 집으로 출근합니다. '주 52시간 근무제'를 도입한다는데, 엄마 노릇은 매일 야근에, 휴일도 연차도 없습니다! 그렇다고 주말에 누워만 있을 수도 TV 앞에만 앉아 있을 수도 없는 노릇입니다. 추워도 더워도 어디든 나가야 하는 건 아이 있는 집의 숙명입니다.

열 번쯤 가본 롯데월드에, 아이와 함께 갔다가 큰 깨달음을 얻었습니다. 아이가 갓 돌을 넘겼으면 부모도 돌쟁이, 아이가 세 살이면 부모 나이도 세 살입니다. 스릴을 즐기고, 몇 겹으로 늘어선 대기 줄을 얼마든지 기다릴 수 있는 인내심이 있고, 자유이용권을 손목에 두르고 있어도 자녀 키가 95cm이면, 부모 키도 95cm입니다. 눈앞의 놀이기구들은 모두 '그림의 떡'입니다.

비단 놀이기구만 그런 게 아닙니다. 제아무리 스키 선수 뺨치게 스키를 잘 타도, 아이와 함께라면 눈썰매장을 벗어날 수 없습니다. 먹는 것보다 흘리는 게 더 많은 아이와 함께라면 '맛집'도 무용지물입니다. 그래서 아이와 함께

하는 여행은 홀로, 또는 부부 단둘이 떠나던 여행과 판이합니다.

'아이'라고 통칭하지만, 영유아와 아동은 천양지차입니다. 3~4시간에 한 번씩 우유를 먹고, 응가하면 씻기고 기저귀 갈 곳을 찾아 헤매야 하고, 하루에 꼭 1~2시간은 낮잠을 자야 하고, "내가! 내가!"를 외치며 부모 손을 뿌리치고 걷다가도 금세 돌변해 안아달라고 보채고, 장소 불문 기분이 좋으면 큰소리로 노래하고 춤추며 감정을 표현하는 영유아와 초등학생이 같은 장소에서 똑같이 보고 듣고 느낄 수는 없습니다. 영유아와 아동은 여행지와 여행하는 방법 모두 달라야 합니다.

'아쿠아플라넷63'은 1시간 정도면 충분히 둘러볼 만큼 규모가 아담합니다. 길게 집중하지 못하는 영유아를 동반한 가족에게는 오히려 이 점이 매력으로 다가옵니다. 전 세계 랜드마크 건축물을 축소해놓은 '아인스월드'에서 어른들은 세월의 흔적이 고스란히 내려앉은 미니어처에 실망합니다. 하지만 온종일 세상을 올려다보던 아이들은 이곳에서만큼은 자신의 눈높이에서 세계를 여행합니다. 이 책은 바깥나들이를 시작하는 백일부터 7세 아이에게 꼭 맞춘 여행지와 여행 방법을 안내합니다.

1. 영유아 가족에게 꼭 필요한 여행 정보를 꼼꼼하게 수록!

❶ 추천 시기 여행 테마와 체험 프로그램, 여행지가 실내인지 실외인지 등을 고려해 여행하기 좋은 시기를 추천해드립니다.

❷ 수유실 수유실 위치와 기저귀 교환대, 수유 의자, 전자레인지 등 수유실에 비치된 물품까지 꼼꼼하게 안내!

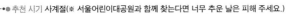

- 추천 시기 사계절(※ 서울어린이대공원과 함께 찾는다면 너무 추운 날은 피해 주세요.)
- 주소 서울 광진구 능동로 238 서울시민안전체험관
- 전화 02-2049-4061 ● 홈페이지 fire.seoul.go.kr/gwangnaru/
- 이용 시간 평일, 공휴일 09:00~17:00, 수요일 야간체험 19:00~야간체험 종료 시까지
    ※ 출동! 어린이소방대(4~5세) : 매주 토요일 13:00~15:00, 당일 현장 접수
- 휴무일 매주 월요일, 1월 1일, 설 및 추석 명절 당일
- 이용 요금 무료(※ 전화·인터넷 예약제)
- 수유실 1층 안전어린이관 내부(소파, 아기 침대, 전자레인지)
- 아이 먹거리 시설 내에는 없지만, 인근 100m 이내에 식당 및 먹거리를 판매하는 곳이 많아요.
- 주차 시설 서울어린이대공원 주차장 이용(유료)
- 소요 시간 2시간

❸ 아이 먹거리 어른 음식을 온전히 즐길 수 없는 아이도 먹을 수 있는 음식이 있는 음식점을 안내합니다.

❹ 주차 팁 · 유모차 대여소 여유롭게 주차할 수 있는 곳, 이용할 수 있는 대중교통, 유모차 대여소 위치 등을 알려드립니다.

❺ 소요 시간 수유와 낮잠 타이밍, 여행 코스를 계획할 때 꼭 필요한 여행 시간을 계산했습니다.

2. 즐기기만 하세요. 골치 아픈 여행 코스는 대신 짜드립니다.

이 책은 메인 여행지 1곳과 함께 가볼 만한 여행지 3곳을 묶어 소개합니다. 4곳
의 여행지는 가까이 있어 도보나 대중교통, 자동차로 쉽게 이동할 수 있습니다.
이 책이 소개하는 코스를 활용하면 하루를 알차게 즐길 수 있습니다.

피노파밀리아   화랑대 철도공원   서울시립 북서울미술관

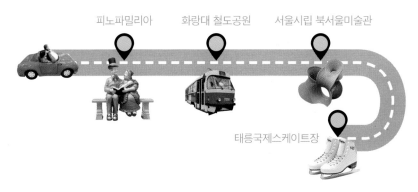

태릉국제스케이트장

3. 가본 사람만 귀띔해줄 수 있는 꿀팁 대방출!

입장료 할인받는 방법, 체험을 제대로 즐기기 위한 준비물, 요리 체험이 끝나고
나오는 음식의 양, 캠핑할 때 텐트 치기 가장 좋은 데크 위치 등 아이와 함께 가
본 사람만 얘기해줄 수 있는 팁을 소개합니다.

CHAPTER 1 • 아이 마음키가 한 뼘 자라는 성장 여행

CONTENTS

CHAPTER 3 • 아이 꿈을 키우는 밑거름 체험 여행

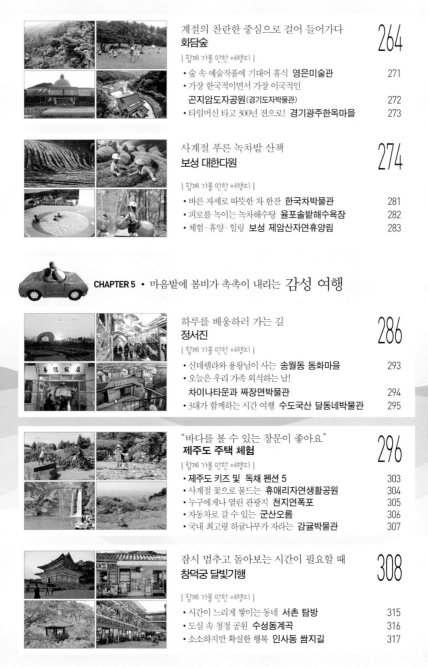

CHAPTER 6 • 함께라서 더 즐거운 우리 **가족 여행**

CHAPTER 1

아이 마음키가 한 뼘 자라는
성장 여행

GOOD
SEASON
●
봄~가을

경기
수원시

기저귀 떼기 프로젝트 1단계는 똥박물관에서

해우재

#대소변 훈련 #똥박물관 #화장실문화전시관 #미스터 토일렛 #수원화성
#열기구 체험 #화성행궁 #행궁열차 #미술관 데이트 #수원시립아이파크미술관

아이의 첫 창조물, 똥

"아이쿠 귀여운 똥 덩어리!"

똥이 귀엽다니, 엄마가 되고 이상해졌어요. 심지어
큰 애의 생애 첫 똥은 사진으로 남기기까지
했습니다. 온기가 채 가시지 않은 기저귀
를 펼쳐 놓고 육아 서적에 나온 '대변 종류별
건강 상태 체크표'와 대조해보는 건 신생아를 둔
엄마들의 일상입니다.

▲ 해우재 대표 캐릭터 '토리'.

'똥'이라고 했을 때 어른들은 인상을 찌푸리지만, 아이들은 깔깔
깔 웃음을 터트립니다. 아이들은 똥을 자신이 만든 창조물이자,
분신으로 여기기 때문이라고 합니다.

아이가 "엄마~ 응가!"라고 말할 단계가 되면 꼭 가볼 곳이 있습
니다. 거대한 변기 모양의 집, 세계 유일의 똥박물관인 '해우재'
입니다. 이곳은 더럽게만 생각했던 화장실에 대한 편견을 깨고

- ●추천 시기 봄~가을
  - ※ 박물관 내부는 사계절 관람할 수 있지만, 공원까지 산책하려면 따뜻한 날이 좋아요.
- ●주소 경기 수원시 장안구 장안로 463 ●전화 031-271-9777
- ●홈페이지 www.haewoojae.com ●이용 시간 11~2월 10:00~17:00, 3~10월 10:00~18:00
- ●휴관일 매주 월요일(월요일이 공휴일인 경우 그 다음 날 휴관), 1월 1일, 설날 및 추석 연휴
- ●이용 요금 무료 ●수유실 해우재 1층 안내데스크 뒤편(전자레인지 구비)
- ●아이 먹거리 시설 내에는 별도로 음식을 판매하는 곳이 없어요.
- ●소요 시간 2시간

화장실을 재밌는 놀이터로 만듭니다. '똥'이라는 키워드에 '건강'을 더하고, '예술'과 '환경'을 접목한 복합문화공간인 거죠. 프랑스 대문호 빅토르 위고는 "인간의 역사는 곧 화장실의 역사"라는 말을 남겼습니다. 화장실 없는 인간사는 없다는 뜻으로 해석할 수 있겠지요.

뒷간에서 태어난 개똥이가 만든 해우재

해우재의 공식 명칭은 '화장실문화전시관'입니다. 해우재는 개똥이가 만들었습니다. 개똥이가 누구냐고요? 세계화장실협회 초대 회장이자 수원시

▶ 해우재 본관 입구에 설치된 대형 똥 조형물. 냄새난다며 코를 틀어막거나, 조형물을 끌어안거나 올라타는 등 아이의 재미난 반응을 담을 수 있는 포토존이다.

◀▲ 본관 상설전시장에는 화장실 문화사를 조망할 수 있는 전시물과 화장실에 예술적 감각이 더해진 조형물들이 있다.

응가야! 안녕~

장을 역임한 고(故) 심재덕 회장입니다.

개똥이는 외가 뒷간에서 태어난 덕에 붙은 심 회장의 별명입니다. 화장실을 끔찍이 사랑한 심 회장은 일생 화장실 문화 바꾸기에 앞장섰습니다. 수원시장 재직 시 화장실 문화 운동을 펼쳤고, 전 세계인에게 '미스터 토일렛(Mr. Toilet)'이란 별명을 얻었습니다. 해우재도 심 회장이 살던 집을 변기 모양으로 새롭게 지은 것입니다. 2009년 심 회장은 해우재를 수원시에 기증했습니다. 해우재가 세계 최초의 화장실 테마 공원으로 자리 잡았으니, 온 몸에 똥 바르고 태어난 개똥이의 꿈이 이루어진 셈입니다.

아이 눈높이에 맞춘 똥의 모든 것

"으악! 똥이다!"

해우재 입구에 있는 빛나는 대형 황금 똥이 아이의 눈길을 단번에 사로잡습니다. 1층 상설전시장에서는 화장실 문화 운동의 역사를 조명하고 있습니다. 별들도 잠든 어두운 밤, 시골집 밖에 있는 재래식 화장실에서 발을 헛디뎌 온몸에 똥을 뒤집어썼던 그런 풍경이 담겨 있습니다.

전시장 중앙의 화장실이 흥미롭습니다. 보통 화장실은 생활공간에서 후미진 곳에 배치되었는데, 해우재 화장실은 집안 한가운데 있습니다. 평상시엔 전면 유리를 통해 외부를 볼 수 있지만, 용변을 볼 때 스위치를 켜면 전면 유리가 불투명하게 변해 나만의 화장실로 바뀝니다.

해우재 맞은 편 문화센터가 아이들의 메인 놀이터입니다. 알록달록 아이들의 눈높이에 맞게 꾸며진 '어린이 체험관'이 아이가 가장 오래 머무는 공간입니다. 똥이 만들어지는 과정, 황금 똥 만드는 비법, 동물들의 대변 모양 등 우리 몸을 이해할 수 있는 다양한 체험 활동이 가득합니다. 유아 화장실에 앉아 한껏 힘주는 아이들의 모습이 대견하기만 합니다. 기저귀를 갈아주지 않는다고 울어대던 때가 엊그제 같은데 말이죠. 옥상 정원으로 올라가면 걱정과 근심을 모두 내려놓을 수 있는 탁 트인 풍경을 만납니다.

◀◀▶▼ 본관 맞은편 문화센터에는 우리 몸을 이해할 수 있는 다양한 체험이 마련되어 있으며, 화장실과 관련된 책을 열람할 수 있는 똥도서관이 있다.

화장실 역사와 함께하는 야외공원

아이와 함께라면 야외공원을 빼놓을 수 없습니다.

조용히 산책하며 화장실 역사를 들여다볼 수 있

습니다. 백제와 신라 시대에 사용했던 호자

(호랑이 모양의 남성 소변기)와 요강, 조선시대 이

동식 변기인 매화틀과 서양 변기 모형이 전시되어

있어 조금 큰 아이들의 체험 공간으로도 괜찮습니다.

엄마, 이게 수를 먹는 호랑이래요!

‘통시 변소’는 아이들에게 단연 인기 만점입니다. 제주도 지역에서 볼 수 있는 통시 변소는 화장실과 돼지를 기르는 축사가 하나로 합쳐진 공간입니다. 옛날 제주도에서는 부엌에서 나오는 음식물 찌꺼기와 인분을 먹여 돼지를 길렀습니다. 울릉도 지역의 움집형 화장실인 투막 화장실도 색다른 공간이었어요. 엄마의 마음을 아는지 모르는지 저희 아이는 열려 있는 화장실 문을 닫는데 바빴습니다.

15분간의 짜릿한 비행
플라잉수원

주소 경기 수원시 팔달구 경수대로 697

전화 031-247-1300

홈페이지 www.flyingsuwon.com

"뜬다! 뜬다! 뜬다!"
유네스코 지정 세계문화유산인 수원화성을 하늘 위에서 한눈에 내려다볼 수 있는 독특한 체험이 있습니다. 높이 32m, 폭 22m 규모의 거대한 헬륨기구에 몸을 싣고 150m 상공까지 올라가는 것입니다. 헬륨가스의 부력을 이용해 올라갔다가 기구에 묶인 철선을 감으면 내려오는 구조입니다.

상공에서 내려다보는 화성의 모습은 감탄을 자아내기에 충분합니다. 장난감처럼 작아지는 집과 자동차를 보면 높은 곳에 있다는 것이 실감이 납니다. 헬륨기구 체험장은 국내에 경주와 수원, 두 곳뿐입니다. 팔달산 뒤로 해가 걸리고, 화성성곽에 조명이 밝혀지는 시간이 가장 장관입니다.

TIP
헬륨기구를 타고 위로 올라가면 아이가 추위를 느낄 수 있으니 담요를 꼭 챙기세요.

매주 월요일 오전 안전점검 시간을 제외하고 연중무휴 운영되지만, 기상 조건에 따라 운행이 결정되므로 홈페이지 또는 현장에서 꼭 확인해야 합니다.
24개월 이하 유아는 무료로 탑승할 수 있는데, 서류를 꼭 지참해야 합니다. 갑작스러운 기상 악화로 운행이 취소될 경우 탑승 직전까지 환불해줍니다.

조선시대 성곽 건축의 꽃
수원화성과 화성행궁

주소 경기 수원시 팔달구 정조로 825

전화 031-290-3600

홈페이지 www.swcf.or.kr

수원화성에는 약 6km에 달하는 육중한 성벽을 따라 장안문, 팔달문, 창룡문, 화서문 4개의 성문과 40개 이상의 시설물이 있습니다. 이 가운데 '방화수류정'과 '화홍문'은 꼭 가보세요. 수원화성의 백미입니다. 수원화성은 1997년에 유네스코 세계문화유산으로 지정되었습니다. 드넓은 수원화성과 행궁을 아이와 함께 찾는다면 '화성어차' 탑승이 필수입니다. 화성어차는 수원화성의 주요 광관 포인트를 순환하는 열차입니다. 서울대공원의 코끼리 열차 격이지요.

수원화성은 조선 제22대 임금인 정조대왕이 아버지였던 장헌세자(사도세자)의 능을 이장하며 완성한 세계 최초의 계획된 신도시입니다. 1796년 9월 완공된 수원화성은 200년이 넘는 유구한 역사를 품고 있습니다. 매년 10월에는 수원전통문화관광축제인 '수원화성문화제'가 열립니다. 축제 때는 정조대왕 능행차와 혜경궁 홍씨 진찬연(회갑연) 재현 행사, 수원사랑등 불축제 등 다채로운 체험을 즐길 수 있습니다.

TIP
1. 카카오톡에서 수원시와 친구를 맺으면 수원화성과 화성행궁을 무료로 입장할 수 있고, 수원시립아이파크미술관은 입장료를 50% 할인받을 수 있어요.
2. 화성행궁 광장 인근 대여점(30분 1만 원)에서 전동차를 빌릴 수 있어요.
3. 주말에는 수원시립아이파크미술관에 주차하는 걸 추천합니다.

KakaoTalk Plus친구

아이랑 미술관 데이트
수원시립아이파크미술관

주소 경기 수원시 팔달구 정조로 833

전화 031-228-3800

홈페이지 sima.suwon.go.kr

'얘가 보고 뭘 알겠어?' '시끄럽게 굴면 안 되는데······.'
시도 때도 없이 돌고래 소리를 내는 아이의 엄마는 공공장소
가 부담입니다. 특히 조용히 관람해야 하는 미술관이나 박물
관에서는 내 아이가 불청객이 된 듯 미리 긴장하기도 합니다.
그러나 수원시립아이파크미술관은 엄마들의 로망인 아이와
미술관 데이트를 실현해줄 완벽한 장소로 손꼽힙니다.
지상 2층, 지하 1층, 연면적 9,661m² 규모의 현대식 건물도
돋보이지만, 수원화성과 화성행궁이 바로 곁에 있어 언제고
뛰쳐나갈 수 있기 때문입니다. 2015년 개관한 미술관은 아이
의 창의력을 키울 작품으로 가득합니다. 다양한
설치 작품 속을 걷는 것만으로도 아이에게 좋은
경험이 될 것입니다. 특히 수원시립아이파크미술
관은 전통과 현대 문화예술 플랫폼을 지향하고 있
어, 엄마와 아이가 시간을 매개로 연결고리를 만
들 수 있는 전시회가 많이 열립니다.

'편식 대마왕'을 위한 솔루션

고마워토토

#식습관 교육 #채소 싫어 #편식 #유아식 시작 #흙 놀이
#고마워토토 #요리 체험 #스타필드코엑스몰 #아쿠아리움 #브릭라이브
#아이랑 책 보기 좋은 곳 #잠실야구장 #별마당도서관

편식 대마왕과의 밥상머리 전쟁

흙이 주는 따뜻한 정서를 아이에게 전
해주고 싶지만, 도시 생활자에겐 쉽지
않은 일입니다. 유일하게 흙을 만질 수
있었던 놀이터도 모래를 없애고 고무와 우레탄
바닥이 깔리는 추세이니까요.

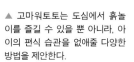

▲ 고마워토토는 도심에서 흙놀
이를 즐길 수 있을 뿐 아니라, 아
이의 편식 습관을 없애줄 다양한
방법을 제안한다.

고마워토토는 흙을 통한 오감 놀이를 할 수 있는

체험 프로그램이에요. 고마워토토에서 '토토'는 흙 토(土)를 반복
한 말입니다. 고마워토토는 흙 놀이뿐 아니라 편식하는 아이를
위한 솔루션도 제시합니다. 프로그램의 핵심은 채소 혹은 과일과
'친구'가 되는 거예요. 아이에게 재료를 친근한 대상으로 만들어,
'한 번 먹어볼까? 먹어보니 괜찮네'라는 마음이 들게 합니다. 체
험은 60분간 짜임새 있게 진행됩니다. 지루할 틈이 없어요.
저희 아이는 중기 이유식까지는 곧잘 먹다가, 재료의 입자가 눈
에 보이기 시작할 완료기 무렵 '초록색'을 본능적으로 골라냈습
니다. 탁월한 재능을 가진 아이였지요. 밥숟가락에 제 손톱보다

● 추천 시기 사계절 ● 주소 서울 강남구 영동대로128길 32
● 전화 [서울] 02-3443-7474, [울산] 052-221-1617 ● 홈페이지 tototown.net
● 이용 시간 예약제(10:00~17:00) ● 휴무일 월요일
● 이용 요금 1인 26,500원 ● 수유실 수유실이 없어 수유 가리개가 필요해요.
● 아이 먹거리 체험 후 직접 만든 간식을 먹어요. 하지만 식사를 대체하기엔 부족해요.
● 소요 시간 2시간(※ 체험 시간 약 1시간)

작은 시금치를 몰래 올리고 그 위로 좋아하는 반찬을 덮어줬더
니, '귀신 같이' 혀를 돌돌 굴려 시금치 조각만 꺼냈거든요. 함께
요리도 해보고, 채소는 모두 갈아서 안 보이게 해주기를 몇 달,
새로운 솔루션이 필요했습니다. 그래서 찾은 곳이 고마워토토였
습니다.

채소랑 친구가 되는 시간

체험복을 입고 꼬마 농부로 변신한 아이는 흙방에서 문이 열리
길 기다립니다. 살아 숨 쉬는 흙 속에서 마음껏 놀 준비가 된 거
지요. 체험권에 부모 1인이 포함되어 있기는 하지만, 부모는 함
께 들어가지 않습니다.

먼저 흙방에서 준비된 재료를 흙
속에 심고, 캐봅니다. 찾아낸 재료
는 토끼의 입으로 쏙 넣어요. 이야
기는 '감성방'으로 이어집니다.

> " 꼬마 농부로 변신한 아이들은 준비된 재료를 흙 속에 심어보고 캐보기도 하면서 신나게 탐구해요. "

아이랑 여행 꿀팁

● 영아 혹은 부모와 떨어지기 어려워하는 아이의 경우, 보호자 중 한 명이
같이 입장할 수 있어요. 이 경우 선생님의 안내에 따라 아이가 스스로
할 수 있게 되면 뒤로 물러나 지켜봐 주세요. 금세 재미를 붙이고 곧잘
따라 할 거예요.

당근으로 만든 천연 물감을 벽에 뿌려보고, 무로 사람의 신체를 구성하거나, 말린 오렌지로 목걸이를 만드는 등 재료에 따라 다양한 활동을 하면서 창의적인 사고력을 키웁니다. 다음은 '요리방'에서 직접 요리를 해보는 시간이에요.

생후 6개월부터는 새롭고 낯선 것에 대한 두려움을 뜻하는 네오포비아(neophobia)가 시작된다고 합니다. 객관적으로 볼 때 위험하지 않고 불안하지도 않은 상황이나 대상에 대해 필사적으로 피하고자 하는 증상입니다. 네오포비아의 일종인 푸드 네오포비아(food neophobia)는 생후 6개월에서 만 5세 사이의 아이들에게 흔히 나타나는 징후라고 해요. 그래서 무조건 음식을 먹이기보다 새로운 음식과 친해지게 만들어 공포심이 차차 없어지도록 기다려주는 과정이 중요하다고 합니다.

마지막으로 '감정방'에서는 생명을 키우며 감정을 나눠보는 시간을 갖습니다. 식물에 물을 주며 돌보는 것을 배우지요. 그날 프로그램에 맞는 재료의 모종을 집에서 키워볼 수 있도록 나눠줍니다.

재료에 대한 접근법은 엄마에게도 꿀팁

고마워토토는 정규수업과 정규수업을 1회 체험해보는 '체험수업'이 있습니다. 정규수업은 3, 6, 12개월 단위로 등록할 수 있고 2주에 한 번씩 소재가 바뀝니다. 체험수업은 약 2개월에 한 번씩 소재가 바뀌고 소셜커머스 티몬과 쿠팡을 통해 예약할 수 있습니다.

소재는 상추, 무, 양파, 콩, 토마토, 고추, 가지, 브로콜리, 양배추, 호박, 파, 고구마, 연근 등 아이의 이유식에 들어가는 기본 재료들로 구성되어 있어요. 이 밖에 귤, 딸기, 오렌지, 바나나 등 과일을 주제로 한 프로그램도 있어요. 단 한 번의

▲ 아이가 싫어하는 재료와 친해지는 다양한 방법을 모색한다는 점에서 고마워토토 체험은 엄마에게도 도움이 된다.

체험으로 아이의 편식을 고칠 순 없지만, 음식과 재료에 대한 접근 방법을 엄마도 함께 배워볼 수 있습니다.

저희 아이는 30개월에 레몬 체험을 하고, "토끼가 감기에 걸렸을 땐, 레몬차를 끓여 줄 거야"라고 말했습니다. 그리고 가져온 말린 오렌지 목걸이를 볼 때마다 체험했던 기억을 떠올립니다.

아이랑 여행 꿀팁

- 아이가 평소 싫어하는 재료로 프로그램이 운영될 때, 체험해보면 좋습니다.
- 아이가 체험 활동을 하는 동안 전문작가가 사진을 찍어 체험이 끝난 후 개별 전송해줘요.
- 18개월부터 취학 전 아이까지 체험할 수 있어요.

날씨와 상관없이 즐길 수 있는

스타필드코엑스몰

주소 서울 강남구 봉은사로 524

전화 02-6002-5300

홈페이지 www.coexmall.com

코엑스몰은 지하철 2호선 삼성역을 대표하는 대명사 같은 곳입니다. 리모델링 후 한번 들어가면 빠져나오기 어려운 미로 같은 느낌이 확 바뀌었습니다. 2014년 11월 세계적인 건축설계사 겐슬러(Gensler)가 공간의 개방성과 연계성을 극대화하는 '열린 하늘'이라는 콘셉트로 리모델링을 했습니다.

특히 지하 1층에 아이들과 함께 가볼 만한 '코엑스 아쿠아리움'과 브릭레고를 생생하게 체험할 수 있는 '브릭라이브'가 있습니다. 아쿠아리움은 국내에서 제일 많은 상어가 사는 곳, 3대가 함께 사는 펭귄 가족으로 유명합니다. '환상적인 물의 여행'이란 테마로 구성된 16개의 테마존에서 총 650여 종, 4만 여 마리의 다양한 수중 친구들을 직접 만날 수 있습니다.

코엑스몰은 유모차 대여도 가능합니다. 연중무휴로 운영되는데다, 지하철 2호선 삼성역과 9호선 봉은사역 7번 출구와 연결되어 있어서 접근도 편리합니다.

TIP
코엑스몰 유아 휴게실은 지하 2층 영풍문고와 메가박스 앞에 있어요.

아이의 꿈처럼 빛나는 이색도서관
별마당도서관

주소 서울 강남구 영동대로 513 스타필드코엑스몰 B1

전화 02-6002-3031

홈페이지 www.starfield.co.kr/coexmall/entertainment/library.do

스타필드코엑스몰 중앙에 새로운 명소가 생겼습니다. 13m 높이의 거대한 책장이 눈길을 사로잡는 별마당도서관입니다. 총 2,800㎡(847평) 규모에 책을 테마로 멈춤, 비움, 채움, 낭만이라는 이야기를 풀어내고 있습니다. 다양한 형태의 테이블이 있고, 유아동 도서 코너가 별도로 있어 아이와 보고 싶은 책을 골라 읽으면 좋습니다. 특히 지하 전체를 조망할 수 있는 1층 공간을 추천합니다.

총 5만 여권의 장서는 인문, 경제, 취미, 실용 등 분야별로 잘 정리되어 있습니다. 총 6백여 종의 잡지를 모아놓은 잡지 특화 코너가 단연 인기입니다. 에스컬레이터가 내려오는 지하 1층 '열린무대'에서는 저자들과 직접 만나는 토크쇼, 시낭송회, 강연회, 북콘서트 등 문화 행사가 열립니다. 별마당도서관은 야외 활동하기에는 날씨가 좋지 않을 때 아이와 시간을 보내기에 좋은 장소입니다. 매일 밤 10시까지, 연중무휴로 운영되니 여유롭게 다녀갈 수 있습니다.

오늘은 힘껏 소리 질러도 좋아!

잠실야구장

주소 서울 송파구 올림픽로 25 서울종합운동장

전화 1661-0965

홈페이지 stadium.seoul.go.kr/about/jsbpark(서울특별시 체육시설관리사업소)

매년 봄이 되면 봄꽃과 함께 찾아오는 스포츠가 있죠. 바로 프로야구인데요. 서울 잠실야구장은 'LG 트윈스'와 '두산 베어스' 2개 구단이 홈 구장으로 사용하고 있는 곳입니다. 그래서 프로야구가 개막하는 3월 말부터 11월까지 시즌 중에는 월요일을 제외하고 거의 매일 경기가 열립니다.

토요일은 오후 5시, 일요일은 오후 2시에 경기가 있어서 가족이 함께 관람하기 좋습니다. 평일에는 경기 시간이 저녁 6시 반부터 있으니 아이의 어린이집 하원 후 찾아도 좋습니다.

지하철 2호선 종합운동장역 5, 6번 출구로 나가면 중앙매표소를 쉽게 찾을 수 있습니다. 평소 응원하는 프로야구팀이 없거나, 야구를 좋아하지 않아도 한 번쯤 아이와 가볼 만합니다. 치어리더의 춤과 흘러나오는 응원가에 맞춰 아이도 엉덩이를 들썩입니다. 집에서나 밖에서나 아이 목소리가 많이 커지면, 볼륨 조절을 당부하게 되는데요. 야구장에서만큼은 그럴 필요가 없습니다. 모든 일에는 '계기'가 필요한 법입니다. 남편은

TIP
좌석은 외야석(초록색으로 표시된 좌석) 제일 꼭대기를 추천합니다. 가림막이 있어서 비를 맞지 않고, 항상 그늘이라 더운 날에도 아이와 관람하기 괜찮습니다.

20년 전 구단에서 선물 받은 야구복 한 벌이 20년간 LG트윈스의 팬으로 산 계기가 되었다고 했습니다. 아이에게도 평생 간직할만한 추억을 선물해 보세요.

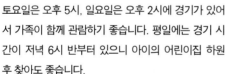

거짓말을 시작한 아이와 함께 가볼 곳

피노파밀리아

#피노키오 #아이의 거짓말 #피노키오의 여자 친구 #인형전시
#마리오네트 공연 #기차 #물놀이 #에어바운스 #피자 만들기 #화랑대역
#태릉국제스케이트장 #철도공원 #기찻길 #인생 사진 #북서울미술관 #스케이트

내 아이에게 들려주고 싶은 삶의 가치

피노파밀리아는 피노키오와 그의 여자친구, '피노키아'가 사는 세상입니다. 너무나 유명한 명작동화《피노키오의 모험》은 1883년 이탈리아 작가 콜로디가 발표했습니다. 목수 제페토 할아버지가 나무를 깎아 만든 꼭두각시 인형 피노키오의 모험을 담은 동화입니다. 피노키오가 거짓말을 하면 코가 길어진다는 설정 때문에 아이를 키우는 부모라면 한 번쯤은 소환하는 이야기입니다.

136년간 세계 모든 아이의 상상 속에서 살아온 피노키오에게 친구를 만들어주자는 것이 피노파밀리아의 시작입니다. 생각해보면 대부분 동화에서는 주인공 곁에 든든한 친구가 있는데, 피노키오는 그렇지 않거든요.

노원구 불암산 끝자락에 자리한 피노파밀리아에 들어서면 11m

● 추천 시기 봄~가을
(※ 겨울에도 프로그램이 운영되지만, 숲 속 야외정원을 함께 즐길 수 있는 봄부터 가을이 좋아요.)
● 주소 서울 노원구 중계로 131-17 ● 전화 : 02-938-0911 ● 홈페이지 pinofamilia.itrocks.kr
● 이용 시간 10:30~18:00(※ 개인 관람객은 주말 및 공휴일에만 이용할 수 있어요.)
● 휴무일 매주 월요일, 1월 1일, 설날 및 추석 당일, 기타 보수공사 시 휴관
● 이용 요금 어린이(13세 이하) 12,000원, 성인 6,000원(카페 음료 포함)
　　　　(※ 24개월 미만은 부모 1인 무료 입장)
● 수유실 피노동에 위치(기저귀 교환대, 소파, 테이블, 구급상자, 전자레인지 등 비치)
● 아이 먹거리 450도에서 구워지는 화덕피자가 일품이에요.
● 소요 시간 2시간~반나절

의 초대형 피노키오가 제일 먼저 반깁니다. 숲 속에 포근히 안긴 특이한 모양의 건물이 호기심을 자극합니다. 세 동의 건물은 문 훈 작가가 설계했고, 2년의 공사 기간을 거쳐 2016년 9월에 세상에 선보이게 됐습니다. 관계자의 말에 따르면 반 이상 지어 올린 건물을 모두 부수고, 다시 지었다고 합니다. 그 결과 동화 속 세상이 완성되었습니다.

전 세계 인형들이 한 자리에

입장하면 바로 왼쪽에 서 있는 건물이 '피노동(Pino Gallery)'입니다. 여성의 태반 모양을 형상화했습니다. 이곳 계단 공연장에서는 마리오네트 공연이 펼쳐집니다. 마리오네트는 인형의 관절마다 끈을 달고 조종하는 인형극입니다. 아이와 어른 모두의 시선을 잡는 이곳의 대표 공연(1일 3회, 12:00, 14:00, 16:00)입니다. 시간이 허락한다면 꼭 관람

▲ 피노파밀리아 입구에는 11m의 초대형 피노키오 동상이 서 있다.

하길 추천합니다.

공연장 옆에서는 세계의 인형을 만날 수 있는 상설전시가 열립니다. 이탈리아, 동남아시아, 아프리카, 중남미 등 각국의 다양한 인형이 전시되어 있습니다. 면면을 들여다보면 소장하고 싶을 만큼 신기한 인형이 많습니다.

"이제부터 거짓말 안 할래요"

오른편의 '키아동(Chia Gallery)'은 한눈에 커다란 고래를 형상화했다는 걸 짐작할 수 있습니다. 갤러리와 소공연장, 피노홀, 어린이 화장실 등이 있는 공간입니다. 피노홀에서 1일 3회(11:00, 13:00, 15:00) 〈피노키아〉 애니메이션을 볼 수 있습니다. "안 돼!", "싫어!" 등의 부정적인 말을 하면 코가 길어지는 피노키아가 꼭 내 아이를 닮은 것 같습니다.

" 평소 접하기 힘든 마리오네트 공연이 꼬마 관객과 어른 관객의 눈길을 사로잡습니다. "

"엄마, 내 코도 길어졌어요? 나는 이제부터 거짓말하지 않고, 떼 쓰지도 않을 거예요!"

애니메이션을 보고 나온 아이가 대뜸 자기 코를 만지며 묻습니다. 이곳에 오기 전 아이스크림을 사달라고 떼썼던 게 불현듯 떠올랐는지, 꽤 진지한 표정으로 결심한 듯 이야기합니다. 이것이 교육의 효과인가 싶어 얼떨떨하던 참에 최근 아이가 한 거짓말이 떠올랐습니다. 어린이집에서 물감놀이를 했다, 친구가 자신을 밀쳐서 속상했다 등 일상적인 이야기였는데요. 나중에 확인해보니 그런 일이 없었다고 해서 놀랐습니다.

'없는 이야기를 꾸며 낼 아이가 아닌데……'라는 부모의 생각이 정확하게 빗나간 거지요.

아이들은 자기가 거짓말을 하고 있다는 사실을 모른다고 합니다. 상상한 것을 현실로 착각하는 때가 있습니다. 두 팔을 하늘

높이 올려 둥근 원을 그리면서 "우리 아빠는 이만한 김치도 먹을 수 있다!"와 같은 귀여운 거짓말일 경우 웃어넘기지만, 진위를 따져야 하는 상황에서 거짓말이 드러나면 대처 방법에 고민이 됩니다. 또 만 3세가 넘으면 자신을 방어하기 위한 거짓말이 시작되는데, '누군가에게 피해가 되는 거짓말은 옳지 않은 것'이라는 점을 명확히 인식시키기 쉽지 않았습니다. 그래서 피노키오의 도움을 받기 위해 피노파밀리아를 방문했습니다.

피노키오를 테마로 삼은 신나는 놀이동산

아이들이 가장 좋아하는 곳은 피노키오 로봇 형태로 디자인된 '키오동'입니다. 아이들은 키오동 앞에서 피노꼬마기차를 타고 싶어 발을 동동 구릅니다. 기차는 땅 위에 깔린 레일이 아니라 물

◀▼ 물 위에 떠 있는 피노꼬마기차를 아이들이 가장 좋아한다.

▲ 마리오네뜨 모빌 만들기, 비즈공예, 모래놀이, 피자 만들기 등 영아들의 소근육을 발달시킬 다양한 체험이 준비되어 있다.

위에 떠 있는 레일을 달립니다.

피노키오 코에서 풀장으로 떨어지는 물줄기는 피노파밀리아를 대표하는 아름다운 구조물입니다. 물줄기가 모여 피노풀을 만드는데, 여름에는 이곳에서 물놀이도 할 수 있습니다. 피노풀에 사용하는 물은 천연 암반수로 깨끗함을 보장한다는군요. 키오동 뒤로는 에어바운스 놀이터도 있어 놀거리가 충분합니다. 피노동에서 직접 피자를 만들어보는 체험도 괜찮습니다.

아이랑 여행 꿀팁

● 테이블과 벤치가 마련되어 있으니 도시락을 싸가도 좋습니다.
● 피노파밀리아에는 피노키오의 탄생부터, 청소년기, 노년기의 모습까지 모두 있으니 아이와 함께 찾아보는 것도 재밌어요.

철길에서 숲길로

화랑대 철도공원

주소 서울 노원구 공릉동 29-51

전화 02-2116-3777

지하철 6호선의 끝자락인 화랑대역 4번 출구에서 도보로 약 500m 정도 걸으면 춘천까지 이어지던 옛 철길을 만날 수 있습니다. 서울의 마지막 간이역, 옛 화랑대역이 있는 화랑대기찻길은 '경춘선 숲길 재생 사업'으로 재발견된 걷기 좋은 길입니다. 육사삼거리부터 서울-구리시 경계까지 총 6km인 경춘선 숲길의 시작점이지요.

철길 산책로, 자전거 도로, 쉼터 등이 있는 숲길 공원은 도심 내에서 한적하게 걸어볼 수 있는 힐링 공간입니다. 전시 공간으로 바뀐 화랑대폐역(등록문화재 제300호) 등이 어우러져 '핫플레이스'로 꼽힙니다.

어린이대공원에 있던 열차 2대가 이곳에 이사를 왔습니다. 새롭게 단장한 협궤열차와 미카 증기기관차에 올라탄 아이들은 색다른 기차를 체험하고, 부모는 추억 한 조각을 꺼내봅니다. 아이는 녹슨 철길 사이로 제 보폭보다 넓은 나무판자 위를 징검다리 건너듯 걷습니다. 그 위로 떨어진 나뭇잎도 놀잇거리가 됩니다.

상상력이 커진다!

서울시립 북서울미술관

주소 서울 노원구 동일로 1238

전화 02-2124-5248

홈페이지 sema.seoul.go.kr/kor/information/bukseoul.jsp

노원구에서 '노원(蘆原)'은 '갈대언덕'을 뜻합니다. 노원구 중계동에 위치한 서울시립 북
서울미술관 역시 언덕을 오르내리듯 독특한 외관의 미술관입니다. 북서울미술관은 연면적
1만 7,113㎡(약 5,176평)로 너른 잔디밭과 야외 조각공원을 품고 있어 요즘처럼 미세먼지
농도가 시간대별로 달라질 때, 실내외를 오가며 아이와 감성 여행하기 탁월한 곳입니다. 맑은
바람이 불 땐 야외 조각전시장 산책로에서 마음껏 뛰어놀고, 상상력을 마구 자극할 미술관으
로 자연스럽게 발길을 돌리면 되니까요.

북서울미술관은 특히 아이의 상상력을 키울 전시로 가득합니다. 지하 1층 어린이 갤러리에서

는 어린이들을 위한 상설전이 열립니다. 1층 키즈존인
'하트탱크 놀이방'은 아이와 부모가 동시에 반하는 놀이
방입니다. 36개월 이상의 영 · 유아(4~7세)와 보호자가
동반 입장해 이용할 수 있는데, 이용 시간은 10~12시,
14~16시 1일 2회입니다. 수유실과 물품보관함이 있고
유모차를 대여해주는 등 영유아 동반 가족에 대한 배려
가 돋보이는 미술관입니다.

서울 도심에서 즐기는 겨울 레포츠
태릉국제스케이트장

주소 서울 노원구 화랑로 681

전화 02-970-0501

홈페이지 www.icerink.or.kr

"아빠! 나도 뽀로로처럼 스케이트 타고 싶어요."
눈 내린 뽀롱뽀롱 숲 속 마을을 본 아이가, 손을 양옆으로 휘저으며 방바닥에
서 스케이트를 탑니다. 제 발에 맞는 스케이트화가 없을 걸 알면서도,
보여주고 싶었지요.
사계절 스케이트를 즐길 수 있는 곳이 바로 태릉선수촌 내 태릉국제스케이
트장입니다. 규모와 빙질이 압도적이에요. 연면적 2만 7,067m²(약 8,187평)
에 지상 3층 규모입니다. 일반인에게 개방
된 건 2000년 실내 아이스링크로 바뀌면
서부터입니다. 2018평창동계올림픽 개최
로 건립된 강릉스피드스케이팅경기장과
더불어 400m 국제 규격을 갖춘 유일한 빙
상장이기도 합니다.
링크에 들어서면 차원이 다른 규모에 놀랍

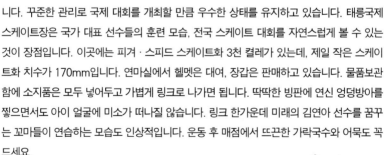

니다. 꾸준한 관리로 국제 대회를 개최할 만큼 우수한 상태를 유지하고 있습니다. 태릉국제
스케이트장은 국가 대표 선수들의 훈련 모습, 전국 스케이트 대회를 자연스럽게 볼 수 있는
것이 장점입니다. 이곳에는 피겨·스피드 스케이트화 3천 켤레가 있는데, 제일 작은 스케이
트화 치수가 170mm입니다. 연마실에서 헬멧은 대여, 장갑은 판매하고 있습니다. 물품보관
함에 소지품은 모두 넣어두고 가볍게 링크로 나가면 됩니다. 딱딱한 빙판에 연신 엉덩방아를
찧으면서도 아이 얼굴에 미소가 떠나질 않습니다. 링크 한가운데 미래의 김연아 선수를 꿈꾸
는 꼬마들이 연습하는 모습도 인상적입니다. 운동 후 매점에서 뜨끈한 가락국수와 어묵도 꼭
드세요.

TIP
- 170mm 사이즈 스케이트화가 아이에게 크다면 수면양말 등 두꺼운
  양말을 준비하는 것도 방법이에요.
- 전국동계체육대회 등 경기가 열릴 때는 링크에 들어갈 수 없어요.
  방문 전 홈페이지에서 꼭 확인하세요.

놀이하며 배우는 우리말!

국립한글박물관

나·랏말
·미
中둥國·귁·에달·아
文문字·와·로서르
수·맛·디아·니·홀·씨

#글자 익히기 #한글 공부 #한글날 가볼 만한 곳 #한글놀이터
#한글 숲 #국립중앙박물관 #어린이박물관 #용산가족공원 #전쟁기념관 #맨발로 걷는 길

부모는 아이의 첫 스승

껌딱지처럼 종일 딱 붙어 있던 아이가 잠들고 나면, 비로소 엄마만의 시간이 시작됩니다. 몸은 천근만근인데 그냥 잠들기엔 너무 아쉽습니다. 어둠 속에서 휴대폰을 쥐고 육아커뮤니티에 로그인! 키득대며 공감 버튼을 누르고, 댓글을 달고, 몇 개의 중고 물품을 눈여겨보다가 아차 싶어집니다.

"조아요(좋아요)"

"얼집(어린이집)"

"득템(원하는 물건을 손에 넣었다)"

"문센(문화센터)"

무심코 쓰고 있는 글에 줄임말과 맞춤법에 어긋나는 표현이 너무 많았기 때문입니다.

'어른은 아이의 거울'이라는 말이 있지요. 아이는 부모의 모든 것을 흡수합니다. 심지어 물려주고 싶지 않은 나쁜 습관까지 닮습니다.

● 추천 시기 사계절(매년 10월 첫째 주 한글가족축제)

● 주소 서울 용산구 서빙고로 139 ● 전화 02-2124-6200 ● 홈페이지 www.hangeul.go.kr

● 이용 시간 평일, 일요일 및 공휴일 10:00~18:00, 토요일 및 매달 마지막 수요일 10:00~21:00

● 휴무일 1월 1일, 설날과 추석 당일 ● 이용 요금 무료

● 수유실 3층 한글배움터 앞에 있으며 정수기, 기저귀 교환대, 수유 침대 등 구비

● 아이 먹거리 2층 ㅎ카페 내 음료 및 쿠키 판매, 국립중앙박물관 내 레스토랑, 카페, 식당(도보 5분)

● 소요 시간 3시간 ● 기타 유모차 대여 가능(1, 2층 안내실)

조아요　득템　현타
얼집　　　인싸
　　　ㅇㅈ
개이득　　　핵노잼

문센

"언니가 그러지 말랬지? 응?! 한 번 더 그러면 혼난다! 어휴 속상해."

네 살 된 딸아이의 말투가 꼭 제 말을 녹음한 것 같습니다.

아이가 우리말을 배우고 쓰는 과정에서 부모는 '바르고 고운 말'을 들려줘야 합니다. 언어는 지식을 거두어들이는 도구이자, 말과 글은 그 사람을 드러내는 중요한 요소이기 때문입니다.

콘텐츠부터 건물까지, 아이 맞춤형 박물관

아이가 말문이 트이기 전부터 국립한글박물관에 가보세요. 한글 교육을 어떻게 해야 할지, 어떤 동화책을 고를지, 한글은 어떻게 만들어졌는지 등 '한글'과 관련된 모든 것이 한글박물관에 집약되어 있습니다. 꼭 교육적 목적이 아니더라도, 한글박물관은 국립중앙박물관과 용산가족공원 사이에 자리 잡고 있어 문화재를 곁에 두고 가족 나들이하기에 더없이 좋은 공간입니다.

한글박물관은 지하 1층, 지상 4층 규모로 2014년 10월 개관했습니다. 외관은 한국 전통가옥의 처마와 단청의 멋을 현대적으로 해석한 모습입니다. 1층에는 한글도서관 2층에는 상설전시실과 'ㅎ카페'와 문화상품점, 3층에는 기획전시실, 한글놀이터, 한글

▲▼◀ 지하 1층, 지상 4층 규모의 한글박물관에는 한글
도서관, 상설전시실, 한글놀이터, 한글배움터 등이 있다.
아이와 함께라면 다양한 체험 전시가 마련되어 있는 3층
에서부터 관람을 시작하는 게 좋다.

배움터, 수유실이 있습니다. 아이와 함께라면 외부마당과 연결
된 에스컬레이터를 타고 올라가 3층에서 관람을 시작하는 것이
좋습니다.

제가 한글박물관을 특히 좋아하는 이유는 '장애물 없는 생활 환
경(Barrier Free, BF)' 최우수 인증을 받은 건물이기 때문입니다.
한글박물관은 모든 출입구가 차도와 완전히 분리되어 있고, 외
부 전체 구간에 높낮이 차이가 없는데다, 바닥 석재에 미끄럼 방
지 마감 처리가 되어 있습니다. 아이들에게 더욱 안전한 공간이
라, 엄마 입장에서 안심입니다.

즐겁게 놀면서 한글의 힘과 의미를 이해

아이들 대부분 체험 전시 공간인 3층 한글놀이터에서 시간을 보내고 싶어 합니다. 체험 수준은 만 5세부터 초등학교 저학년 아이들에게 가장 적합하지만, 그보다 어린 영유아도 얼마든지 즐겁게 시간을 보냅니다. 놀면서 자연스레 한글이 가진 힘과 의미를 경험하는 것이 체험 전시의 목적이니까요.

'쉬운 한글' 코너는 한글을 '소리를 닮은 자음 글자', '우주를 닮은 모음 글자', '우리는 짝꿍'으로 구분하여 한글 창제 원리를 몸으로 체험할 수 있습니다. '예쁜 한글'은 한글이 어떻게 사용되는지 체험할 수 있는 공간입니다. 편지를 적어 마음을 전하고, 소리를 한글로 표현하고, 한글을 이용해 다양한 그림을 그려볼 수 있습니다.

'한글 숲에 놀러 와!'는 한글의 확장성을 체험할 수 있는 기획전 공간입니다. '사계절 동요 속에서 만나는 한글'이라는 주제로 보고, 듣고, 감상할 수 있는 체험 전시입니다. 아이는 바닥에 비친 초록 바닷속에서 마구 발장구를 칩니다.

▼ '쉬운 한글'은 한글을 만든 원리를 체험할 수 있는 공간이다. 한글로 꾸미기, 몸으로 쓰는 한글, 변신하는 한글, 우리는 짝꿍 코너.

체험 공간에 숨어 있는 여러 바다 생물의 이름을 알려주면서, 글자를 찾아볼 수 있도록 도와주세요. 부르고 싶은 노래를 선택해 장난감 마이크에 대고 노래를 부르는 공간인 '쪼로롱 노래하는 씨앗'도 인기입니다. 어른들이 노래방에서 마이크를 놓지 않듯 아이들도 그렇습니다.

나~뭇~잎

엄마 아빠도 잘 몰랐던 한글 세상

한글의 놀라움은 다양한 표현에 있지요. 가을 하늘과 나뭇잎의 색을 표현하는 말도 빨갛다, 노랗다, 벌겋다, 파랗다, 새파랗다, 누렇다, 샛노랗다, 시뻘겋다, 싯누렇다, 푸르스름하다 등 아이를 키우며 맞닥뜨리는 상황의 가짓수처럼 정말 여러 가지입니다. 첫 방문이라면 아이에게 가르치기에 앞서 부모가 먼저 한글의 아름다움을 느껴봐도 좋겠습니다. 박물관을 나서면서 "하늘 참 예쁘다" 대신에 "이렇게 파란 하늘을 너와 함께 볼 수 있어서 엄마 마음은 참 행복해"처럼 말이죠. 아마도 그 순간 아이의 마음도 파랗게 물들 거예요.

" '한글 숲에 놀러 와!'는 아름다운 우리말을 보고 듣고 감상하는 공간이에요. "

▲ 한글박물관 외부에는 아이와 뛰어놀 수 있는 넓은 잔디밭과 쉼터가 있다.

2층 상설전시는 570여 년 한글의 역사와 가치를 전시로 보여줍니다. 1443년(세종 25년)에 창제된 한글의 모습과 이후 교육, 종교, 생활, 예술, 출판, 기계화 등 각 분야에서 한글

이 보급되고 확산되는 과정을 볼 수 있습니다. 한글배움터도 있습니다. 한글이 익숙하지 않은 외국인들이 한글을 쉽게 배울 수 있는 공간입니다. 1층 한글도서관 안에는 조용히 책을 읽을 수 있는 공간이 있으니 아이와 꼭 들어가 보세요. 권하고 싶은 어린이 책도 상당수 구비되어 있습니다.

아이랑 여행 꿀팁

● 한글놀이터에 유모차는 입장할 수 없어요.
● 식사나 간식을 먹을 수 있는 관람객 휴식 공간, '도란도란 쉼터'가 외부 별관에 있습니다. 약 100석 규모로 박물관 관람 시간 내에 누구나 자유롭게 이용할 수 있어요. 단 교육 등 내부적으로 자체 프로그램을 운영할 때는 이용할 수 없습니다.
● 주차장이 협소하니 주말이라면 국립중앙박물관에 주차하고 도보로 이동하세요.

아이들의 가장 훌륭한 놀이터
국립중앙박물관

주소 서울 용산구 서빙고로 137

전화 02-2077-9000

홈페이지 www.museum.go.kr

국립중앙박물관은 넓고, 크고, 깊습니다. '국립', '중앙', 그리고 '박물관'. 그 이름에서도 품위와 무게가 느껴지는데요. 한마디로 대한민국 문화유산의 보고입니다. 총 33만 점의 국보급 유물을 품으면서, 세계적으로 이름난 규모의 박물관에도 이름을 올렸습니다.

열린마당 오른편 으뜸홀 건물 출입구로 들어서면 총 6개 관과 50개 실로 구성된 상설전시관이 있습니다. 박물관의 규모에 부담을 느낄 필요는 없습니다. 하루 만에 박물관을 섭렵하겠다는 욕심은 접어두고, '놀이' 공간으로 생각하세요. 그러다가 아이가 관

심을 보이는 곳에서 재촉하지 않고 기다려주면 그것이 관람의 시작입니다.

야외에는 거울 연못과 야외석조물정원, 종각, 전통염료식물원등 볼거리가 넘칩니다. 국립중앙박물관의 또 다른 자랑, 어린이박물관은 예약이 필수입니다. 오전 9시부터 오후 6시까지 매회 1시간 20분씩 선착순 300명만 입장 가능합니다.

가볍게 나들이하기 좋은
용산가족공원

주소 서울 용산구 용산동6가 68-87

전화 02-792-5661

국립중앙박물관에서 야외전시장을 따라 약 500m 걸으면 미르폭포가 나타납니다. 전통 조경이 꽤 운치 있고, 봄부터 가을까지 폭포 앞 평상에서 먹는 도시락은 정말 꿀맛입니다. 공원 입구로 들어서면 왜 '가족' 공원이라고 이름 지었는지 단번에 알게 됩니다. 모두에게 열려있는 초록 숲이지만, 가족과 함께할 때 그 풍경이 가장 평온해 보이기 때문입니다.

공원 초입부터 제 1광장의 둘레를 따라 '맨발로 걷는 길'을 걸어보세요. 건강한 하루를 보내기에 충분합니다. 공원 왼편 산책로는 유모차가 다닐 수 있는 나무데크가 마련되어 있어 걷기 좋고, 키 큰 나무 아래 그늘에 서면 한여름에도 시원한 바람을 느낄 수 있습니다. 공영주차장에 있는 화장실에는 기저귀 교환대와 장애인화장실이 있습니다.

용산가족공원은 원래 주한미군사령부의 골프장이었습니다. 골프장의 잔디와 숲, 연못 등은 그대로 두고 4.6km의 산책로와 조깅코스 등을 조성했습니다. 느티나무, 산사나무, 구상나무 등 80종 1만 5천 그루의 나무는 자연학습장 역할을 합니다.

아이와 천연염색에 사용되는 식물과 약초를 심어놓은 약초밭도 탐색해보세요. 다갈색인 꿀풀, 황색이 나는 솔나물, 보라색의 꽃창포, 갈색의 작약 등을 보물찾기하듯 찾아보는 재미가 있습니다. 시민들에게 대여한 '친환경 텃밭'이 있어, 가가호호 다른 텃밭 모습을 구경하는 재미도 있습니다.

자유와 평화의 소중함을 일깨우는
전쟁기념관

주소 서울 용산구 이태원로 29

전화 02-709-3139

홈페이지 www.warmemo.or.kr

전쟁기념관은 그 이름처럼 무거운 역사를 다루지
만, 아이들에게는 그렇지 않습니다. 비행기, 전투
기, 장갑차처럼 만화나 장난감에서 보던 것들을 실제로 마주하기 때문입니다. 아이의 해맑은
웃음을 보며 전쟁의 비극을 물려주지 말아야겠다고 생각하게 되는 곳입니다.

너른 마당에 비행기 모양의 놀이터가 있는 어린이박물관이 첫 코스입니다. 오전 10시부터
오후 5시 50분까지 총 8회 차로, 사전 예약 60%, 현장 예약 40%로 운영되니 원하는 시간대
에 예약하고 가는 걸 추천합니다.

전쟁기념관 전시실은 과거 전쟁과 군사를 주제
로 유물·자료를 전시하고 있습니다. 3만 5천여
평의 드넓은 부지에 실내 전시실도 1만 1천여
평에 달하니 유모차는 필수입니다. 누적 관람객
2,599만 명, 외국 여행객이 뽑은 대한민국 명소
1위, 70개의 연간 문화행사 등 화려한 수식어에
걸맞게 알찬 전시와 프로그램이 있으니 반나절
이상 시간을 잡고 가는 것이 좋습니다.

2층 호국추모실에서 시작해, 전쟁역사실, 6·25
전쟁실, 해외파병실, 국군발전실, 대형 방산장비
실, 야외전시장 순서로 관람하는 것이 효율적입
니다.

TIP
전쟁기념관에는 키 110cm 이하의 유아들이 입장
할 수 있는 유아놀이방이 있어요.

꼬마 농부의 유기농 체험장

남양주유기농테마파크

#유기농 #나는 소시지 코코몽 #농부 체험 #식습관 #기차 #먹이 주기 체험
#미호박물관 #친환경 식품 #산들소리수목원 #공룡 #어린이비전센터 #라바파크

좋은 것만 먹이고 싶은 엄마 마음

콩알만 한 발가락을 꼼지락거리며 우유만 먹던 아이가 어느새 첫술을 떴습니다. 아기 새처럼 입을 벌리는 것도 신기하지만, 맛을 음미하는 듯 쌀미음을 쩝쩝대는 모습은 대단한 감동이었습니다.

아이가 생긴 후 처음으로 음식에 '시간'과 '정성'을 들이기 시작했습니다. 바리바리 싸주시는 엄마 음식이 귀한 줄 몰랐다가, 아이가 '음식'을 먹기 시작하자 직접 짠 참기름, 엄마표 된장이 얼마나 귀한지 알게 됐습니다. 깨알같이 적혀있는 성분 표시에 절로 눈이 갔고, 갑절이나 더 비싼 유기농 제품도 주저하지 않고 장바구니에 담았습니다.

나는 컵라면으로 한 끼를 때우더라도, 아이만큼은 좋은 것을 먹이고 싶은 것이 모든 부모의 마음일 것입니다. 그래서 부모가 되면 '유기농'이란 단어에 익숙해집니다.

- ●추천 시기 사계절(※ 실외 공간이 대부분이니, 맑고 바람이 적은 날이 좋아요.)
- ●주소 경기 남양주시 조안면 북한강로 881 ●전화 031-560-1471
- ●홈페이지 farm.organicmuseum.or.kr ●이용 시간 평일 09:00~18:00, 주말 09:00~19:00
- ●휴무일 연중무휴 ●이용 요금 어른 4,000원, 아이 8,000원(※ 24개월 미만 무료, 증빙서류 필요)
- ●수유실 아글요리교실 내(전자레인지 있음), 달팽이 화장실 내(유아용 변기, 세면대), 유기농박물관 1층 내(전자레인지 있음)
- ●아이 먹거리 팜빌리지 내 라라랄라 오가닉 식당(※ 김밥과 도시락전문점으로 유아 및 어린이 전용 메뉴가 있어요. 전 메뉴가 식품화학첨가물을 넣지 않고 만들었어요.)
- ●소요 시간 4시간(※ 반나절 이상 시간을 잡고 오면 다양한 체험을 할 수 있어요.)

오감을 자극하는 농업 체험, 코코몽팜빌리지

건강한 먹거리만 먹이고 싶은 부모 마음을 알아주는 곳이 국내 최초의 유기농테마파크인 '남양주유기농테마파크'입니다. 테마파크는 크게 박물관과 코코몽팜빌리지, 파머스마켓, 생태체험장으로 구성되어 있습니다.

아이들이 가장 먼저 달려가는 곳은 단연 〈냉장고 나라 코코몽〉에 나오는 애니메이션 캐릭터들로 꾸며진 코코몽팜빌리지입니다. 대형 로봇 코코몽 캐릭터가 멀리서도 잘 보입니다. 입구부터 헛간놀이터, 아글요리교실, 두리유기농교실, 트랙터놀이터, 동물농장 등 체험 거리가 많아 놀다 보면 반나절은 금세 지나갑니다. 게다가 시설이 아기자기하게 모여 있어, 이동할 때 체력 소모가 적습니다.

텃밭놀이터에서는 무, 비트, 감자 등 각종 모형 채소와 장난감 모종삽, 바구니 등을 이용해 흙을 파고 채소를 심으며 시간을 한참 보냅니다. 저희 아이

> "
> 코코몽팜빌리지는
> 애니메이션
> 〈냉장고 나라 코코몽〉
> 캐릭터들로 아기자기하게
> 꾸며져 있어요.
> "

도 처음에는 흙 만지기를 주저하더니 나중에는 바닥에 털썩 주저
앉아 두둑을 만들어 채소를 심고 제법 농부처럼 진지한 표정을
지었습니다. 덕분에 저도 그릇에 수북이 담은 모래 밥과 모형 채
소 반찬으로 한 끼 든든하게 해결했답니다.

팜빌리지에는 실내 텃밭도 있어요. 편백나무 텃밭으로, 편백나
무 칩 속에 당근과 감자 등 채소를 심고, 벽에 채소 자석을 붙이
며 채소의 성질을 배울 수 있는 공간입니다.

헛간 문을 열면 펼쳐지는 대형 실내놀이터

아이들이 좋아하는 탈것 '코코몽 기차'도 있습니다. 코코몽 기차
는 코코몽팜빌리지를 두 바퀴 돕니다. 탑승권(2,000원)은 입장권
과 별도로 구매해야 합니다.

동물 먹이 주기 체험도 빠질 수 없어요. 동물 먹이는 매표
소에서 살 수 있는데, 하루 100개 한정이라 먹이 체험을
하려면 미리 사서 입장하는 것이 좋습니다.

박수 쳐라야 해.

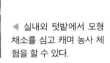

◀ 실내외 텃밭에서 모형
채소를 심고 캐며 농사 체
험을 할 수 있다.

▲ 케로동물농장에는 양, 흑염소, 닭, 꿩, 공작, 토끼 등이 있어, 먹이 주기 체험을 할 수 있다. 코코몽기차는 팜빌리지를 두 바퀴 돌고(10분 소요), 하루 6번 운행한다.

가장 인기 있는 헛간놀이터는 활동량이 많아지는 공간이니 가벼운 준비운동과 함께 입장합니다. 24개월 이하 아이가 이용할 토들러존도 2층에 마련되어 있습니다. 헛간놀이터는 동시에 입장할 수 있는 인원이 어린이 35명, 보호자 35명 총 70명으로 제한되어 있습니다. 코코몽팜빌리지 앞마당의 너른 공간도 아이들이 뛰어놀기 좋습니다.

"
아이들이 직접
트랙터를 몰거나
손수레를 끌며 모형 과일,
지푸라기, 퇴비를 옮길 수 있는
트랙터 놀이터도
인기 있는 곳이에요.
"

아이랑 여행 꿀팁

● 헛간놀이터는 트램펄린, 미끄럼틀, 암벽 등 다양한 놀이 시설이 있는 실내놀이터입니다.
● 코코몽팜빌리지에 입장하면서 헛간놀이터에서 예약대기표를 미리 받아두세요.

'유기농 박물관'에서는 '유기농'에 대해 자세히 살펴볼 수 있습니다. 24절기에 따른 단계별 전통농업의 유기농적 요소, 옛 농서(農書) 속 유기농의 지혜, 토종 음식의 의미 및 농사에서 비롯한 풍요로운 의식주 문화 등을 전시합니다. 친환경 화분 만들기, 나무 곤충 만들기 등의 체험 프로그램도 재미를 더하는 요소입니다.

'생태체험장'은 자연과 어우러진 생태 논과 밭을 통해 유기농법을 교육받고 체험할 수 있는 공간입니다. 생태체험장에서는 계절별로 다양한 농산물을 가꾸고 있습니다. 놀이를 통해 자연과 환경의 소중함을 배우는 곳이라 더욱 좋습니다. 유아 체험 전용 논도 있습니다. 주말이면 프리마켓도 열립니다. 유기농 제품 및 지역농산물을 판매하는 생생마켓과 유아물품 특화시장인 톡톡마켓(매월 넷째 일요일)에서는 중고 유아물품을 사고팔 수

▲ 체험을 마치고 테마파크 입구에 있는 한정식 레스토랑에서 건강한 한 끼를 먹는 것도 추천한다.

있어 지역주민들에게도 인기 만점입니다.

테마파크 입구에 있는 한정식 레스토랑에서 남한강의 풍경을 감상하며 건강한 한 끼를 먹어도 괜찮습니다. 특히 유기농 쌀로 지은 솥밥과 해풍으로 꾸덕꾸덕 말린 보리굴비가 별미입니다.

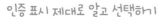

인증 표시 제대로 알고 선택하기

유기농, 무농약, 무항생제……. 장 볼 때마다 만나는 다양한 인증 표시의 의미를 정확히 알고 계신가요? 국립농산물품질관리원에서는 친환경 인증 표시로 안전한 식품임을 표시하고 있습니다.

농산물		**유기농산물** 유기합성농약과 화학비료를 사용하지 않고 재배한 농산물.
		무농약농산물 유기합성농약은 사용하지 않고 화학비료는 권장 성분량의 1/3 이하로 줄여 재배한 농산물.
		농산물우수관리인증 생산 지역의 토양·수질 검사와 잔류 농약·중금속 검사 등을 통해 생산부터 판매 단계까지 이력을 관리하고 보증하는 농산물.
축산물		항생제·합성항균제·호르몬제가 첨가되지 않은 유기농산물로 제조된 유기 사료를 먹여 기른 축산물.
		항생제·합성항균제·호르몬제가 첨가되지는 않았지만 일반 농산물로 만든 사료를 먹여 기른 축산물.
		동물복지 축산농장 인증 높은 수준의 동물복지 기준에 따라 인도적으로 동물을 사육하는 농장에서 생산되는 축산물.
가공식품		**유기가공식품 인증** 유기농 인증을 받은 농축산물을 95% 이상 사용한 가공식품.

청정 자연을 만날 수 있는
산들소리수목원

주소 경기 남양주시 불암산로59번길 48-31

전화 031-574-3252

홈페이지 www.sandulsori.co.kr

산들소리수목원은 '자연 그대로'라는 말을 실감할 수 있는 곳입니다. 4만여 평 부지에서 13년 동안 농약을 쓰지 않고 수목을 가꾸는 것이 이곳의 특징입니다.

수목원에는 1,200종의 다양한 식물이 자라고 있습니다. 습지원, 산야초재배원, 허브재배원 등 테마 농원과 정원이 조성되어 있습니다. 수목원 뒤로 불암산 자락이 한눈에 보여 더욱 정취가 좋습니다.

정형화되고 잘 포장된 정원이 아닌, 자연을 최대한 보존하며 가꾼 수목원이라 유모차가 다니기에 조금 불편합니다. 산자락에 있어 오르막 경사가 제법 있기도 하고요. 하지만 천천히 쉬어 가며 수목원을 둘러본다면 지치지 않고 즐길 수 있습니다.

숲 놀이학교와 신기한 물건박물관이 있어 볼거리도 풍부합니다. 아이들이 좋아하는 먹이 주기 체험도 할 수 있습니다. 아이는 나무로 만든 놀이터에서 떠날 줄을 모릅니다. 나무 수레를 끌거나 뗏목도 직접 끌고 타볼 수 있는데, 아빠의 도움이 필요합니다.

수목원 안에 있는 레스토랑 '산들밥'에서는 수목원에서 직접 재배한 재료로 만든 음식을 제공합니다. 메뉴는 연잎갈비정식, 허브치킨까스, 연잎밥 등입니다. 매년 5~6월에는 허브축제, 가을에는 꽃길 축제도 열립니다.

꼬마 공룡 박사님을 미소 짓게 할
미호박물관

주소 경기 남양주시 고산로126번길 15-2

전화 031-566-7377

홈페이지 mihomuseum.org

"이 공룡은 이름이 뭐예요?", "초식이에요? 육식이에
요?" 등 끊임없는 질문이 이어집니다. 학창시절에도 외
우지 않은 공룡 이름을 부모가 된 이후 하나둘 알게 됩니다.
티라노사우루스, 타르보사우루스, 프로토케라톱스 등 헛갈
릴 만도 한데 아이는 잘도 외웁니다. 아들딸 구분 없이 자동
차 다음으로 거쳐 간다는 공룡! 미호박물관은 '자연사'를 주제로 과거
생명체들의 흔적인 진본화석과 광물, 암석, 동물 박제 및 곤충 표본 등
을 전시합니다.

박물관 대표 캐릭터 '미호'는 크기가 최대 16m에 이르는 브라키오사우루스를 형상화한 것
입니다. 약 1만여 평의 부지에 화석 410점, 공룡 20점, 광물 825점, 곤충 1,200점 등 총
2,500여 점의 소장품이 있습니다. 2층 전시관에는 실제로 움직이는 공룡이 있어 더욱 실감이
납니다. 편백나무칩 속에 묻힌 공룡뼈를 찾는 '공룡화석발굴현장'도 재미있습니다.

강변이 내려다보이는 탁 트인 전망과 강변산책로가 있어 가족 단위로 나들이하기에도 좋습니
다. 입장료 결제할 때 받았던 티켓은 매점에서 음료와 교환할 수 있습니다.

온종일 놀아도 더 놀고 싶은
어린이비전센터

주소 경기 남양주시 진접읍 해밀예당1로 96

전화 [체험전시실] 031-560-1562~3

　　[라바파크] 031-528-4124

　　[까꿍놀이터] 031-528-4127

홈페이지 www.ncuc.or.kr/children

지하 1층, 지상 4층 규모의 어린이비전센터는 놀이터계의 '베스킨라빈스 31'입니다. 아이의 입맛대로 골라 놀기 딱 좋은 곳이란 말이지요. 어린이비전센터는 키즈카페, 체험 전시, 어린이박물관, 썰매장을 모두 합친 테마파크라 볼 수 있습니다.

먼저 1층 까꿍놀이터는 36개월 이하 영아들의 공간입니다. 스마트 로봇 코딩 스쿨은 유아와 초등학생을 대상으로 합니다. 30~40분 내외로 로봇 축구, 사탕 나르기 같은 게임 2개를 체험할 수 있습니다.

2층부터 본격적인 아이들의 체험이 시작됩니다. 봄부터 겨울까지 계절별 숲 속의 변화를 느낄 수 있는 '설레는 숲 속 여행'과 '즐거운 예술 여행'으로 구성되어 있습니다. 3층에는 신나는 과학 여행을 주제로 체험 전시실이 꾸며져 있고, 4층 옥상정원에는 탁 트인 전망을 배경으로 라바파크가 있습니다.

체험 전시실, 사계절썰매장과 라바파크는 각각 입장권을 구매해야 하지만, 첫 번째로 입장한 곳의 영수증을 보여주면 다른 두 곳은 각 천 원씩 할인받을 수 있습니다. 이 밖에도 장난감을 빌릴 수 있는 '비전장난감도서관'과 휴식 공간인 '맘카페'도 운영합니다.

TIP
까꿍놀이터는 평일 오전에는 어린이집 등 단체를 대상으로 운영하고, 가족 단위 체험객은 평일 오후와 금~일요일에 입장할 수 있어요.

동물과 울타리 없는 교감

주렁주렁

#실내동물원 #도심 동물원 #영유아 맞춤 동물원 #사막여우 #미어캣 #먹이 주기 체험 #버블쇼
#마술쇼 #유아수영장 #이케아 #배다골테마파크 #딸기농장 체험 #워터파크 #스노우파크

삭막한 도시 한가운데 자리한 생명의 숲

실내동물원 '주렁주렁'은 동물원의 '주(ZOO)'와 삭막한 도시 한 가운데 녹지대를 의미하는 '그린 렁(Green Lung)'을 조합한 말입니다. 쇼핑센터 안에 있어 미세먼지가 많은 날, 비 오는 날, 추운 날 등 날씨와 관계없이 동물을 만날 수 있어 영유아 자녀를 둔 가족에게 인기가 많습니다.

동물원 하면 떠오르는 코끼리, 사자, 기린처럼 몸집이 큰 동물은 주렁주렁에 없습니다. 대신 사막여우, 미어캣, 수달, 프레리독처럼 몸집은 작지만 온순한 동물들이 살지요. 주렁주렁은 우리 밖에서 바라보는 소극적 관람에 머무르지 않고, 아이가 동물과 눈 맞추고 먹이를 주며 교감할 수 있다는 장점이 있습니다.

◀ 주렁주렁에는 사자나 코끼리처럼 몸집이 큰 동물 대신, 사막여우나 미어캣(사진)처럼 몸집이 작고 온순한 동물이 산다.
아프리카 남부에 서식하는 미어캣은 낮에 두 발로 꼿꼿하게 서서 배와 가슴에 햇볕을 쬔다.

- ●추천 시기 사계절
- ●주소 [일산점] 경기 고양시 일산서구 주엽로 79(롯데빅마켓 일산점 지하 1층)
  [하남점] 경기 하남시 하남유니온로 120
  [경주보문점] 경북 경주시 엑스포로 80 미탐시티 3층
- ●홈페이지 www.zoolungzoolung.com ●전화 1644-2153 ●이용 시간 : 10:00~20:00
- ●휴무일 매월 첫째·셋째 월요일 휴무(월 2회)
- ●이용 요금 2시간 체험 17,000원, 종일권 [평일] 17,000원 / [주말] 21,000원
  만 18개월 미만 무료, 만 18개월 이상~36개월 미만 50% 할인(확인 서류 지참)
- ●수유실 시설 내 화장실 옆
- ●아이 먹거리 동물원 주변에 푸드코드 등 식당과 카페 등이 있어요.
  (종일권을 발권하면 1시간 외출 후 재입장할 수 있어요.)
- ●소요 시간 2~3시간

희귀동물 킨카주, 유황앵무, 스컹크 등도 사육사인 주렁맨이 곁에서 설명해 줘서 쉽게 친해질 수 있습니다.

여러 번 방문해도 지루하지 않게
월령별로 달라지는 아이 반응

울타리 없는 동물원이 처음이라면 부모님은 아이가 사막여우를 보고 어떤 표정을 지을지, 카멜레온을 만질 수 있을지, 손바닥에 있는 먹이를 본 새가 날아들면 무서워하진 않을지 등 기대 반 걱정 반일 것입니다.

> 66
> 주렁주렁을
> 여러 번 방문하면
> 똑같은 동물에 대해
> 월령별로 달라지는
> 아이의 반응을 살펴보는
> 재미가 있어요.
> 99

저희 아이는 월령별로 다른 반응을 보였습니다. 첫돌이 되기 전 처음 방문했을 땐 동물을 덥석 덥석 만졌습니다. 두 돌 때쯤 방문했을 땐 모든 동물이 마치 자기를 공격하는 것처럼 소리를 지르고 엄마 아빠 뒤로 숨기 바빴습니다. 세 돌이 지나자 아는 동물이 보이면 반기고, 다녀온 후 주렁주렁에서 본 동물의 생김새를 묘사하기도 했습니다. 첫 방문 때 아이 반응을 보고 단정 짓지 말고, 시간을 두고 여러 번 방문해 성장에 따른

아이 반응을 지켜보시길 추천합니다.

동물과 눈 맞춤하고 만져볼 수도 있는 울타리 없는 동물원

주렁주렁 일산점은 정글 속 오솔길, 파충류 둥지, 물속 마을, 왕부리 골짜기, 신비의 계곡, 새들의 정원, 재주꾼의 숲, 요나의 놀이터 등으로 구성되어 있습니다. 일자별로 만날 수 있는 동물이 조금씩 다릅니다. 동물의 휴식 시간을 보장하고, 건강 상태나 생리적인 특성에 맞춰 운영하기 때문입니다. 그래서 내부가 혼잡하지 않도록 시간대별 입장객 수를 조절하고 있어서 주말과 공휴일에도 그리 북적이지 않습니다.

제일 먼저 만나는 오솔길에서 아이가 소리칩니다. "토끼다!" 토끼과 동물 친칠라를 보고 하는 말입니다. 친칠라는 부드러운 털이 매력 포인트입니다. 안타깝게도 모피코트를 좋아하는 사람들 때문에 멸종 위기에 처한 동물입니다. 어디서 "꾸잉꾸잉" 소리가 들린다면, 기니피그가 곁에 있다는 뜻입니다. 겁이 많은 작은 돼지인 기니피그는 다양한 소리를 내면서 이야기하고 무리 지

◀ 동물을 아주 무서워하지 않는다면 토코투칸 먹이 주기 체험에 참여해 볼 만하다.

▲ 주렁주렁에서는 30분 단위로 버블쇼, 마술 공연, 파충류대사전, 정글대탐험 등의 프로그램을 진행한다.

어 다니는 걸 좋아합니다. 물속 마을에선 닥터피시 체험도 할 수 있어요.

왕부리 골짜기에서는 토코투칸 먹이 주기 체험이 열립니다. 진노랑색의 커다란 부리가 인상적인 토코투칸은 남미의 열대림에서 사는 새입니다. 토코투칸이 앉을 수 있도록 팔을 평평하게 뻗어 지지대를 만들고, 손바닥에 먹이를 놓아주면 큰 부리로 잘 받아먹습니다. 푸드덕 날아오기 때문에 영유아는 보호자가 곁에서 잘 잡아줘야 합니다.

주렁주렁에서는 버블쇼와 마술 공연도 관람할 수 있습니다. 대형 고래 미끄럼틀을 탈 수 있는 실내놀이터, 블록 놀이 공간, 카페테리아 등 공간이 다채롭게 구성되어 있어, 동물을 두려워하는 아이도 즐겁게 놀 수 있습니다.

아이랑 여행 꿀팁

● 두꺼운 외투나 무거운 짐은 물품보관함에 보관하고 입장하세요.
● 위생 및 동물들의 안전을 위해 음식물 반입이 금지되어 있지만, 24개월 미만의 영유아가 동반할 경우 이유식은 가지고 들어갈 수 있습니다. 다만 이유식은 동물과 만나는 코스가 끝난 후에 꺼내주세요.
● 관람로가 좁아서 유모차를 밀고 다니며 관람하기는 불편해요. 유모차는 입구에 맡기고 입장하세요.

36개월 미만 영유아를 위한 유아수영장

베이비엔젤스

주소 경기 고양시 일산서구 주엽로 79 빅마켓 킨텍스 지하 1층

전화 070-4225-0970

이제 겨우 백일 된 아이와 수영장을 갈 수 있느냐고요? 양수 안에서 열 달을 놀던 아이는 그 몸짓을 기억하고 물에도 쉽게 적응합니다. 아이가 물속에서 몸을 지탱하려고 움직이며 받는 다양한 자극은, 감각기관을 통해 뇌를 자극해 사고력과 상상력을 길러준다고 합니다. 집 욕조에서 목 튜브를 하고 놀아봤다면 좀 더 큰 수영장으로 나가볼 차례입니다.

베이비엔젤스는 36개월 미만의 영유아 전용 수영장입니다. 우선 개별 욕조가 있어 위생적입니다. 자그마한 욕조처럼 보이지만, 아이들에겐 대형 풀장이나 진배없습니다.

수영 전 보호자와 함께 준비운동을 하며 프로그램을 시작합니다. 계단을 오르내리고, 삼각매트에 등을 대고 미끄러져 내려오며 긴장을 풀어봅니다. 물놀이에 적응하기 위해 미니욕조에서 간단하게 몸을 풉니다. 수영 시간은 아이의 컨디션에 따라 다르지만 10분 이내가 적당합니다. 신생아 시절부터 원인도 모른 채 겪어야 하는 육아 고난의 시기인 일명 '원더윅스(wonder weeks : 아기가 정신적 신체적으로 빠르게 성장하는 시기)'가 찾아왔다면 더욱 추천하는 곳입니다. 열심히 수영하고 나면 그날만큼은 아이가 꿀잠을 자기 때문입니다.

엄마도 아이도 즐겁게 쇼핑할 수 있는

이케아(IKEA)

주소 **경기 고양시 덕양구 도내동 권율대로 420 이케아 고양점**

전화 **1670-4532**

홈페이지 **www.ikea.com/kr**

가구와 생활용품 등을 판매하는 '이케아'에는 아이가 있는 가족을 위한 편의시설이 잘 마련되어 있습니다. 일종의 마케팅 수단이라고 해도, "칭찬해"라고 말해주고 싶을 정도로 잘 갖춰져 있습니다. 담당직원이 함께하는 놀이 공간, 유아용 쇼핑카트, 매장 내 놀이시설, 어린이 메뉴와 유아식 등. 어린아이와 함께 반나절 이상 머물러도 불편함이 느껴지지 않습니다. 레스토랑의 '패밀리 스테이션'에는 유아 식기 및 전자레인지가 있습니다.

'스몰란드'는 키가 95~135cm이고, 혼자서 화장실을 사용할 수 있는 아이가 이용할 수 있는 실내놀이터입니다. 하루에 1시간 동안 무료로 이용할 수 있습니다. 아쉽지만 기저귀를 착용하는 아이는 입장할 수 없습니다.

이케아 쇼룸은 집안 인테리어 아이디어를 얻는 데 큰 도움이 됩니다. 그대로 우리 집으로 옮겨 놓고 싶은 마음이 드는 곳이지요. 사람들로 붐비는 주말을 제외하면 여유로운 나들이 겸 쇼핑을 즐길 수 있습니다. 특히 쇼룸 가운데 11번 '어린이 이케아' 코너에서는 오래 머물게 됩니다. 장난감은 아이가 좋아하는지 직접 체험해보고 구입할 수 있어 좋습니다.

사계절 체험 가득

배다골테마파크

주소 경기 고양시 덕양구 배다골길 131

전화 031-970-6330

홈페이지 baedagol.com

배다골은 한강에 이르는 샛강 성사천이 흘러 '배가 닿는 마을'이라 불린 곳입니다. 이곳 테마파크에는 민속박물관, 식물원, 동물농장, 글램핑 및 캠핑장 등 테마별로 즐길 거리가 많아 가족 나들이 코스로 좋습니다. 아쉽게도 평일에는 어린이집 등 단체 활동 위주로 진행합니다.

12월부터 6월까지 딸기농장 체험, 여름시즌에는 워터파크, 겨울 시즌에는 스노우파크 등 사계절 즐길 거리가 다양해 언제 찾아도 좋지만, 흙길이라 비 오는 날은 추천하지 않습니다. 평상과 방갈로 시설은 워터파크 개장 전까지 무료로 이용할 수 있습니다. 우리 가족은 이곳에서 구워먹은 삼겹살을 잊지 못합니다. 샌드아트체험장, 수제비누·딸기퐁두 만들기, 빅블록존, 3D영화 상영, 타악기체험관, 민속 놀이체험관 등 아이들이 관심 분야별로 다양하게 접근할 수 있는 것이 장점입니다. 민속박물관은 옛집과 거리가 미니어처 타운으로 재현되어 있어서, 부모의 향수를 불러일으킵니다. 향긋한 허브 향기를 맡으며 수목원을 산책하는 것도 좋습니다.

귀여운 미니돼지, 얼룩무늬가 매력적인 달마티안, 배다골 터줏대감 원숭이 짱가 등 여러 종류의 동물들이 배다골 테마파크에 삽니다. 주차장 부지가 넓어 주차 걱정은 없어요!

출동! 어린이소방대

광나루안전체험관

#생생한 재난 체험 #유아 맞춤 안전체험관 #출동! 어린이소방대 #사전 예약 필수
#로보카 폴리, 로이, 엠버 출동 #전국 안전체험관 7 #서울어린이대공원 #서울상상나라

안전, 아무리 강조해도 모자라지 않아요

"불이야~ 불이야!!"

저녁 뉴스에서 제천화재소식을 알리는데, 딸아이가 갑자기 소리를 지릅니다. 아주 심각한 표정을 하곤, 고사리 같은 손으로 입을 막고 낮은 자세로 포복하듯 제게 다가옵니다. 어린이집에서 화재비상대피훈련을 제법 잘 배운 것 같았습니다. 대견스러워 빙그레 웃으니, 엄마도 어서 똑같이 하라며 성화입니다. 엉겁결에 오리걸음으로 현관을 탈출했습니다.

포항에서 5.4 강도의 대규모 지진이 발생한 그 순간에도 저는 갓 태어난 둘째를 돌보는 데만 여념이 없었습니다. 진동을 감지하고도 불안한 마음뿐, '설마 내게 무슨 일이 나겠어?'라고 생각했습니다. 세 살 아이도 진지하게 재난에 대비하는데, 그 아이를 지켜야 하는 부모가 더 안일한 건 아닌지 부끄러웠습니다. 나와

- 추천 시기 사계절(※ 서울어린이대공원과 함께 찾는다면 너무 추운 날은 피해 주세요.)
- 주소 서울 광진구 능동로 238 서울시민안전체험관
- 전화 02-2049-4061 ● 홈페이지 fire.seoul.go.kr/gwangnaru/
- 이용 시간 평일, 공휴일 09:00~17:00, 수요일 야간체험 19:00~야간체험 종료 시까지
  ※ 출동! 어린이소방대(4~5세) : 매주 토요일 13:00~15:00, 당일 현장 접수
- 휴무일 매주 월요일, 1월 1일, 설 및 추석 명절 당일
- 이용 요금 무료(※ 전화·인터넷 예약제)
- 수유실 1층 안전어린이관 내부(소파, 아기 침대, 전자레인지)
- 아이 먹거리 시설 내에는 없지만, 인근 100m 이내에 식당 및 먹거리를 판매하는 곳이 많아요.
- 주차 시설 서울어린이대공원 주차장 이용(유료)
- 소요 시간 2시간

불이 나서 대피할 때,
옷으로 코와 입을
막아야 해요.

우리 가족만 사고를 피해 가면 괜찮다는 생각을 버려야 했습니다. 즉각 행동에 옮겼지요.

"저기 로이랑 엠버가 있어요!"

서울소방재난본부는 갑작스러운 재난에 대비할 수 있는 방법을 알려주는 시민안전체험관을 운영하고 있습니다. 동작구 신대방동의 '보라매안전체험관'과 광진구 능동의 '광나루안전체험관'입니다. 6세 미만의 유아는 광나루안전체험관에서 체험과 견학을 할 수 있습니다. 광나루안전체험관은 지하 1층, 지상 3층 연면적 5,444㎡ 규모로, 자연재해를 실제처럼 체험할 수 있도록 마련된 시설입니다. 서울어린이대공원 바로 옆에 있어 함께 둘러보기에 괜찮습니다.

"아빠, 저기 로이가 있어요! 엠버도요."

야외 전시장에 있는 소방차를 발견하고 아이가 먼저 소리칩니다. 이곳에 전시된 고가사다리차, 소방펌프차, 구급차는 실제 재난 현장을 누빈 영웅들입니다. 이제는 현장이 아닌, 체험관에서

아이랑 여행 꿀팁

● 광나루안전체험관은 사전 예약을 통해 6세부터 체험할 수 있지만, 유아의 경우 예약을 하지 않아도 어린이 시설물을 이용할 수 있어요.

▲ 광나루안전체험관 야외에는 실제 재난 현장을 누빈 소방차, 구급차, 고가사다리차 등이 전시되어 있다. 체험관 건물에는 재난이 발생했을 때 탈출할 수 있는 비상슬라이드가 설치되어 있다.

더 늠름한 모습으로 아이들과 만나고 있습니다.

특히 4~5세 아이라면 주목해주세요. 실제 소방차와

구급차를 타보는 인기 만점 프로그램인 '출동! 어린

이소방대'에 참여할 수 있습니다. 매주 토요일 오후

1시부터 3시까지 당일 현장 접수로 진행됩니다.

> "
> 6세 이상은
> 동작구 신대방동의
> '보라매안전체험관',
> 6세 미만의 유아는 광진구 능동
> '광나루안전체험관'에서
> 체험과 견학을 할 수 있어요.
> "

예약하지 않고 방문하면 자율 관람 가능

체험관 안으로 들어서면, 바다에 떠 있는 대형선박과 미끄럼틀

처럼 보이는 수상슬라이드가 눈에 띕니다. 헬기에 구조되는 사

66
체험관 로비에
설치된 체험 시설은
해상 재난 구조 현장을
생생하게
묘사하고 있어요.
99

람과 구명조끼를 입고 수상슬라이드를 탈출하는 모습이 꼭 실

제 같습니다. 태풍, 화재 대피, 소화기 사용법, 건물 탈출, 수직

구조대(비상슬라이드), 승강기 안전 등을 체험할 수 있으며, 체험

하기 전 오리엔테이션을 받습니다.

여기서 잠깐! 불이 났을 때 소화기는 얼마 동안 사용할 수 있을

아이랑 여행 꿀팁

● 대부분의 체험이 실제 상황처럼 연출되기 때문에 편한 옷과 운동화 차림이 좋아요.
● 예약제로 운영돼서 20분 이상 늦으면 입장 자체가 불가능해요. 시간을 꼭 지켜주세요.
● 'No show' 안돼요! 취소 없이 방문하지 않을 경우 6개월간 예약을 할 수 없어요.
● 국민재난안전포털 사이트(www.safekorea.go.kr)에서 안전 관련 정보를 찾아볼 수 있어요.

까요? 소화기 최대 사용시간은 단 12초! 불이 났을 때 아주 가벼운 화재를 제외하고는 소화기로 불을 끄려 하지 말고, 안전하게 대피하는 것이 우선이라는 점 알아두세요.

▲ 1층 '새싹 어린이안전체험장'에서는 미니소방차를 타보고, 심폐소생술을 배워보는 등 놀이와 연계된 체험을 할 수 있다.

예약하지 않고 방문했다면 자율 관람을 하면 됩니다. 1층 '새싹 어린이안전체험장'에서 부모가 직접 알려주며 아이의 안전 교육을 함께해 볼 수 있습니다. 천으로 불씨 잡기, 미니 소방차 타기 등 놀이와 연계된 활동이어서 절대 지루하지 않습니다. 시설 내부를 돌아보며 벽면에 있는 정보들도 꼼꼼히 읽어 두면 더욱 좋습니다.

아이랑 여행 꿀팁

안전불감증 NO! 전국 안전체험관 7

송파안전체험교육관

1999년 경기 화성 씨랜드 청소년 수련원 화재로 희생된 19명의 송파구 유치원생을 기리며 설립됐습니다. 송파안전체험교육관은 실제 집안처럼 꾸며놓은 '가정안전관', '신변안전관', '승강기안전관' 등 생활안전교육장이 있어 영유아가 생활 곳곳에서 일어날 수 있는 안전 사고에 대비할 수 있는 장점이 있어요. 매주 토요일 10시에는 가족과 함께하는 주말안전체험교실이 열립니다.

주소 서울 송파구 성내천로 35길 53 전화 02-406-5868 휴관 일요일, 공휴일
예약 홈페이지 사전예약제, 1일 3회차 10:30, 13:00, 15:00(프로그램별 40~90분 소요)

전쟁기념관 비상대비체험관

전쟁기념관 정문 한국전쟁 상징조형물 아래에 위치한 비상대비체험관은 화학, 생물학, 핵무기 공격 등 전시 상황에 어떻게 대비해야 하는지를 알아보는 공간입니다. 교육 내용을 애니메이션으로 소개하고 있어 아이들도 이해하기 쉽습니다. 방독면 착용, 심폐소생술, 소화기 사용법 체험도 가능합니다.

주소 서울 용산구 이태원로 29 전화 070-4109-3225 휴관 월요일 예약 현장 접수 가능

부평안전체험관

부평구노인복지관과 삼산경찰서 사이에 위치한 부평안전체험관은 민방위교육장과 함께 운영되고 있어요. 체험은 만 5세부터 접수할 수 있어요. 지진·심폐소생술, 해상풍수해, 교통안전, 생활안전, 지하공간 및 완강기 탈출, 엘리베이터 탈출 체험이 진행됩니다. 어른들은 음주운전 체험으로 그 위험성을 다시 한 번 깨닫게 된답니다. 요일별 체험 교육이 다르니, 홈페이지에서 확인하고 가세요.

주소 인천 부평구 굴포로 110 전화 032-509-3940 휴관 월요일, 공휴일
예약 홈페이지 사전예약제, 화·수·토·일요일 10:00, 13:00, 15:00, 목·금요일 19:00 추가

충청남도 안전체험관

지상 4층, 총 5,795㎡의 대규모 시설에서 고층화재·산불·산사태·수난안전·감염병 등 15개의 다양한 안전 체험을 할 수 있습니다. 단 8세 이상부터 체험할 수 있어요. 4~7세는 1층 어린이체

험관에서 생활안전, 화재안전, 교통안전 체험을 할 수 있습니다. 실감 나는 4D영상 체험(2층)도 놓치지 마세요.

주소 충남 천안시 동남구 태조산길 267-17 전화 041-559-9700 휴관 월요일, 1월 1일, 설·추석 연휴
예약 홈페이지 사전예약제, 1일 4회차 10:00, 11:30, 14:00, 15:30, 현장 입장 가능

전북 119 안전체험관

전국 최대 규모인 10만m² 부지에 위기탈출체험동, 물놀이안전체험장, 재난종합체험동 등 5개 주제관, 총 48개 시설을 갖추고 있습니다. 유아에서부터 성인까지 연령대별 체험이 가능한 것이 특징입니다. 토요일 11시 40분에는 '궁중소방대' 시연이 펼쳐지는데, 조선시대에는 어떻게 불을 껐는지 100년 전으로 시간 여행을 떠날 수 있습니다. 특히 실제 비행기와 똑같이 연출된 항공기안전체험장이 인기입니다.

주소 전북 임실군 임실읍 호국로 1630 전화 063-290-5676 휴관 월요일, 1월 1일, 설·추석 연휴
예약 홈페이지 사전예약제, 1일 3회차 10:30, 12:40, 15:20

대구시민안전테마파크

2003년 대구지하철 화재 참사를 계기로 설립된 대구시민안전테마파크는 2만 9,114m²의 규모에 2개 동과 야외시설이 있어요. 만 5세 이상부터 화재, 풍수해, 지진, 산악사고 등 일상생활에서 발생할 수 있는 각종 재난상황을 체험합니다. 1관 수변데크 옆 '유아용대피체험시설'은 소방차, 구급차 모형을 활용한 시설로 아이들에게 인기입니다.

주소 대구 동구 팔공산로 1155 전화 053-980-7770 휴관 월요일, 1월 1일, 설·추석 당일
예약 대구광역시 통합예약시스템 사전예약제, 1일 3회차 10:30, 12:40, 15:20

부산 119 안전체험관

전국 최초의 전기안전체험관을 포함해 7개 코스, 23개 체험이 있습니다. 미취학 아동을 대상으로 소방서 긴급 출동, 연기 탈출, 소화기 사용, 암벽등반 등을 체험하는 '새싹 안전 마을 코스'를 진행합니다. 온천동 금강공원 안에 있어 가족 나들이와 안전 체험을 함께 할 수 있어요. 야외 119기념공원, 키즈랜드 등은 별도 예약 없이 관람할 수 있습니다.

주소 부산 동래구 우장춘로 117 전화 051-760-5870 휴관 월요일, 1월 1일, 설·추석 연휴
예약 홈페이지 사전예약제, 5회차(미취학 아동 새싹 안전 마을 코스) 10:10, 11:30, 13:10, 14:30, 16:10

아기 코끼리 '코리'야 반가워!

서울어린이대공원

주소 서울 광진구 능동로 216 어린이대공원

전화 02-450-9311

홈페이지 www.sisul.or.kr/open_content/childrenpark/

2018년 1월 27일 캄보디아 출신 코끼리 '캄돌이'와 '캄순이' 부부 사이에서 아기 코끼리 '코리'가 태어났습니다. 서울어린이대공원에서 23년 만에 태어난 아기 코끼리입니다. 우리 아이들처럼 대공원은 코리의 백일잔치도 열었어요.

서울어린이대공원은 아이들과 가볼 만한 곳으로 손꼽히는 곳입니다. 5만 6,552m² 규모 부지에 마음껏 뛰어놀 드넓은 녹지공간과 잘 가꾸어진 정원, 놀이공원, 동물원, 식물원, 푸드코트 등이 있어 가족 나들이 장소로 완벽합니다. 1973년 개장해서 부모의 어린 시절 기억 속에도 간직된 특별한 장소입니다.

105종 750여 마리의 동물이 사는 동물원은 오전 10시부터 오후 5시까지 관람할 수 있습니다. 주말에 서울어린이대공원을 찾는다면 대중교통을 이용하는 것이 좋아요. 주차하다가 입장하기도 전에 가족 모두 지칠 수 있습니다. 7호선 어린이대공원역은 지하철 개찰구에 유아 전용 출구가 마련되어 있어 출발부터 아이들이 즐거워합니다.

상상이 자라는 초대형 실내놀이터
서울상상나라

주소 서울 광진구 능동로 216 어린이대공원 내

전화 02-6450-9500

홈페이지 www.seoulchildrensmuseum.org

서울어린이대공원 안에 있는 서울상상나라는 '어린이 전용 복합문화공간'입니다. 지하 1층 부터 지상 3층까지 아이의 풍부한 상상력을 자극하는 총 110여 개 이상의 체험 전시물로 가 득합니다. 입장하면 건물 오른쪽에 체험시설, 왼쪽에 편의시설이 있습니다. 1층 체험관 입

구로 입장해, 복도식 계단을 따라 차례대로 전체를 둘러보면 됩니다. 상설전시 중인 자 연 · 예술 · 공간 · 신체 · 상상 · 문화 · 과학 놀 이 등의 체험시설에 특별 전시, 기획 전시로 볼거리가 더해집니다. 36개월 미만의 영유 아라면 2층 '아기놀이터'를 이용해주세요. 커다란 정원으로 연출된 공간에 안전한 장 난감이 많아 마음이 놓입니다.

이곳에선 아이를 이끌지 말고, 아이에게 주 도권을 주고 스스로 활동을 선택하게 해주세요. 천천히 탐색하고, 충분히 느끼고, 경험할 수 있도록 기다려 주 는 것이 보호자가 할 일입니다.

서울상상나라 입장권은 온라인 사전 예약 60%, 현장 구매 40%로 안배 되어 있습니다. 관람객이 많이 몰리는 주말과 방학 기간, 실내 활동만 가능 한 날씨에는 예약이 필수입니다.

CHAPTER 2

아이와 함께하는 시간이 행복해지는
육아 여행

6천여 개 장난감 무료 대여
녹색장난감도서관

#육아는 장비빨 #비싼 장난감 사지 말고 빌려 놀자! #장난감 병원 #공유경제 #청계천 #서울광장
#한빛광장 #한국관광공사 #K-Style Hub #한식문화전시관 #한식체험관 #서울도서관

인테리어를 집어삼킨 알록달록한 장난감들

꿈꾸던 '미니멀 라이프'에 위기가 찾아왔습니다. 결혼 전 여행이 취미이자 업이었던 제가 소유한 물건은 커다란 여행 가방 하나에 다 담을 수 있을 만큼 단출했습니다. 그 정도 물건만으로도 사는 데 전혀 불편하지 않았습니다. 아이가 태어나자 달라졌습니다. 맥시멈리스트가 된 것이죠.

거실은 쏘서와 바운서, 공기청정기, 가습기, 기저귀, 물티슈 등 아이 물건으로 발 디딜 틈 없어졌습니다. 원색의 아이 장난감과 집안의 온 가구를 포장하듯 둘러싼 모서리 보호대는 '인테리어'에 대한 실낱같은 희망마저 접게 했습니다.

구매 행위 자체도 대단한 '노동'이었습니다. 아이와 부모의 취향에 맞는 적당한 것을 찾는 것부터 고민의 연속입니다. 거기에 '육아는 장비빨'이라는 달콤한 유혹을 외면하기 어려웠지요. 밤새워 검색과 결제를 반복했고, 우리 집은 매일 쓸고 닦아도 정리되

● 추천 시기 **사계절**

● 주소 **서울 중구 을지로 지하 42(지하철 2호선 을지로입구역 내)**

  ※ 2호선 을지로3가역 방향 탑승 시 을지로입구역 1번 칸에서 하차

  2호선 시청역 방향 탑승 시 을지로입구역 맨 뒤칸에서 하차

● 전화 **02-753-0222~3** ● 홈페이지 **seoultoy.or.kr**

● 이용 시간 **평일 10:00~19:30(점심시간 13:00~14:00), 토요일 10:00~15:30**

● 휴관일 **매주 월요일, 일요일, 공휴일** ● 이용 요금 **무료(연간회비 1만 원)**

● 수유실 **기저귀 교환대, 부모쉼터 등이 있어요.**

● 소요 시간 **대여 30분 내외 가능**

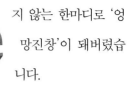

크아앙~
우리 집을 알록달록한
장난감으로 가득
채울테다!

먹고 자는 데 시간 대부분을
쓰는 아기에게 필요한 물건은
왜 그렇게 많을까? 아기가 태
어나고 우리 집은 순식간에 아
기 물건에 점령당했다.

지 않는 한마디로 '엉망진창'이 돼버렸습니다.

아이들은 쉽게 장난감에 싫증을 내기 때문에 장난감은 들인 지 얼마 되지 않아 처치 곤란한 애물단지로 전락합니다. 언젠가 태어날 둘째를 위해 남겨둔 장난감 덕에 베란다 역시 포화상태입니다.

'아이 키우는 집이 다 그렇지 뭐!'라고 위로하면서도, '언제까지 이 많은 짐을 끌어안고 살아야 할까?' 두려워지기 시작했습니다.

장난감, 사지 말고 빌려요!

그러던 어느 봄날, 반짝이는 햇살처럼 만난 장난감도서관. 장난감도서관은 도서관이 책을 빌려주듯 장난감을 빌려주는 곳입니다. 서울의 경우 구 단위로, 전국은 지역별로 있습니다. '6천 개가 넘는 장난감을 1년에 만 원으로 대여할 수 있다!' 이것은 우리 집에 혁명이었습니다!

장난감 도서관의 효시는 1963년 스웨덴 스톡홀름의 소규모 모임 '레코텍'입니다. 레코텍은 '놀이(lek)'와 '도서관(tek)'을 뜻하는 스웨덴어입니다. 자녀 가운데 장애 영유아가 있는 가족들이 장난감을 교환하며 시작된 것입니다. 그 후 지역사회에서 시민 운동으로 확대됐고, 영국을 거쳐 유럽과 전 세계로 퍼져나가 지금은 약 60개국이 세계 장난감도서관협회에 가입되어 있습니다. 우리나라도 1982년 서울 오류동 성베드로학교 교육터에 문을 연 '한국 레코텍'과 함께 장난감도서관의 역사가 시작됐습니다.

아이 손잡고 나들이하기 좋은 녹색장난감도서관

어린이집에서 하원 한 아이에게 오늘은 엄마와 데이트하자며 서울특별시육아종합지원센터가 운영하는 녹색장난감도서관을 찾았습니다. 녹색장난감도서관은 지하철 2호선 '을지로입구역' 안에 있어서 접근성이 뛰어납니다. 서울 지역에서 일하는 부모라면, 점심이나 퇴근 시간을 이용해 장난감을 빌릴 수도 있습니다. 퇴근한 엄마, 아빠가 양손에 재미있는 장난감을 들고 '짠!' 하고 나타난다면, 아침마다 "일하러 가지 마!"라며 붙잡는 아이

아이랑 여행 꿀팁

- 장난감·도서 대여 서비스 센터는 전국적으로 197개소(2018년 기준) 정도 있습니다. 내가 사는 지역과 가까운 장난감도서관은 육아종합지원센터 홈페이지에서 검색할 수 있습니다.
  육아종합지원센터(central.childcare.go.kr) 〉 가정양육지원 〉
  양육서비스 〉 장난감·도서 대여 서비스 운영 지원

에게 긍정의 메시지를 줄 수도 있을 겁니다. 아이와 지하철 나들이하며 들려도 좋습니다.

장난감을 대여하려면 먼저 장난감도서관 홈페이지에서 부모 명의로 회원 가입을 해야 합니다. 연회비는 1만 원이고, 자녀가 만 72개월 이하여야 가입할 수 있습니다(장애아동은 만 12세까지 가입). 신규 회원이 연체나 파손 없이 6회 이상 이용하면 정회원이 되고, 정회원이 되면 장난감을 집에서 받아볼 수 있는 '택배서비스'도 이용할 수 있습니다. 회원 가입 없이 마음껏 이용할 수 있

> **"**
> 녹색장난감도서관에는
> 미끄럼틀처럼
> 부피 큰 장난감부터
> 승용완구, 건전지로
> 작동하는 소형 장난감까지
> 6천여 개의
> 장난감이 있어요.
> **"**

는 자유놀이시설도 있습니다. 키즈카페 같은 곳이죠. 홈페이지에서는 새로 나온 장난감과 베스트 대여 장난감 목록도 확인할 수 있고, 어떤 장난감이 있는지 검색할 수도 있습니다.

공유경제를 체험할 수 있는 경제 교육의 장

장난감도서관을 이용하면 새로운 장난감에 대한 아이 반응을 미리 살펴볼 수 있어 구매 후 관심을 못 받아 창고에 넣어두는 실패를 줄일 수 있습니다. 그리고 아이와 21세기 경제 트렌드의 핵심 개념인 '공유경제(물건이나 공간, 서비스를 소유하기보단 나눠 쓰는 경제 모델)'를 직접 체험해 볼 수 있기도 합니다. 장난감도서관마다 운영 방침이 조금씩 다르니 사전 확인은 필수입니다!

장난감도서관을 이용하면서 우리 집에도 변화가 생겼습니다. 언젠가는 가지고 놀겠지 하며 모아뒀던 장난감을 하나둘 정리했

◀ 녹색장난감도서관은 고장 난 장난감을 접수받아, 수리할 수 있는 제품은 부품비만 받고 수리해주는 '장난감병원'을 운영한다.

사용하지 않는 장난감이나 육아 용품을
기부하면 포인트를 받을 수 있어요.

습니다. 녹색장난감도서관에는 '키즈뱅크' 서비스가 있습니다. 장난감, 육아 용품을 기증받아 깨끗하게 정비한 후에 필요한 시설이나 시민에게 대여해주고, 고장 난 장난감을 수리해주는 서비스입니다. 장난감을 기부하면 포인트를 받을 수 있는데요. 포인트로 연회비를 내거나 강좌를 수강할 수 있습니다.

그렇게 실천한 지 한 달이 지나자, 집안 곳곳에 여유 공간이 생겼습니다. 신기하게도 그 공간만큼 마음의 여유도 생겼습니다. 무엇보다 쌓여있는 물건을 치우기 위해 시간과 에너지를 허비하지 않아도 됐고요.

아이는 엄마 손잡고 장난감도서관 가는 것을 즐깁니다. 함께 쓰는 장난감이니 다루는 것도 훨씬 조심합니다. 장난감이 망가지면 버리고 새로 살 것이 아니라 수리해서 더 오래 함께 할 수 있다는 것도 알게 됐습니다.

아이랑 여행 꿀팁

- 녹색장난감도서관은 지하철로 서울을 여행할 때 쉬어가는 공간으로 활용할 수 있어요.
- 서울메트로 1~4호선에는 총 26개 역에 '아기사랑방'이라는 이름으로 수유실을 운영하고 있어요. 유아 침대, 세면대, 전자레인지, 기저귀 교환대 등의 시설이 있으니 필요할 때 이용해보세요.
- 장난감뿐만 아니라 아이 그림책과 육아에 도움이 되는 도서도 대여할 수 있어요.

서울의 '공동 정원'
청계천 한빛광장

주소 서울 종로구 창신동

전화 02-2290-6114

홈페이지 www.sisul.or.kr/open_content/cheonggye

온몸으로 상쾌한 바람 샤워를 할 수 있는 산책은 엄마와 아이 모두에게 달콤한 시간입니다. 바람이 선선하게 불어올 무렵 저녁에 청계천 한빛광장으로 가보세요. 삼색 조명이 어우러진 캔들분수와 시원하게 떨어지는 2단 폭포가 장관입니다.

청계광장에서 시작해 종로와 인사동을 지나 동대문패션타운까지 이어지는 관광1코스가 메인입니다. 2.9km 산책로 사이에 있는 광통교, 오간수교 등의 다리에는 서울의 역사도 녹아 있습니다. 유모차 진입, 진출로를 알려주는 표지판도 곳곳에 있으니 확인하고 움직이면 계단을 오르는 불편함을 줄일 수 있습니다.

청계천의 가장 큰 반전은 도심에서 만나는 '생태'입니다. 산책로 곳곳에서 버드나무, 물억새, 노랑꽃창포 등 계절별로 다른 식물을 만날 수 있습니다. 물속에는 피라미, 돌고기, 잉어 등의 어류도 삽니다. 청둥오리, 왜가리, 중대백로, 붉은머리 오목눈이와 같은 조류도 볼 수 있습니다. 특히 청계천변 수변데크와 다리 아래에서는 연극, 인형극, 마술, 묘기, 퍼포먼스 등 다양한 거리 공연이 열립니다.

TIP
- 날씨가 따뜻해지면 아쿠아슈즈를 신고 가보세요. 아이는 졸졸졸 흐르는 시냇물에 꼭 발을 담그고자 할 테니까요.
- 청계천 안내소 등 주요 지점에서 유모차를 대여할 수 있어요.
  대여 시간 10:00~17:00 전화 02-2290-7134(서울시설공단 청계천관리처)

우리 가족만의 비밀 쉼터

K-Style Hub

주소 서울 중구 청계천로 40 한국관광공사 서울센터빌딩 2~5층

전화 02-729-9457(K-Style Hub)

홈페이지 korean.visitkorea.or.kr/kor/bz15/kstylehub/overview.jsp

청계천로를 따라 광교사거리 방향으로 걷다 보면 오른편에 한국관광공사 서울센터빌딩이 눈에 띕니다. 본사는 강원도 원주로 이전하고, 이곳은 서울센터 역할을 하고 있습니다. 총 4개층, 1천 300여 평의 공간에 우리나라 구석구석에 대한 정보와 한식 문화 체험을 할 수 있는 'K-Style Hub'가 있습니다. 시민들보다 오히려 외국인에게 더 잘 알려진 곳입니다. 우리가 해외여행을 가면 관광안내센터를 먼저 찾는 것처럼요. 처음 방문하면 "와! 이런 곳이 있는지 몰랐네"하고 감탄사를 연발할 만큼 알찬 곳입니다.

2층 관광안내센터에서는 국내 모든 관광지역에 대한 정보를 얻을 수 있습니다. 가상체험이나 증강현실과 같은 ICT 기술을 활용한 관광체험, 한류스타체험 등 재미있는 체험 거리도 많습니다. 360도 파노라마뷰체험, 한국의 주요 관광지 및 국립공원 VR(가상현실)체험 등은 아이

와 어른 모두 관심을 보입니다.

사실 이곳은 날씨가 좋지 않거나, 다소 빡빡한 여정으로 아이가 힘들어할 때, 청계천 나들이를 하면서 실내에서 편안하게 쉴 수 있는 우리 가족만의 '비밀 공간'이기도 합니다. 특히 3층 한식문화전시관과 4층 한식체험관을 추천합니다. 건강한 주전부리가 있어서 아이와 함께 식사하기에 좋습니다. 우아한 한옥에 둘러싸인 안마당이 돋보이는 체험관에는 우리나라 고유의 음식재료로 직접 요리하고 맛보는 배움터가 있고, 한식과 전통다과, 전통주 등도 판매합니다. 전통 간식을 만들어보는 한식 프로그램도 있으니 아이와 한번 참여해보는 것도 좋습니다.

서울광장과 서울도서관

광장 주소 서울시 중구 세종대로 110

전화 02-2133-5665(서울시 총무과)

홈페이지 plaza.seoul.go.kr

도서관 주소 서울시 중구 세종대로 110 시청역 5번 출구

전화 02-2133-0300

홈페이지 lib.seoul.go.kr

시청 앞 광장으로 더 익숙한 서울광장은 주말에 찾으면 다양한 축제를 즐길 수 있는 공간이에요. 특히 겨울에는 서울광장스케이트장이 인기입니다. 스케이트 대여료를 포함해 1회(1시간) 1,000원이라는 저렴한 가격에 도심 한복판에서 스케이트를 즐길 수 있습니다.

광장 앞에 있는 서울도서관은 아이와 꼭 한번 찾아가볼 만한 곳이에요. 1926년 건립된 시청 건물의 외관을 그대로 유지하고 있어 그 자체로 볼거리입니다. 책꽂이에서 책을 마음껏 뽑아 아이와 편히 앉아서 볼 수 있는 공간도 매력적입니다. 서울도서관 3층으로 올라가면 옛 청사의 시장실과 기획상황실도 볼 수 있습니다.

서울도서관 정문에 걸린 '꿈새김판'은 서울광장을 둘러싼 공간을 더 따뜻하게 만듭니다. 2013년 6월부터 좋은 창작 글귀를 공모해 꿈새김판에 소개하고 있어요. 육아에 지치거나 삶이 흔들릴 때 꿈새김판에 적힌 한 문장에 큰 위로를 받습니다.

오늘은 엄마가 우리 아이 스타일리스트

남대문시장 아동복거리

#남대문시장 #아동복거리 #아이옷 쇼핑 #아동복 세일 #쇼핑 팁

#서울애니메이션센터 #만화책 도서관 #우표박물관 #남대문시장 주차

#신세계백화점 본점 #한국 최초 백화점 #현대미술을 무료로 관람할 수 있는 곳

물려 입는 것도 좋지만,
가끔은 예쁘게 꾸며주고 싶은 게 엄마 맘

"깨끗하게만 입히면 되지, 애 옷 하나에 몇만 원씩이나? 어휴……."
그렇게 지나간 계절만 일곱 번입니다. 더운 여름에 백화점 수유
실을 이용하러 들어갔다가 아동 코너에서 가격표를 곁눈질하며
움찔하기도 여러 번입니다. 큰맘 먹고 새 옷을 사주려다가도 철
바뀌면 어느새 자라 있으니 한 치수 큰 걸 사야지 않을까 고민하
다 결국 뒤돌아섭니다. 그런데 차려 입히고 싶은 가족 행사날이
문제였어요. 죄다 얻어 입혀서일까요. 평소에 입긴 괜찮은데, 코
디해보면 뭔가 아쉬웠어요.

'내가 너무 했나……'

센스 있는 부모가 되고 싶은데, 그게 맘처럼 쉽지 않거든요. 아
이가 어린이집을 다니기 시작하면 더 큰 고민입니다. 내복만 입

- ● 추천 시기 사계절
- ● 주소 서울 중구 남대문시장4길 21(남창동) ● 전화 02-753-2805
- ● 홈페이지 namdaemunmarket.co.kr
- ● 이용 시간 평일 주간 09:30~17:00 · 야간 22:30~05:00, 토요일 09:30~17:00
- ● 휴장일 일요일
- ● 수유실 G동 대도아케이드 지하 1층 고객쉼터, 수유실, 아기방이 있어요
    (도보 5분 거리의 신세계백화점 신관7층 유아휴게실을 이용할 수도 있어요).
- ● 아이 먹거리 먹자골목(꼬리곰탕, 갈치골목의 생선구이, 칼국수 등)과 남대문에서만 맛볼 수 있는
    호떡, 꽈배기, 만두 등 주전부리가 많아요. 하지만 시장의 특성상 식당 내부가 넓지 않고
    유아 의자가 없는 곳이 대부분이라 영아와 함께 식사하기에는 어려울 수 있어요.
- ● 소요 시간 어떻게 쇼핑하는지에 따라 다르지만, 아동복 매장만 훑고 지나가도 2시간은 걸려요.

혀 보낼 순 없고, 매일 같은 옷을 입히자니 선생님에게도 자주 마주치는 다른 아이 부모 보기에도 좀 민망합니다.

600년 역사의 남대문시장

이런 날, 마음먹고 남대문시장으로 아이 옷 쇼핑에 나서보면 어떨까요. 남대문시장은 점포 수만 1만여 곳, 1,700여 종에 달하는 상품을 판매하는 국내 대표 전통시장입니다. 하루 방문객이 30만여 명에 달합니다. 조선 태조 14년인 1414년 나라에서 감독하는 시전(市廛) 형태로 출발한 남대문시장은 600년의 세월을 그 자리에서 지켜온 셈입니다.

"남대문시장에 없으면 서울 어디에도 없다", "남대문시장엔 고양이 뿔 빼고 다 있다"는 말이 있을

> 66
> 남대문시장은
> 전통시장 버전의
> '다이소'랍니다.
> "없는 물건을 찾는 게
> 차라리 더 쉽다"는 말이
> 여전히 유효하지요.
> 99

만큼, 그야말로 사고 싶은 '모든 것'이 다 있습니다.

특히 남대문시장은 명실상부 아동복의 메카입니다. 디자인과 질, 가격 어디 하나 빠지지 않습니다. 국내 아동복의 80%가량이 이곳을 거쳐 전국으로 퍼져나간다고 해도 과언이 아닙니다. 유명 아동복쇼핑몰에서 봤던 '그 옷'이 더 저렴한 가격으로 옷걸이에 걸려있을 땐, "야호!"를 외치게 됩니다. 봄날 입기 좋은 카디건이 5천 원, 바지 한 벌에 3천 원, 상하의 세트가 만 원입니다. 매의 눈으로 잘 살펴 구매하면 단돈 3만 원으로 우리 아이 패션을 완성할 수도 있습니다. 시장 전체가 한겨울에 봄옷을 팔고, 봄이 되면 여름옷을 파는 것처럼 한 시즌 빨리 운영되다 보니, 지금 계절 옷은 대부분 할인 판매를 합니다.

▲ 4번 게이트 쪽으로 들어서면 유아복, 아동복, 액세서리, 신발, 잡화 등 유아부터 주니어까지 아동 관련 용품을 파는 상가들이 줄지어 서 있다.

아이랑 여행 꿀팁

● 같은 호수라도 상표마다 사이즈가 조금씩 다를 수 있어요. 아이와 함께 가더라도 매번 입혀볼 순 없으니, 쇼핑하기 전에 아이의 정확한 신체 사이즈를 파악하고 가세요. 아이가 입던 옷을 가지고 가면 더 좋아요.

추억의 부르뎅 아동복을 비롯해 마마, 크레용, 포키, 페인트타운 등 아동복 상가와 각종 액세서리, 신발 가게까지 천여 개의 점포가 밀집해 있습니다. 아동복 상가는 지하철 4호선 회현역 6번 출구로 나와 4번 게이트로 들어서면 G동과 F동에서 찾아볼 수 있습니다.

좋은 제품을 싸게 잘 사는 쇼핑 꿀팁 대방출!

▼ 남대문시장은 매장 수가 많고 길이 복잡해서 원하는 매장을 기억해 내기 쉽지 않다. 제품이 마음에 드는데 구매가 망설여진다면 아동복 상가명과 매장명을 사진으로 찍어 두는 것도 쇼핑 팁이다.

쇼핑엔 발품이 필수! 먹이를 찾아 어슬렁거리는 하이에나가 되어야 합니다. 매장을 돌다가 '약간 불량, 흠집'이라고 적힌 표시를 발견하면 일단 멈춰서야 해요. 반값 이상 저렴하니까요. 흠집이라고 해도 재봉선이 약간 잘 못됐거나, 한눈에 알아보기는 힘든 것들이 대부분입니다. 3호, 5호 등 3세 이하 아이 옷은 더 저렴하게 판매하기도 합니다. '에누리'가 있는 곳이라 더 정겹습니다.

남대문시장은 출발하기 전 현금을 찾아가는 것이 좋습니다. "현금으로 하면 얼마예요?", "만원에 몇 개예요?"는 '남대문 빠꼼이'들 사이에서 에누리를 부르는 마법의 주문입니다. 인근 은행에서 현금으로 온누리상품권을 구매하면 5% 할인을 받을 수 있어서 더 경제적입니다.

▲ 재래시장의 특성상 카드보다는 현금이나 온누리상품권을 이용하면 더 경제적이다.

시간을 공략하는 것도 물건을 싸게 사는 팁이에요. 아이를 어린이집이나 유치원에 보낸 엄마들이 몰리는 오전 10시~오후 2시를 피하면 조금 여유로운 쇼핑이 가능합니다. 오후 4시가 넘으면 상인들이 하나둘 물건을 정리하기 시작합니다. 이때 그날 남은 물건을 떨이로 파는 경우도 있으니 눈여겨봐도 좋아요. 특히 5월 초 아동복축제 기간에는 할인 행사가 많습니다.

아이랑 하는 여행이라면
꼭 체크해야 할 유모차, 주차장, 수유실

남대문시장은 매장 사이 간격이 좁아 아이와 함께 유모차로 가기에는 적합하지 않아요. 유모차를 가지고 가면 쌓인 옷더미를 치기 일쑤고, 입출구가 계단으로 되어 있어 부모 체력이 금세 바닥납니다. 복잡한 미로를 따라 뛰어다니기 바쁜 아이를 데리고 물건을 제대로 보기도 어렵습니다. 아이를 누군가에게 맡길 형편이 된다면, 한밤중 나들이하기에 괜찮습니다. 바람도 쐬고 야식을 먹으며 육아 스트레스도 풀고, 내 아이의 예쁜 모습을 상상하며 이것저것 둘러보는 것도 좋습니다. 덤으로 엄마, 아빠 옷도 한 벌 사오면 금상첨화지요.

남대문시장은 주차할 공간이 넉넉하지 않습니다. 그래도 양손 가득 쇼핑하면 대중교통을 이용하기 어려우니 차를 가지고 간다면, 1번 게이트 숭례문수입상가동, 8번 게이트 남정빌딩, 4번 게이트 옆 골목 안, 5번 게이트 입구, 7번 게이트 연세주차장, 코코상가동, 신세계백화점 신관 등을 이용하면 됩니다.

원아동복 옆에 수유실이 마련되어있지만, 신세계백화점 신관 7층 베이비라운지가 훨씬 쾌적합니다.

아이랑 여행 꿀팁

● 남대문시장은 늦은 밤부터 하루 2번 매장이 열립니다. 주간 영업시간은 월~금요일 오전 9시 30분부터 오후 5시까지, 야간에는 10시 30분부터 새벽 5시까지 열려요. 토요일은 주간에만 영업합니다. 하지만 매장마다 이용 시간이 조금씩 다르니, 홈페이지에 나온 전화번호로 미리 확인해보는 것이 좋습니다. 낮에는 오후 4시만 되어도 장사를 끝내고 문을 닫은 곳이 더러 있었습니다.

만화 캐릭터를 직접 만나는 시간
서울애니메이션센터

주소 서울 중구 소공로 48
(4호선 명동역 4번 출구, 도보 3분)

전화 02-3455-8341

홈페이지 www.ani.seoul.kr

"호외요~! 호외!" 남산자락에 있던 서울애니메이션센터가 2019년 3월 남산센트럴타워로 이전했습니다. 과거 조선총독부, 70년대 KBS 사옥, 1986년 국가안전기획부에 이르기까지 근현대사의 한 페이지를 장식했던 구 서울애니메이션센터는 재건축에 들어갔고, 대신 아이들의 새로운 놀이터가 명동에 개장했습니다.

이전한 서울애니메이션센터는 건물 외벽을 장식한 그림 때문에 멀리서도 단박에 알아볼 수 있습니다. 남산 타워 꼭대기를 붙들고 있는 노란색의 둥근 '스티키몬스터' 캐릭터가 마치 서울 하늘에 뜬 보름달 같습니다.

서울애니메이션센터에서는 '아이들의 대통령'이라 불리는 뽀로로는 물론, 라바, 터닝메카드, 타요 등 영유아라면 필수적으로 거치는 만화 캐릭터를 직접 만나 볼 수 있습니다. 1층 '만화의 집'은 오전 10시부터 8시까지 만화를 좋아하는 모든 이에게 무료로 개방됩니다. 만화책이 주제별, 연대별, 국가별로 잘 분류되어 있어, 온종일 시간 가는 줄 모르고 책을 볼 수 있습니다.

어린아이와 함께 방문했다면 2층 '애니소풍(어린이 6,000원, 어른 4,000원)'으로 직행하세요. 서울역, 남산, 광화문 등 서울 상징 명소에서 캐릭터들이 여행을 떠나거든요. '슈퍼윙스 서울공항', 'Ani 스톱모션', '뽀로로 드로잉', '소피루비 캠핑카' 등 뉴미디어와 접목한 캐릭터의 총동문회에 함께 참여해볼 수 있습니다. 아쉽게도 별도 주차 공간은 없습니다. 매주 월요일에는 휴관합니다.

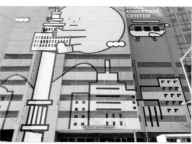

작은 네모 속 커다란 세상
우표박물관

주소 서울 중구 소공로 70 POST TOWER

전화 02-6450-5600

홈페이지 www.kstamp.go.kr/kstampworld

"와! 포스티다!!"

포스트타워 지하주차장에 들어서는 순간, 아이는 주차장에 일렬로 주차되어 있는 우체국 택배 차량을 보고 외칩니다. 애니메이션 〈로보카 폴리〉를 애청하는 아이라면 '포스티'를 모를 리 없겠지요. 포스티의 실제 모델인 우체국 택배 차량을 본 아이 얼굴은 박물관에 들어서기 전부터 설렘이 가득합니다. 빨간 우체통보다는 택배 아저씨가 익숙한 우리 아이들. 서울중앙우체국 지하 2층에 위치한 우표박물관은 우표가 낯선 아이들에게 소개해주고 싶은 공간입니다.

세계 최초의 우표는 1840년 영국에서 발행되었습니다. 우표에는 빅토리아 여왕의 옆모습이 담겨 있었습니다. 전시장에는 세계 최초 우표와 우리나라 최초 우표가 전시되어 있습니다. 우편 제도의 변천사는 어른들이 꼼꼼하게 읽어보고 쉽게 설명해주면 좋을 내용입니다. 편지를 전달하던 우체부 아저씨의 모습도 모형으로 제작해 아이들의 눈길을 끕니다.

아이들은 우표 체험 마당을 신기해합니다. 세계 각국에서 발행된 특이한 우표가 전시되어 있는데, 소리 재생이 가능한 레코드 우표에서부터 나무나 천으로 만들어진 우표, 소액화폐 대

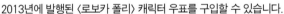

신 사용한 우표, 입체 우표 등 신기한 우표를 만날 수 있습니다. 엠보싱 인쇄 기법을 체험해 볼 수 있는 코너도 인기입니다. 전시장 입구에 마련된 엽서를 받아, 기계에 넣고 손잡이를 돌리면 고인돌과 펭귄이 볼록하게 새겨진 엽서를 만들 수 있습니다. 우표박물관에서는 2013년에 발행된 〈로보카 폴리〉 캐릭터 우표를 구입할 수 있습니다.

국내 최초 백화점

신세계백화점 본점

주소 서울 중구 소공로 63

전화 1588-1234

홈페이지 department.shinsegae.com

백화점은 아이가 있는 부모에게 대형마트와 함께 '최적의 여행지' 양대 산맥입니다. 백화점이 제공하는 고객서비스 때문입니다. 어린아이의 용무를 처리할 대다수 물품이 구비된 수유실과 임신부터 출산, 육아 등의 정보를 듣거나 아이와 함께 참여할 수 있는 문화센터도 백화점을 즐겨 찾는 이유 중 하나입니다. 특히 대중교통과 연결된 곳이 많아 날씨가 궂은 날에도 아이와 외출하기에 부담이 적습니다. 가정 경제 수준에 맞게 합리적인 소비를 할 수 있는 '절제력'만 있다면, 백화점은 영유아 가족의 나들이 장소로 좋습니다.

신세계백화점 본점은 과거 '미츠코시 백화점 경성점'으로, 한국에 들어선 첫 백화점 건물입니다. 일제 강점기로 타임머신을 타고 온듯한 착각을 불러일으키는 고풍스러운 건물도 볼거리입니다. 본점은 회현지하 쇼핑센터와 연결되어 지하철 4호선 회현역(남대문시장)과 명동역도 도보로 이동할 수 있습니다. 본관 벽에는 수준 높은 미술 작품이 전시되어 있어, 작품을 천천히 들여다보고 있으면 미술관에 와 있는 듯한 느낌도 듭니다.

특히 본점 6층은 도심 한복판의 '시크릿 플레이스' 같은 공간입니다. 6층에서는 헨리 무어, 제프 쿤스 등 세계적 명성의 현대미술 작가들의 작품을 만날 수 있습니다. 남산과 N서울타워를 바라보며 차 한잔 마시며 여유를 느낄 수 있기도 하고요. 크리스마스 시즌에는 해마다 화려한 조명으로 건물을 꾸며, 아름다운 조명쇼를 보는 듯한 느낌이 듭니다.

제프 쿤스, 〈성심〉

네버랜드를 선물할게!

롯데월드

#롯데월드 #영유아가 탈 수 있는 놀이기구 #키디존 #퍼레이드 #환상의 숲
#모노레일 #매직아일랜드 #제네바 유람선 #민속박물관 #피천득
#롯데월드몰 #서울스카이 #세계에서 5번째로 높은 건물 #100층짜리 집

엄마가 네버랜드에 데려다 줄게

아이의 세상에 초대받는 날은 부모도 아이가 됩니다. 1989년생 롯데월드. 2019년 올해로 서른 살이 된 놀이동산은 여전히 꿈과 모험을 그리며 동화처럼 삽니다. 아이의 마음은 손에 꼭 쥔 풍선보다 더 부풀어 있습니다. 주말이면 사람 구경 반, 줄서기 반일 때도 있지만, 모처럼 아이의 기억 속에 특별한 추억을 만들 생각에 뿌듯합니다.

롯데월드는 에버랜드와 함께 놀이동산의 양대 산맥이지요. 롯데월드의 장점은 일단 '실내'라는 점입니다. 미세먼지, 비, 눈 가릴 것 없이 365일 사계절 어느 때고 갈 수 있다는 건 큰 장점입니다. 2호선, 8호선 잠실역 지하철로 이어져 접근성이 좋고, 롯데월드몰과 연결되

자~ 아빠도 머리에 써봐요~

- 추천 시기 사계절   ● 주소 서울 송파구 올림픽로 240
- 전화 02-1661-2000   ● 홈페이지 www.lotteworld.com
- 이용 시간 09:00~22:00   ● 휴무일 연중무휴
- 이용 요금 어른 54,000원, 어린이(36개월 이상) 45,000원,
  12개월 미만은 입장 및 유아 놀이시설(키즈토리아 등) 무료, 12~36개월 미만은 입장만 무료
  (※ 온라인예매 및 각종 할인 대상 카드를 적극적으로 이용해보세요.)
- 유아 휴게실 기저귀 교환대, 세면대, 젖병세정제, 정수기, 전자레인지 구비
- 안내데스크(만남의 장소 옆) 놀이시설, 공연 안내, 분실물 및 미아 신고, 가이드 맵 배부
- 아이 먹거리 롯데월드 3층(연결 엘리베이터 있음) 저잣거리
- 소요 시간 반나절

▶ 롯데월드는 시설 대부분이 실내에 있어 날씨와 상관없이 방문할 수 있다는 장점이 있다.

어 온종일 놀아도 볼거리 걱정이 없습니다. 지갑은 조금 얇아지겠지만요.

아이가 탑승할 수 있는 놀이기구부터
확인하고 동선 계획하기

롯데월드는 지하 1층 언더랜드, 1~4층 어드벤처, 실외 2층 매직

아일랜드로 구성됩니다. 영유아 놀이기구는 대부분 1층 어드벤처 키디존에 모여 있습니다. 입장하면 우선 안내데스크에서 파크가이드를 받아, 탑승 가능한 놀이기구를 미리 확인해두는 것이 우왕좌왕하지 않는 지름길입니다. 아이 키가 110cm 미만일 경우 보호자와 함께 탑승해야 하거나, 탑승 제한을 두는 놀이기구가 많기 때문이지요.

"아빠! 저거 타보고 싶어요."

"안 된대. 키가 큰 형님만 탈 수 있다네……."

손목에 두른 자유이용권이 무색해지는 순간입니다. 아이를 맡아줄 동행자가 있지 않은 한, 부모 역시 110cm 미만이니까요.

키디존은 어린이 번지드롭인 햇님달님(90~140cm, 3,000원), 어린이범퍼카, 매직붕붕카, 유레카, 스윙팡팡(109cm 이하 보호자 동반 탑승, 3,000원), 점핑피쉬(110cm 이상), 벨루가 토크쇼, 어린이동화 극

"
1층 키디존에는
유아들이
이용할 수 있는
놀이시설이
밀집되어 있어요.
"

롯데월드로
놀러오세요~~

장(5세 이하 보호자 동반, 3,000원)으로 구성되어 있습니다. 대형 키즈카페 같은 '키즈토리아'는 키 125cm 이하 어린이(보호자 동반)만 입장할 수 있습니다. 하지만 이용 요금이 9,000원으로 조금 비싼 편입니다. 일일이 세부 정보를 나열한 이유는 만 3~4세 아이가 키디존에서 탑승할 수 있는 놀이기구가 많지 않기 때문입니다.

하지만 실망하긴 이릅니다. 놀이기구의 대부격인 회전목마, 어드벤처와 매직아일랜드를 오가는 월드모노레일, 풍선비행은 보호자와 함께 탑승할 수 있습니다. 이 세 가지는 항상 이용객으로 붐비기 때문에 어플을 이용해 대기 시간을 절약하는 게 좋습니다. 스마트폰에 '롯데월드 어드벤처 매직패스' 어플을 설치하고, 발권한 티켓을 등록한 후 원하는 시간대의 놀이기구를 찾아 예약하면 됩니다.

놀이기구가 아니라도 즐길 건 많다!

동화나라 캐릭터가 총출동하는 퍼레이드
도 아이에겐 좋은 볼거리입니다. 백설공주,
헨젤과 그레텔, 오즈의 마법사, 피터팬 등 동
화 속 주인공들은 동화와 현실의 경계를 사
라지게 합니다. 매일 2시, 4시 30분, 5시 30분,
8시에 각기 다른 테마로 공연이 펼쳐집니다.
1층 가든스테이지에서는 매일 오후 3시 30분과
6시 30분에 공연이 열리고요.

아이와 함께 방문했다면 1층 미야비드레스(드레스 대여
점) 옆에 위치한 '환상의 숲'에 꼭 가보시길 바랍니다. 환상
의 숲은 동물을 보고, 소리 듣고, 느끼는 자연생태체험관입니다.
놀이공원이란 생각에 놓치기 쉬운 공간이지요. 곤충 존, 동굴 존,
파충류 존, 동물 존, 양서류 존, 조류 존, 요정의 숲 존 등 9개 존
에서 총 75종의 동물을 만날 수 있습니다. 육지거북, 고슴도치,

▼ 키가 작거나 나이가
어려서 놀이기구를 탈
수 없다면 자연생태체
험관 '환상의 숲' 방문
을 추천한다.

> 66
> 매직아일랜드에서
> 제네바 유람선을 타면
> 우뚝 솟은 롯데월드타워와
> 동화 마을 같은 롯데월드의
> 이국적인 풍경을
> 조망할 수 있어요.
> 99

장수풍뎅이, 기니피그, 이구아나 등 다양한 생물을 접하며 아이들이 생각보다 더 즐거워합니다.

실내가 살짝 답답하다고 느껴지면 모노레일을 타고 야외의 매직아일랜드로 이동하면 됩니다. 매직아일랜드는 석촌호수의 인공섬이지요. 석촌호수 경치를 느낄 수 있는 제네바 유람선도 꼭 타보세요. 운행 시간은 약 7분으로 짧지만, 짧은 시간 안에 호수의 아름다운 정취와 롯데월드, 123층의 롯데월드타워를 함께 조망할 수 있습니다.

아이랑 여행 꿀팁

- 도시락을 준비했다면 어드벤처 1층 회전바구니 출구 앞 '피크닉 존'에서 드세요.
- 만일을 대비해서 입장할 때 아이 손목에 미아 팔찌를 꼭 채워주세요. 미아보호소는 어드벤처 1층 '만남의 장소' 뒤에 있습니다.
- 롯데월드몰과 롯데월드 주차료는 별도로 정산됩니다.

한마디로 기대 이상!

롯데월드 민속박물관

주소 서울 송파구 올림픽로 240(롯데월드 쇼핑몰 3층)

전화 02-411-4761~5

홈페이지 adventure.lotteworld.com/museum

롯데월드에서 온종일 시간을 보내다 보면 놓치기 쉽지만, 아이와 함께라면 기대했던 것 이상으로 만족도 높은 장소가 롯데월드 민속박물관입니다. 롯데월드 민속박물관은 4,581m²의 넓은 공간에 선사시대부터 일제강점기까지 우리 역사를 시대별로 구분해 전시하고 있습니다. 딱딱한 설명 위주가 아니라, 움직이는 모형을 통해 아이들에게 재미와 지식을 선물할 수 있는 박물관입니다.

롯데월드 민속박물관은 크게 역사전시관과 조선시대 모형촌, 놀이마당과 과거 저잣거리를 연상케 하는 민속식당가로 구성되어 있습니다. 전시는 아이들이 좋아하는 티라노사우루스를 만나는 것부터 시작돼 흥미를 더합니다. 역사전시관을 나서면 일제히 "와!"하고 탄성을 지르는 조선시대 모형촌을 만나게 됩니다. 실물 1/8 크기로 축소 재현해 보는 재미가 쏠쏠합니다. 한쪽에서 전통악기와 과학무기들도 관람할 수 있습니다. 주말이나 방학기간에는 전통 행사가 열리기도 합니다.

민속박물관 입구 왼편에는 '피천득기념관'이 있습니다. 한국 수필문학의 거장이 남긴 생생한 기록들을 만나보는 것도 좋은 경험이 되겠지요. 피천득 선생이 장성한 딸이 집을 떠나자 딸을 그리워하며 매일 머리를 빗겨주며 애지중지했다는 인형 '난영이'를 꼭 찾아보시기 바랍니다.

세계에서 5번째로 높은 건물
롯데월드몰

주소 서울 송파구 올림픽로 300 롯데월드몰

전화 02-3213-5000

홈페이지 www.lwt.co.kr/mall

저희 아이가 가장 좋아하는 그림책이 《100층짜리 집》입니다. 1층에서부터 100층까지 한층씩 올라가며 다양한 동물의 생태를 관찰할 수 있는 책입니다. 책에 푹 빠진 아이가 "엄마 나도 100층짜리 집에 가고 싶어요"라고 말하기를 여러 번, 드디어 현실 속 100층짜리 집을 만나러 갔습니다.

'세계에서 몇 번째'라는 수식어는 늘 매혹적입니다. 롯데월드몰은 서울의 새로운 랜드마크입니다. 총 123층, 555m 높이로 흐린 날에도 서울 시내 대부분에서 홀로 우뚝 선 건물이 눈에 띕니다. 건물은 도자기와 붓 형상을 모티브로 설계했다고 합니다. 내부에는 백화점, 면세점, 쇼핑몰, 영화관, 아쿠아리움, 콘서트홀 등 도심에서 즐길 수 있는 문화 공간이 모두 다 있습니다. 그래서 항상 붐비는 곳입니다.

아이와 함께라면 4층 키즈카페인 '테디베어 ZOO', '펀토리하우스'에서 시간을 보낼 수 있습니다. 지하 1층 '아쿠아리움'에는 650종 5만 5,000마리 바다 친구들이 살고 있습니다. 5층 대중음악박물관카페에서는 커피 한 잔을 즐기며 대중음악사를 한눈에 살펴 볼 수 있습니다.

규모가 큰 만큼 어린아이의 경우 유모차가 필요합니다. 유모차 대여소는 에비뉴엘 1층, 쇼핑몰 4층에 있습니다. 유아 휴게실은 에비뉴엘 3층, 쇼핑몰 4층 테디베어 ZOO 왼쪽과 쇼핑몰 2층 피트인 오른쪽 총 3곳이 있습니다.

100층짜리 집 꼭대기
서울스카이

주소 서울 송파구 올림픽로 300 117~123층

전화 02-1661-2000

홈페이지 seoulsky.lotteworld.com/main/index.do

롯데월드몰의 하이라이트는 서울스카이입니다. 매일 보며 생활하던 서울의 또 다른 모습을 볼 수 있고, 123층에 도착하면 구름에 탄 기분입니다. 발아래 세상은 소인국처럼 작아지지요. 지하 1층 매표소에서 입장권을 발권한 후 들어서면 다양한 콘텐츠의 향연이 펼쳐집니다. 그저 초고속 엘리베이터를 타고 전망대를 다녀오는 것과는 다른 경험이에요. 천장과 벽면, 기둥 등에 대형 미디어 전시물이 가득합니다. 보안과 안전을 위해서 공항 수준의 검색대를 통과해야 합니다. 전자담배 역시 맡겨야 하는 품목에 포함됩니다.

117층까지 1분 안에 오르는 엘리베이터를 탑승하면 조선시대부터 현재 타워가 건설될 때까지의 영상이 타임랩스로 재생됩니다. 감탄을 자아내는 것은 물론 그 자체로 시공간을 초월한 여행 같습니다.

이제 전망을 즐길 차례. 엘리베이터 문이 열리면 모두가 "와!" 감탄사를 내뱉습니다. 스카이데크는 높이 478m로 세계에서 가장 높은 유리 바닥입니다. 제곱미터 당 1톤의 무게를 견딜 수 있다고 합니다. 이런 사실을 알면서도 한 발짝 내딛는 게 조심스러운 어른과 달리 아이들은 오히려 별스럽지 않게 걸어가 털썩 앉습니다. 카페와 레스토랑도 있어 특별한 날, 분위기를 즐기기에 더없이 좋습니다. 일몰 시간대에 올라가 야경까지 보고 오는 것을 추천합니다.

인심 좋은 시장 이모의 육아품앗이

독립문 영천시장

#재래시장 구경 #영천시장 #영천시장 명물 #공동육아나눔터
#서대문독립공원 #독립문 #서대문형무소역사관 #이진아기념도서관
#안산 #안산자락길 #서대문자연사박물관 #공룡 #3m 뱀 미끄럼틀

육아품앗이를 경험할 수 있는 재래시장

'십시일반(十匙一飯)'이라는 말이 있습니다. 열 사람이 한 술씩 보태면 한 사람 먹을 분량(分量)이 된다는 뜻입니다. 홀로 고군분투 육아 중인 엄마에게 전통시장은 '육아품앗이'를 경험하는 곳입니다. 야채가게 아주머니가 잠시 아이를 봐주고, 신발가게 아저씨는 뽀로로 슬리퍼를 사겠다는 아이와 흥정도 합니다. 공감의 한마디가 그리운 엄마들은 "아이 키우는 게 보통 일이 아니야……"로 시작되는 생선 가게 아주머니의 말씀에 친정엄마를 만난 듯 편안해집니다. 호기심 대장 아이는 차고 넘치는 볼거리에 시간 가는 줄 모릅니다.

독립문 영천시장은 깔끔하게 정비되어 있어 문을 연 지 얼마 안 되었다고 생각할 수 있지만, 60년 세월을 품고 있는 곳입니다. '영천(靈泉)'이라는 지명은 신령한 물이 흐르는 샘을 뜻합니다. 서대문 안산(鞍山) 정상에 있는 '악박골' 약수터에서 유래된

- 추천 시기 사계절 ● 주소 서울 서대문구 통일로 189-1 ● 전화 02-364-1926
- 홈페이지 www.facebook.com/sijangyc ● 이용 시간 09:00~23:00
- 휴무일 연중무휴(상점별로 쉬는 날이 달라요.)
- 아이 먹거리 끼니로는 꼬마김밥과 어묵 등 분식이 있고, 간식으로 영천시장의 명물 꽈배기와 떡볶이가 있어요. 시장 주변에 식당도 많습니다.
- 주차장 인근 공영주차장이 있으며, 주말에는 시장 옆 대로에 주차할 수 있어요.
- 소요 시간 2시간

지명입니다. 판자촌이 번듯한 아파트로 바뀌는 동안 이 자리를 지킨 상인들은 이 지역의 살아 있는 역사입니다. 그래서인지 우리네 옛 정서가 남아있고, 사람 사는 느낌이 물씬 납니다.

주머니 사정 걱정 없이 맘껏 즐길 수 있는 먹거리

독립문 영천시장에서는 먹거리의 향연이 펼쳐집니다. 시장의 명물인 꽈배기와 떡볶이부터 이쑤시개로 콕 집어먹는 꼬마김밥, 달콤한 팥죽, 고소한 인절미, 쫀득한 찹쌀순대, 시원한 식혜까지

아이랑 여행 꿀팁

- 시장이 직선으로 뻗어 있어 호기심 많은 아이가 마음껏 뛰어다녀도 괜찮아요.
- 시장 전체에 비를 막는 지붕이 있어요. 비가 오면 지붕 위로 또르륵 또르륵 떨어지는 선명한 빗소리를 들을 수 있어 더 운치 있어요.
- 인근에 서대문독립공원, 안산, 서대문형무소역사관 등 하루 코스로 즐길거리가 다양해요.

입맛 돋우고 속을 채워줄 간식거리가 모두 모여 있습니다. 한 번
도 안 가본 사람은 있어도 한 번만 가본 사람은 없다는 영천시장
으로 아이와 맛있는 간식 여행을 떠나보는 건 어떨까요.

시장 주전부리 가운데 선두주자는 꽈배기입니다. 한입 베어 물
면 바삭한 식감에 떨어진 당이 충전되는 기분이 듭니다. 덩달아
아이도 먹고 싶다고 야단입니다. 입 주변에 설탕을 잔뜩 묻힌 아
이의 모습을 사진으로 찰칵! 기름 묻은 손을 옷에 문질러도 오
늘만큼은 넘어가 주자고요. 영천시장의 꽈배기는 두 자매가 만
듭니다. 언니는 시장 안에서 '원조꽈배기', 동생은 시장 입구에

▲ 60년 역사의 영천
시장은 내부가 깔끔하
게 정비되어 있어, 재래
시장 특유의 정서를 만
끽하면서 쾌적하게 쇼
핑할 수 있다. 시장에
는 아이들이 영천시장
을 주제로 그림을 그려
넣은 타일 벽이 있는
데, 그림을 보고 있으
면 이곳이 아이들에게
도 사랑받는 공간이라
는 것을 느낄 수 있다.

▲ 아이 욕조보다 더 커다란 솥에서 튀겨내는
꽈배기는 영천시장에서 가장 유명한 먹거리다.

서 '달인꽈배기'를 운영합니다.

영천시장의 또 다른 대표 먹거리는 떡볶이 입니다. 과거 시장 인근에 떡 공장이 많아 자연스럽게 떡볶이 가게가 여럿 생겼습니다. 독립문역 방향 초입 에 있는 '원조떡볶이' 가게는 떡볶이 장사만 40년째입니다. 손님 대부분이 가게 주인의 안부를 묻고, 다시 올 때까지 살아 계시라 는 따뜻한 농담도 나누는 곳입니다. 영천시장 상인들이 맛을 인 정하는 '영천떡볶이집'은 항상 손님으로 북적입니다. 이곳 꼬마 김밥은 우엉을 넣어 맛이 알찹니다. 분식이지만 식사 대용으로도 손색없습니다.

한 끼 식사로 손색없는 '맛나팥죽'의 팥죽과 호박죽도 꼭 맛보 세요. 국산 재료로 만들어 아이에게 안심하고 먹일 수 있습니다. 푸근한 인상의 주인이 새알을 빚어 매일 아침 팥죽을 끓이는데, 엄마가 끓여준 것처럼 달지 않고 밥알이 부드럽게 씹히면서 고 소합니다. 떡집에서 만든 인절미는 하루가 지나도 쫀득합니다.

독립문 영천시장은 도시락 뷔페 '고루고루'도 운영합니다. 중앙

공터 매표소에서 5,000원을 내면 쿠폰과 식판을 받을 수 있습니다. 쿠폰으로 시장 내 25개 점포에서 반찬, 돈가스, 전, 분식, 옥수수 등의 식품을 구매할 수 있습니다. 더운 여름과 추운 겨울을 제외하고, 목요일에서 토요일 오전 11부터 오후 2시 사이에만 운영되니 참고해주세요. 영천시장에서 산 먹거리를 먹으며 안산을 산책하거나, 먹거리를 포장해 서대문독립공원과 서대문형무소역사관 공원 인근에서 돗자리를 펴놓고 먹어도 좋습니다.

아~ 팥죽도 먹고 싶다~~

마음 바구니에 '정'을 한 아름 담아 올 수 있는 곳

아이를 키우다 보면 삭막한 세상에 움츠러듭니다. 매일같이 접하는 무서운 사건, 사고가 꼭 남 일이 아니란 생각에 두렵습니다. 때로는 내 아이의 볼을 어루만지는 따뜻한 이웃의 손을, 의심 어린 눈초리로 볼 때가 있습니다. 아이에게 낯선 사람을 경계해야 한다고 얘기했더니 아이는 "왜?"라고 묻습니다. 이런저런 이유

아이랑 여행 꿀팁

● 아이 식기가 구비되어 있지 않은 곳이 있으니, 아이 숟가락과 포크 정도는 집에서 준비해가면 좋아요.

▲ 영천시장에서는 '한 줌 더', '천 원어치' 등 마트에서는 경험하기 힘든 온기가 느껴지는 계량과 함께 이웃의 따뜻한 '정'을 느낄 수 있다.

를 찾아 이야기하다 보니, 아이에게 타인과 세상에 대한 부정적인 인상을 먼저 심어주는 것 같아 착잡합니다.

서로서로 경계하는 날 선 풍경이 일상이 된 요즘, 재래시장으로의 여행은 사람에 대한 생각을 달리하게 합니다. 콩나물 한 줌을 살 때도 눈 맞춤하며 이야기를 나누고, 찡긋 웃으며 덤이라며 내어주는 물건이 있고, 손질한 생선에 귀가 쫑긋해지는 요리 비법까지 얹어주는 재래시장에서는 대형마트에서는 느낄 수 없는 '정'을 경험할 수 있습니다.

아이랑 여행 꿀팁

독박 육아에 지쳤다면 공동육아나눔터로

전국에는 건강가정지원센터에서 운영하는 공동육아나눔터가 있습니다. 부모들이 육아 물품과 정보를 교환하고, 급할 때는 서로 아이를 돌봐주기도 하는 공간입니다. 공동육아나눔터 대부분이 놀이 공간과 장난감 대여실, 프로그램실, 수유실 등을 마련하고 있어 아이와 편하게 시간을 보낼 수 있습니다.

공동육아나눔터는 홀로 육아를 해야 하는 양육자에게 '돌봄 공동체'를 경험할 기회이기도 합니다. 주중 오전 10시부터 오후 6시까지 언제든 원하는 프로그램에 참여할 수 있습니다. 공동육아나눔터는 건강가정지원센터(www.familynet.or.kr)에 접속해 내가 사는 지역을 검색해 이용할 수 있습니다.

대한민국의 근현대사를 품은 공원
서대문독립공원

주소 서울 서대문구 통일로 247

전화 02-3140-8305

홈페이지 parks.seoul.go.kr/independence

역사를 알면 더욱 애착이 가는 여행지가 바로 서대문독립공원입니다. 서대문독립공원은 2009년, 건립 112년 만에 시민에게 개방된 도심 속 휴식처입니다. 더불어 우리의 아픈 역사를 대변하는 현장이기도 합니다.

공원 입구에는 눈에 익은 건물이 우뚝 서 있습니다. 역사책에 빠짐없이 등장하는 '독립문'입니다. 독립문은 1896년 중국 사신을 접대하던 모화관의 정문인 영은문을 허물고, 민족의 자주독립과 자강의 의지를 담아 세운 건물입니다. 공원에는 역사관, 독립관, 순국선열추념탑과 함께 한국 최초의 민간신문인 「독립신문」을 발간한 서재필 선생의 동상이 있습니다.

장소의 역사성을 떠나서 공원은 그 자체로 주말 가족 나들이 장소로 손색없는 곳입니다. 아이와 자전거를 타고, 돗자리를 펴놓고 도시락을 먹거나, 숲 속 산책을 즐겨도 좋습니다.

공원 안쪽으로 걸어가면 서대문형무소역사관을 만날 수 있습니다. 서대문형무소는 1908년 일제가 독립운동가를 탄압하고 통제하기 위해 만든 전국 최대 규모의 근대 감옥입니다. 1987년까지 서울구치소로 이용되면서 민주화 운동 관련 인사들이 수용되는 등 한국 근현대사의 굴곡을 안고 있는 곳입니다. 주말이면 체험 활동을 나온 아이들로 붐빕니다.

가족의 무한 사랑으로 설립된

서대문구립 이진아기념도서관

서대문구립 이진아기념도서관에 들어서면 먼저 가슴
이 뭉클해집니다. 2003년 불의의 사고로 숨진 이진
아 양의 가족이 평소 책을 좋아했던 딸을 위해 건립
금을 기부해 지은 도서관이기 때문입니다. 지하 1층

주소 서울 서대문구 독립문공원길 80

전화 02-360-8600

홈페이지 lib.sdm.or.kr

지상 4층 규모의 도서관은 1층 모자열람실과 어린이열람실, 2층 어울림누리터, 도예공방, 문
화사랑방, 3층 수유실, 휴게실, 종합자료실 등 다양한 시설을 갖추고 있어 아이와 꼭 한번 들
르기를 추천하는 장소입니다. 복합문화공간이라고 해도 손색이 없는 공간으로, 어린이와 성
인을 대상으로 한 다양한 문화프로그램이 운영되고 있습니다. 문화프로그램은 도서관 홈페이
지에서 회원 가입 후 수강 신청할 수 있습니다.

도서관 옆 모퉁이를 돌아 걸어가면 숨은 벚꽃
명소로 꼽히는 안산도시자연공원을 만납니다.
'안산(鞍山)'은 산이 말 안장과 닮은 형상이라
해서 붙은 이름입니다. 이름처럼 안산(높이
296m)은 나지막합니다. 안산은 서대문구 봉
원동, 연희동, 현저동, 홍제동을 이웃하고 있
습니다. 산을 오르다 보면 걷기 좋은 안산자
락길, 연희숲속쉼터, 무악정, 생태연못, 안산
봉수대, 숲속무대, 봉원사, 북
카페 등을 만날 수 있습니다.
걷기 좋은 안산자락길은 전국
최초로 조성된 순환형 무장애
산책로(총 연장 7km)입니다.
나무데크가 쭉 깔려 있어 아
이는 물론 노약자나 장애인도
불편함 없이 산책을 즐길 수
있습니다.

생명과 자연의 '빅 히스토리'
서대문자연사박물관

주소 서울 서대문구 연희로 32길 51

전화 02-330-8899

홈페이지 namu.sdm.go.kr

서대문자연사박물관은 우리나라 최초로 지방자치단체가 설립한 종합자연사박물관입니다. 전시물 자체도 볼거리가 많지만, 시민과 관람객을 위한 다양한 강연 프로그램이 매번 새롭게 기획·운영되고 있어 아이와 자주 방문해 볼 박물관 중 하나입니다.

박물관 입구의 노란색 뱀 미끄럼틀은 박물관에 대한 아이의 기대감을 키웁니다. 미끄럼틀을 타려면 3층 높이 계단을 올라야 하는데, 미끄럼틀이 3층 높이인 만큼 동네 놀이터에서는 느낄 수 없는 스릴을 만끽할 수 있습니다.

박물관은 3개의 전시실에 전 세계에서 수집한 광물, 암석, 공룡을 포함한 화석, 동식물 및 곤충에 이르기까지 다양한 실물 표본을 전시하고 있습니다. 또한 각종 모형, 디오라마, 입체 영상 등의 최신 전시 기법을 활용한 생동감 있는 전시를 자랑합니다.

평일에는 1층을 무료로 개방하고 있으니 참고하세요. 1층 중앙홀에 있는 몸길이 10.5m의 거대한 아크로칸토사우루스 공룡과 16m 어미·새끼 향유고래를 보면 생명과 자연의 빅 히스토리가 압축적으로 느껴집니다.

365일 24시간 연중무휴 열린 도서관

지혜의 숲

#유아 독서 교육 #책하고 친해지기 #자연스럽게 책 노출
#한글 자음 모양 서가 #아름다운가게 헌책방 보물섬 #파주 출판단지
#헤이리 예술마을 #아이 눈높이 박물관 #파주 아이와 가볼 만한 곳 #피노키오뮤지엄

책 좋아하는 아이로 키우고 싶은, 열혈 엄마

"서현이 집에는 책 많지?"

"어떤 책 읽혀?"

"영아들 책 읽기 교육은 언제부터가 좋을까?

아이를 키우는 친구들은 작가라는 직업을 가진 저에게 "오늘 저

녁 뭘 먹지?"처럼 자연스레 책에 대한 질문을 해옵니다. 엄마가

작가니까 아무래도 책과 가까울 테고, 아이는 저절로 책 읽기를

좋아할 거로 생각했겠지요. 하지만 아이 독서 교육을 어디서부터

어떻게 시작해야 할지 막막한 건 작가 엄마도 매한가지입니다.

말귀를 알아듣는지, 못 알아듣는지도 종종 헷갈리는 어린아이에

게 책 읽기 교육을 시작한다? 어린 시절부터 책 읽는

습관을 들이는 것이 아주 중요하다는 전문

가들의 이야기는, 독서 교육에 대해 의문표

투성이인 엄마들의 조급증을 키웁니다.

저는 불안을 떨치고 독서 교육에 관한 두 가지 원칙을 정했습니

다. '자연스럽게 노출'하되, '책 읽기를 강요하지 않는 것'입니다.

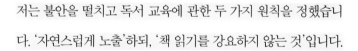

- 추천 시기 사계절 • 주소 경기 파주시 회동길 145 아시아출판문화정보센터
- 홈페이지 forestofwisdom.or.kr • 문의 031-955-0082 • 이용 요금 무료
- 이용 시간 지혜의 숲 1관(10:00~17:00), 2관(10:00~20:00), 3관(24시간)
- 아이 먹거리 지혜의 숲 내 다이닝노을(이탈리아 레스토랑), 카페 간단한 베이커리,
  인근에 식당 및 카페가 많아요.
- 소요 시간 2시간

▲▶ 지혜의 숲에서는 시간에 구애받지 않고 음식을 먹으며 자유롭게 책을 볼 수 있다. '정숙'을 강요하지 않기 때문에, 아이와 함께 가도 부담스럽지 않다.

어떤 전문가의 지침을 따른 것이 아니라 역지사지(易地思之)의 관점에서 세운 원칙입니다. 엄마가 책 읽는 모습을 보며 따라 읽었던 경험, 엄마가 "공부 좀 해!"라고 한마디를 거들면 펴놓았던 책도 덮었던 기억을 바탕으로요.

어쩌면 아이에게 필요한 건 '좋은 책'을 읽는 것보다, 엄마 품에서 눈 맞추며 이야기 나누는 시간인지도 모릅니다. 그저 책을 매개로 말입니다.

'정숙'을 강요하지 않는 도서관

파주 출판단지는 언제 찾아도 좋은 가족 나들이 장소입니다. 출판단지에 자리 잡은 '지혜의 숲'은 365일 24시간 연중무휴로 운영되는 신개념 도서관입니다. 이곳을 알게 된 후 오히려 사람들에게 덜 알려지면 좋겠다고 생각했을 정도로 마음에 담아둔 여행지입니다. 아이의 책 읽기에 대한 고민도 이곳에서 해결했습니다. 아이는 이곳에서 책은 놀면서, 원할 때, 원하는 만큼 보면 된다는 걸 어렴풋이 느낀 것 같습니다.

아시아출판문화정보센터 1층에 있는 지혜의 숲은 도서관이지만 복합문화공간에 가깝습니다. 도서관 출입증도 없고, 가방을 사물함에 맡겨야 하는 불편함도 없습니다. 무조건 '정숙'을 요구하지도 않습니다. 어디로 튈지 모르는 아이와 도서관을 방문할 때 이보다 큰 매력은 없겠지요. "쉿! 조용히 해야 해!"라고 주의 주는 건 엄마에게도 큰 스트레스니까요. 아이를 태운 유모차도 자연스럽게 드나듭니다. 20여만 권의 도서를 시간에 구애받지 않고 마음껏 읽을 수 있습니다. 게다가 도서관 안에 카페가 있어 커피나 디저트를 먹으며 책을 볼 수도 있습니다. 한마디로 카페 같은 도서관입니다.

> 66
> 지혜의 숲은
> 아이에게 책을
> 자연스럽게 노출하고,
> 책과 놀 수 있는
> 공간이에요.
> 99

가치 있는 책을 함께 보는 '공동의 서재'

지혜의 숲은 3구역으로 나뉩니다. 1관은 학자, 지식인, 연구소에서 기증한 도서를 소장한 공간이고, 2관은 출판사가 기증한 도서를 읽을 수 있는 공간입니다. 2관에 어린이 책 코너가 별도로 마련되어 있습니다. 3관은 게스트하우스 '지지향' 로비입니다. 출판사는 물론 유통사와 박물관, 미술관에서 기증한 도서를 접할 수 있습니다.

▲ 지혜의 숲 2관(2층) 외부에는 중고책을 판매하는 '아름다운가게 헌책방 보물섬'이 있다. 아동 중고서적과 음반을 저렴하게 구매할 수 있다.

지혜의 숲이 특별한 또 한 가지 이유는 이곳에 있는 모든 도서가 기증받은 책들이라는 점입니다. 가치 있는 책을 한데 모아 보존하고 관리하며 함께 보는 '공동의 서재'가 지혜의 숲 콘셉트입니다. 기증자 이름이 적힌 팻말 앞에 서서 책의 면면을 살피다 보면 마치 그 사람의 서재에 와 있는 듯한 착각이 듭니다. 지혜의 숲은 책을 통해 한 사람의 취향을 읽고 삶을 헤아려보는 흥미로운 경험을 할 수 있는 곳입니다. 현재까지 기증받은 도서는 약 50만 권입니다. 그중 20만 권이 서가에 비치되어 있습니다.

지혜의 숲 1구역 문을 열면 아파트 3~4층 높이인 8m 서가가

우와~ 온세상이 책으로 가득 찼어요.

아이랑 여행 꿀팁

● 지혜의 숲 1구역 서가는 ㄱ, ㄴ, ㄷ, ㄹ 등 한글 자음을 형상화했습니다. 아이와 함께 서가가 어떤 자음을 닮았는지 찾아보는 것도 재미있습니다.

▲ 출판사와 인접한 지혜의 숲에서는 아이와 즐길 수 있는 책 관련한 행사가 수시로 열린다.

3.1km 넘게 이어지는 풍경이 시선을 압도합니다. 거대한 책의 전당을 만난 기분입니다.

지혜의 숲에는 '권독사'가 있습니다. 이용자들에게 책을 안내하고 권유하면서 책을 보호하는 자원봉사자로, 이곳에서만 만날 수 있는 이색 직업군입니다. 권독사 가운데는 은퇴한 분들도 계시고, 직장에 다니면서 그저 책이 좋아 봉사를 하는 분들도 계십니다. 지혜의 숲 2관에는 책을 판매하는 서점이 있고, 2층 외부로 나가면 '아름다운가게 헌책방 보물섬'이 있습니다. 괜찮은 중고서적을 저렴하게 구매할 수 있습니다.

독서 교육에 대한 제 원칙은 아직 잘 지켜지고 있습니다. 아이와 서점이나 어린이도서관도 자주 찾습니다. "이것 읽어봐", "책 읽어줄게. 앉아봐"라는 말은 하지 않습니다. 그저 아이가 원하는 책 위주로 보거나 책과 어울려 놀 수 있는 시간을 갖습니다. 그랬더니 신기하게도 아이가 책을 좋아합니다. 책을 탑처럼 쌓으며 놀고, 제가 읽어준 책을 외워서 다시 동생에게 이야기해 주기도 하고요. 인과관계를 증명할 방법은 없지만, 제 원칙이 통했다고 믿고 싶습니다.

130개의 아름다운 건축물이 있는
파주 출판단지

주소 경기 파주시 회동길 152 열림원(피노키오뮤지엄)

전화 031-8035-6773(피노키오뮤지엄)

홈페이지 www.pinocchiomuseum.co.kr

파주 출판단지가 나들이 명소로 꼽히는 건 국내외 건축가들이 설계한 130여 개의 복합문화공간 때문입니다. '좋은 공간 속에서 좋은 시각, 좋은 글, 좋은 디자인이 나오고 그것이 곧 바른 책을 펴내는 것으로 연결 된다'는 믿음에서 출발한 곳이 파주 출판단지입니다. 덕분에 파주 출판단지는 책의 도시이자 건축의 도시가 됐습니다.

책이 만들어지는 전 과정이 이곳에서 '원스톱'으로 진행되기 때문에 파주 출판단지 전역에서 할인된 가격으로 책을 구입할 수 있습니다. 북카페, 갤러리, 산책코스 등도 잘 갖춰져 있습니다.

지혜의 숲과 마주한 '피노키오뮤지엄'은 아이가 먼저 알아보는 곳입니다. "우아! 피노키오, 피노키오다!" 아이 눈에는 캐릭터를 스캐닝 하는 어떤 장치가 있는 모양입니다.

피노키오뮤지엄은 동화 《피노키오의 모험》을 바탕으로 꾸며졌습니다. 상설전시실은 1,300여 점의 피노키오 관련 소장품을 전시하고 있고, 2층은 상어 뱃속 모형, 목각 인형과 관절 인형을 체험할 수 있는 공간으로 구성되어 있습니다. 주말 3회 열리는 뮤지컬 구연동화 〈피노키오 마을의 비밀〉은 아이와 부모 모두 재밌어합니다.

미메시스 아트 뮤지엄

피노키오뮤지엄

문화의 바다에 풍덩!
헤이리 예술마을

주소 경기 파주시 탄현면 법흥리

전화 031-946-8551

홈페이지 www.heyri.net

'파주'하면 저절로 떠오르는 여행지가 헤이리 예술마을입니다. '헤이리'라는 이름은 파주 지역에서 농사지을 때 불렀던 노동요 〈헤이리 소리〉 후렴구에서 따온 순우리말입니다. "에-에헤 /에 헤이 어허 야 /에 헤 에엥 헤이리 / 노호오야."

헤이리 예술마을은 약 50만m²의 넓은 부지에 1998년부터 화가, 조각가, 음악가, 작가, 건축가, 공예가 등 예술가 400여 명이 참여해서 만든 마을입니다. 이곳에는 실제 작가들이 거주하는 집과 작업실, 미술관, 박물관, 갤러리, 공연장 등의 문화예술공간과 방문객들을 위한 여러 편의시설이 잘 갖추어져 있습니다. 다양한 문화공간이 한곳에 모여 있다 보니 주말에는 이곳을 찾는 사람들로 상당히 붐빕니다. 총 9개의 게이트가 있는데, 아이와 간다면 체험 거리가 가득한 6번 게이트를 추천합니다.

주말에는 주차에서 입장까지 꽤 시간이 걸려서 아이들이 지칠 수 있으니, 미리 가볼 곳을 정해서 가는 것이 좋습니다. 계획 없이 즉흥적으로 방문했다면, 매표소에서 가족 여행지 및 패키지 상품 등을 추천받으세요.

헤이리 예술마을은 대체로 월요일이 휴무입니다. 아이들과 함께 찾을만한 곳은 딸기스페이스, 어린이토이박물관, 타임앤블레이드박물관, 틴토이뮤지엄, 한립토이뮤지엄 등이 있습니다. 요샛말로 '분위기 깡패'를 자랑하는 카페에서 가족 인생 사진도 남겨보세요.

> **TIP**
> 각양각색 개성 넘치는 헤이리 예술마을 건물에는 두 가지 공통점이 있습니다. 하나, 페인트를 쓰지 않은 점. 둘, 3층 이상 건물이 없다는 점입니다. 자연과 어울리는 건물을 짓기 위해 설계 단계부터 건축가들이 약속한 것이라고 해요.

한강을 한눈에 조망할 수 있는 최고 전망대

행주산성

주소 경기 고양시 덕양구 행주내동 산26-1

전화 031-8075-4642

홈페이지 www.goyang.go.kr/haengju/index.do

자유로에서 만나는 사적 제56호 행주산성은 덕양산 정상을 중심으로 7~8부 능선을 따라 흙으로 쌓은 토성입니다. 전체 둘레가 약 1km인데, 현재 약 415m 정도 복원된 상태입니다. 행주산성은 한산대첩, 진주대첩과 더불어 '임진왜란 3대 대첩'으로 꼽히는 행주대첩의 전승지입니다. 잘 가꾸어진 숲을 산책하듯 걸을 수 있어 가족 나들이로 많이 찾는 곳입니다.

산성으로 가는 길은 오르막이니 발이 편한 등산화를 신고 가세요. 입구부터 아이가 "힘들어, 안아줘!"라고 할 수도 있습니다. 이때 "빨간색 블록만 따라 걸어볼까? 정상에 맛있는 사탕이 기다리고 있지!"라며 재미와 동기를 부여해주세요.

정상인 덕양정에서 바라보는 풍광은 장쾌합니다. 서울 한강의 아름다움을 제대로 만끽할 최고의 전망대입니다. 남산과 롯데월드타워, 쭉 뻗은 자유로까지 한눈에 담을 수 있습니다. 또, 행주산성 입구에는 국수마을, 장어마을 등 먹거리촌이 형성돼 있어 산책으로 허기진 배를 채울 수 있습니다. 주말에는 좁은 도로에 차가 많아 꽤 붐비니, 계획에 참고해주세요.

자연과 교감하고 동물과 친구가 되는

서울대공원

#3대 가족 나들이 장소 #동·식물원 관람부터 캠핑까지 한 곳에서
#리프트 타고 정상까지 직진! #6월 장미축제 #영유아를 위한 어린이동물원과 기린나라
#말 생태 탐방 프로그램 #렛츠런파크 #국내 최대 과학관 #국립과천과학관

엄마도 '엄마 찬스' 쓸래!

작은 여행 가방 하나 들고 타향살이를 시작한 지 어느덧 19년
이 흘렀습니다. '엄마'라는 이름표를 가슴에 단지는 5년째입니
다. 많은 것이 변했지만 가장 크게 달라진 게 울 엄마, 그러니까
친정엄마의 상경 횟수입니다. 부모님 곁을 떠나 반지하 자취방
으로 이사하던 날, 대학교와 대학원 졸업식. 15년 동안 엄마는
딱 세 번 올라오셨습니다. 자식 뒷바라지하느라 항상 바쁘게 살
아오셨으니까요. 그런데 아이가 태어나고 엄
마가 달라지셨습니다. 아이 얼굴이 자꾸 눈
에 밟힌다며, 바쁜 시간을 쪼개 우리 집에 올
라오기 시작하셨습니다. 세상 모든 할머니가
그렇듯 우리 엄마도 '손녀 바보 할머니'가 된
겁니다.

> 66
> 서울대공원은
> 동·식물원, 숲속 캠핑,
> 테마파크, 현대미술관
> 관람까지
> 보고 즐길 거리가
> 무궁무진해요.
> 99

●추천 시기 3~10월 ●주소 경기 과천시 대공원광장로 102 ●전화 02-500-7335
●홈페이지 grandpark.seoul.go.kr
●이용 시간 3~10월 09:00~19:00, 11~2월 09:00~18:00 ●휴무일 연중무휴
●이용 요금 일반 5,000원, 어린이 2,000원(만 5세 이하, 만 65세 이상 무료)
●수유실 4곳(종합안내소 이야기관 옆, 동물원 관리사무소, 해양관 내, 테마가든 내 정문 근처).
　　　　수유실에는 기저귀 교환대와 정수기, 전자레인지가 있어요.
●아이 먹거리 대공원 안 곳곳에 푸드코트 및 편의점이 있어요. 이유식을 먹고 있는 아기가 아니라면
　　　　별도로 먹거리를 준비하지 않아도 되지만, 도시락을 준비하면 돗자리를 펴놓고
　　　　소풍 온 듯한 기분을 낼 수 있어요.
●소요 시간 최소 반나절에서 온종일

▲ 관악산과 청계산에 둘러싸여 자연경관이 수려
한 서울대공원은 도시생활로 쌓인 피로를 털어
내기 좋은 가족 여행지다.

초여름 15개월에 들어선 아이는 일명 '3단 콤보'를 시작했습니
다. 3단 콤보는 1단계 '유모차는 절대 타지 않겠다!', 2단계 '3보
이상 걷게 할 거면 나를 안아라!', 3단계 '그렇지 않으면 안아줄
때까지 바닥에서 울겠다!'로 이어지는 떼쓰기입니다. 걸음마를
시작하고부터 혼자 걷겠다며 엄마 아빠 손을 뿌리칠 땐 언제고,
아무 데서나 주저앉거나 드러누워 안아달라고 칭얼대는 통에
나들이라곤 집 근처 산책이 전부인 시기였습니다.

그러던 어느 날 할머니와 이모할머니로 구성된 '할머니 어벤저
스'가 우리 집에 출동했습니다. 나들이를 도울 든든한 지원군을
얻었으니, 어디든 떠나지 않을 수 없었지요.

과천은 명실상부 우리나라 최고의 가족 여행지입니다. 365일 언제 찾아도 아이가 좋아하는 서울대공원, 아시아 두 번째 규모의 국립과천과학관, '말'에 관한 모든 게 있는 렛츠런파크가 서로 이웃하고 있기 때문입니다. 대중교통으로 접근하기도 쉽고, 이용료 역시 비교적 저렴해서 시간과 경제적 부담도 적습니다.

청계산과 과천 저수지를 끼고 있는 서울대공원에 들어서면 드넓은 자연에 가슴이 탁 트입니다. 부지 면적이 약 9,132km^2(약 277만 평)이니 그 규모를 단번에 가늠하기 어렵습니다. 서울대공원은 동·식물원, 숲 속 캠핑, 테마파크, 현대미술관 관람까지 보고 즐길 거리가 무궁무진합니다. 하지만 규모가 큰 만큼 아이들이 초반에 금세 지치기도 합니다. 무리하지 않도록, 효율적인 동선을 계획하고 움직이는 것이 좋습니다. 엄마와 아이 단둘이 방문하는 것보다 저처럼 지원군 역할을 할 가족과 함께하는 게 더 즐겁습니다.

아이와 함께 서울대공원에 왔다면 '거꾸로 루트'를 추천합니다. 서울대공원 매표소 오른쪽으로 5분 정도 걸어가면 동물원 정문으로 향하는 1호선 리프트(약 13분 소요)를 탈 수 있습니다. 유모차는 안전요원이 리프트 앞자리에 실어주니 걱정하지 않아도 됩니다. 대신 디럭스 보다 휴대용 유모차를 가지고 가는 것이 좋습니다. 아이는 가운데 자리가 아닌 양 옆자리에 태우거나 어른

▶ 아래에서 위로 걸어 올라가며 관람하는 일반적인 코스는 유모차로 이동한다고 해도 체력이 많이 소모된다. 아이와 함께라면 정상까지 리프트를 타고 올라갔다가 내려오면서 관람하는게 훨씬 편리하다.

이 안고 타야 합니다. 그래야 리프트를 타고 내릴 때 안전요원이 잡아줄 수 있거든요. 여기서 꿀 포인트! 동물원 입구에서 입장권을 구매하고 들어가서 바로 2호선 리프트(약 17분 소요)로 갈아탑니다.

동물원 입구에서 정상 방향으로 관람하면 오르막길을 올라야 해서 체력이 많이 소모됩니다. 덩달아 아이의 3단 콤보까지 발동합니다. 반대로 리프트를 타고 정상에서 내려오면서 관람하면 훨씬 효율적입니다. 1·2호선 리프트는 총 길이 1,710m로 탑승 시간이 약 30~40분 정도 소요됩니다. 아이보다 어른들이 은근 무서워하기도 합니다.

리프트 타러 가요

영유아가 즐기기 좋은 '어린이동물원'

서울동물원에서는 지구 상에 존재하는 다양한 동물들의 이야기
가 펼쳐집니다. 세계적으로 희귀종인 로랜드고릴라를 비롯해 약
333여 종 2,700여 마리의 동물이 서울동물원에 모여 삽니다. 그
림책으로만 본 다양한 동물의 모습과 생태를 확인하기 안성맞
춤이지요.

서울동물원은 크게 호랑이길, 돌고래길, 사슴길,
부엉이길로 나뉩니다. 각각의 길마다 관람하는
데 약 2시간 정도 소요됩니다. 평소 아이가 좋
아하는 동물이 있는 길부터 관람하세요. 아이들은
대부분 코끼리와 기린에 호기심을 보입니다. 사육사의
생태설명회 시간에 맞춰 가면 그동안 알지 못했던 동물들의 생태
를 자세히 배울 수 있습니다. 설명회는 3~10월 오후 1~5시
사이에 하루 두 번 진행합니다.

동물원 정문 맞은편에 있는 테마가든 안에 어린이동물
원이 있습니다. 아이들의 눈높이에 맞춘 울타리와 귀
여운 아기 동물들이 있고, 먹이 주기 체험 등을 운영하
고 있어서 영유아들이 즐기기에 좋습니다.

매년 6월이면 테마가든 내 장미원에 장미꽃
이 만개합니다. 대공원 호수를 에워싸
고 400여 종 3만여 그루의 장미꽃이

> " 그림책으로만 본 다양한 동물의 모습과 생태를 확인하기 안성맞춤입니다. "

로랜드고릴라

장관을 이루니 이때 찾아가도 좋습 니다.

겨울에 동물원을 찾으면 여유를 느 낄 수 있습니다. 동물들의 겨울나 기도 배울 수 있고요. 인파에 떠밀 려 동물을 제대로 구경할 수 없었던 주말 풍경은 사라지고, 동물 과 1대1 눈 맞춤도 가능해집니다. 다만 겨울철에는 푸드코트나 편의시설을 운영하지 않는 경우가 많습니다.

아이랑 여행 꿀팁

- 유모차 대여소는 정문에서 우측으로 약 100m 올라가면 있어요. 대여료는 하루 3,000원입니다.
- 다둥이 카드가 있다면 꼭 챙겨가세요. 이용 요금이 30% 할인되요.
- 유용한 준비물 : 유모차, 블랭킷(아기 이불이나 돗자리 깔개 등으로 활용), 손세정제
- 킥보드와 자전거는 반입 금지 품목이에요. 정문에서 맡긴 후 입장해야 합니다.

말과 함께하는 이색 체험
시크릿웨이 투어

주소 경기 과천시 경마공원대로 107(렛츠런파크)

전화 1566-3333

홈페이지 park.kra.co.kr

과거 어른들의 놀이터였던 경마공원이 시설물을 새로 단장해 아이와 함께할 수 있는 가족문화공원 렛츠런파크로 거듭났습니다. 1층 놀라운지(NOLLOUNGE)는 말을 처음 접하는 사람도 충분히 즐길 수 있도록 재밌는 콘텐츠가 가득해요. 첨단승마시뮬레이터를 체험해 볼 수 있는 플레이존은 아이에게 인기만점이에요. 놀라운지 앞 솔밭정원에서 텐트나 돗자리를 펴고 피크닉을 즐기는 것도 좋습니다. 말 생태 탐방 프로그램인 '시크릿웨이 투어'는 꼭 참여해보세요. 투어에는 평소에 입장이 제한되는 경주마의 비밀 공간까지 포함되어 흥미진진합니다. 말이 수영 훈련을 하는 모습, 말굽 제작 과정, 말 전문병원에서 말이 수술받는 과정을 지켜볼 수 있어요. 마사에 들어가 먹이 주는 체험은 아이들이 특히 좋아해요.

말은 겁이 많은 동물이에요. 그래서 말 앞에서 큰 소리를 내거나 돌발행동을 하면 말이 놀라 사고가 발생할 수 있어요. 마사 안에서 말이 근처를 지나갈 때에는 반드시 멈춰 서세요. 아이들이 말 가까이 가지 않도록 주의를 주고 안전에 유의해야 즐겁게 체험할 수 있습니다.

TIP
경마가 있는 날은 주차장이 혼잡해서 주차하기 힘들어요.

초대형 체험형 키즈카페

기린나라

주소 경기 과천시 대공원광장로 80

전화 02-503-1900

홈페이지 gilinnara.co.kr

서울대공원 스카이리프트 옆에 위치한 '기린나라'는 어린이 체험놀이터 입니다. 초대형 돔과 그 이름 때문에 처음에는 기린이 사는 곳인 줄 알 았는데요. 한마디로 설명하면 체험형 키즈카페입니다. 아이들이 직접 몸으로 체험하고, 다양한 프로그램을 통해 경험을 쌓으며 즐거워하는 곳입니다.

1층 기린학교, 2층 기린놀이터, 3층 기린체육관 등 3층 규모에서 펼쳐지는 다양한 체험은 매시간 정각 혹은 30분 단위로 운영됩 니다. 원하는 체험이 있다면 운영 시간을 먼저 확인한 후 층별로 동선을 짜는 것이 좋습니다.

1층에서는 아이들 스스로 그림자를 만들며 빛의 성질을 배우는 '그림자 숲'과 '블랙라이트 난타방'을 꼭 체험해보시길 추천합니다. 난타방에서 실컷 북을 두 드리다 보면 엄마와 아이 모두 스트레스가 확 풀립니다. 2층에는 정글짐과 장애물 체험, 회전 키티, 회전목마, 36개월 미만 영유아를 위한 영유아존 등의 놀이시설이 있습니다. 3층은 사계 절 내내 썰매를 탈 수 있는 '잔디 썰매'와 '교통 체험장', '짚 라인'등 아빠의 무한 체력이 필요 한 곳입니다.

무한 상상이 펼쳐지는
국립 과천과학관

주소 경기 과천시 상하벌로 110

전화 02-3677-1500

홈페이지 www.sciencecenter.go.kr

서울대공원 인근에 있는 국립과천과학관에 처음 들어서면 '왜 여태 여길 몰랐을까?'라는 탄성부터 나옵니다. 이내 "자주 와야겠다!"고 다짐하게 됩니다. 국립과천과학관은 국내 최대, 아시아에서 두 번째로 큰 종합 과학관이라는 위상에 걸맞게 유익함과 재미, 알찬 프로그램을 모두 갖춘 곳입니다. 2008년 설립 후 연간 240만 명이 방문하는 과학 문화 명소이지요.

혹시 '과학'이라는 단어가 풍기는 딱딱함 때문에 방문을 망설였다면 지금 바로 출발하세요. 탁 트인 실외 공간과 호기심을 자극하는 다양한 전시 · 체험 시설이 아이에게는 초대형 놀이터나 다름없기 때문입니다. 특히 연령 별로 즐길 거리가 다양해서 형제간에 터울이 있어도 좋습니다. 큰 아이는 상설전시관과 천체투영관 등에서 관람하고, 작은 아이는 어린이탐구체험관(초등학교 3학년까지 이용)에서 재미있는 활동을 할 수 있으니까요.

많은 야외 전시관 가운데 아이들에게 단연 인기 있는 곳은 곤충생태관입니다. 다양한 곤충을 직접 보고 만질 수 있어 아이들의 호기심을 자극합니다. 곤충을 그저 징그러운 벌레쯤으로 치부했다면, 아이의 오해를 풀어주기 충분한 곳입니다.

"동생 싫어!" 첫째와 둘만의 데이트

63스퀘어

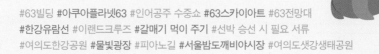

#63빌딩 #아쿠아플라넷63 #인어공주 수중쇼 #63스카이아트 #63전망대
#한강유람선 #이랜드크루즈 #갈매기 먹이 주기 #선박 승선 시 필요 서류
#여의도한강공원 #물빛광장 #피아노길 #서울밤도깨비야시장 #여의도샛강생태공원

언니가 된 첫째의 마음 보듬기

목욕을 마치자, 수건을 망토처럼 두르고 강아지처럼 뛰어다니는 딸을 바라봅니다.

'너도 얼마 안 있어 부끄럽다고 할 테지…….'

사춘기 소녀가 되어 자기 방문을 쾅 닫고 소리도 꽥 지를 겁니다. 엄만 아무것도 모른다면서요. 엄마 브래지어를 꺼내 봉긋해진 가슴에 맞춰 보기도 하겠지요. 사랑하는 사람을 만나 밤늦은 데이트도 할 테고, 아빠 몰래 남자친구와의 여행도 계획하겠죠. 이러다 죽겠지 싶던 출산의 고통과 그보다 더한 육아의 고단함을 우리 딸들도 언젠가는 느낄 것입니다. 어서 컸으면 했다가도, 이럴 때면 시간이 조금만 더디게 갔으면 좋겠습니다.

'벌거벗고 강아지처럼 뛰어노는 게 즐거운 아기인데, 갑자기 큰 아이처럼 대한 건 아닐까.'

초음파 사진 속 점 같은 아이의 존재를 확인한 순간부터 아이

● 추천 시기 사계절(※ 63전망대에서 서울 풍경을 즐기려면 쾌청한 날이 좋아요.)
● 주소 서울 영등포구 63로 50 한화금융센터_63 ● 전화 02-780-6382
● 홈페이지 www.63art.co.kr ● 이용 시간 10:00~22:00 ● 휴무일 연중무휴
● 이용 요금 63종합권(아쿠아플라넷63+63아트) 어른 30,000원, 어린이 26,000원
　　　　(※ 온라인에서 더 저렴하게 구입할 수 있어요.)
● 수유실 아쿠아리움 입구 왼편(전자레인지, 소파, 기저귀 교환대, 정수기 구비)
● 아이 먹거리 푸드키친(일식·양식·한식·아시안), 중식당 백리향(GF), 63뷔페 파빌리온 등 다양해요.
● 소요 시간 3시간

와 사랑에 빠졌습니다. 아이의 작은 표정 하나에도 울고 웃던 3년이 지나, 아이에게 동생이 생겼습니다. 엄마 아빠의 사랑을 독차지하던 아이는 동생이 생기는 순간 커다란 상실감을 느껴, 퇴행 행동을 보인다고 합니다. 첫째의 마음을 잘 보듬어주자 다짐했건만 저도 모르게 첫째에게 "언니니까……"라는 말로 양보를 강요한 것이 여러 번입니다.

언니가 되는 과정을 묵묵히 받아들이는 첫째에게 고맙고 미안한 마음을 담아 오늘은 둘만의 데이트를 계획했습니다.

아이의 마음을 단번에 사로잡은 인어공주의 수중쇼

아이와 둘만의 데이트를 위해 대한민국 최초의 랜드마크 빌딩인 '63빌딩'으로 향했습니다. 어린 시절, 서울 여행을 왔을 때 엄마와 단둘이 다녀왔던 기억을 더듬어서요.

1985년 완공된 63빌딩은 1987년까지 아시아 최고층 빌딩이었고, 2002년까지 대한민국 최고층 빌딩이었습니다. 63빌딩은 2016년 7월 리모델링을 거치면서 가족과 함께 가기 좋은 복합 문화공간으로 바뀌었습니다. 63빌딩 안에 있는 아쿠아플라넷63은 수족관입니다. 두 개 층(그라운드층, 지하 2층)에 아쿠아플라넷 계곡, 가든, 수달행성, 미라클존, 펭귄, 물범행성 등이 있습니다. 63빌딩이 다른 고층 건물에 랜드마크의 지위를 넘겨줬듯이, 우리나라에는 아쿠아플라넷63 보다 규모가 더 큰 수족관이 여럿 생겼습니다. 하지만 1시간 정도면 충분히 돌아볼 수 있는 아담한 규모가 길게 집중하지 못하는 영유아를 동반한 가족에게는 매력으로 다가옵니다.

▼ 인어공주의 수중공연은 단번에 아이의 마음을 사로잡는다. 공연은 매시 30분에 메인 수조에서 시작된다.

151

이곳의 하이라이트는 진짜 같은 인어공주의 수중공연입니다. '판타스틱 머메이드 쇼'는 어른과 아이의 시선을 단번에 사로잡습니다. 7분간 메인 수조에서 펼쳐지는 머메이드 쇼는 오전 10시 30분 첫 공연을 시작으로 오후 7시 30분까지 하루 10회 열립니다. 시즌별로 공연 내용이 재구성되어 여러 번 방문해도 볼 때마다 새롭습니다.

물속을 자유자재로 유영하는 인어공주의 모습은 방금 동화책에서 나온 것처럼 황홀하기까지 합니다. 아이들보다 아빠가 더 좋아한다는 후문은 비밀입니다. 아이는 인어공주와 잠시 시간을 보냈을 뿐인데, "어푸 언니! 어푸 언니!"라며 며칠 내내 인어공주 이야기를 했습니다.

오늘만큼은 아이 키가 264m

63빌딩하면 전망을 빼놓을 수 없지요. 지상 60층에 위치한

아이랑 여행 꿀팁

- 유모차를 대여할 수 있지만, 한정 수량이라 이용자가 많은 주말에는 기다려야 할 수 있어요.
- 내부에 편의점이 있어서 음료 및 아이 간식을 구입할 수 있어요.
- 63스카이아트는 1년에 3~4회 전시 준비로 일주일 정도 휴관하니, 방문하기 전에 확인하세요.

63스카이아트는 하늘과 가장 가까운 미술관 이자 전망대입니다. 1m 안팎의 눈높이에서 늘 세상을 올려다보는 아이에게, 세상을 내 려다보는 경험을 선물하고 싶었습니다. 초속 9m를 이동하는 고속엘리베이터를 타면 단 1분 만에 60층에 도착합니다. 그 사이 아이는 엘리베이터 창밖으로 작아지는 자동차, 다리, 강, 공원 등을 보며 신기해합니다.

미술관 내부에 통유리로 된 스릴데크(Trill Deck) 위로 올라가면 해발 264m 높이에서 수직으로 내려다볼 수 있습니다. 아이는 성큼성큼 걸어 가는데 어른들은 무서워하기도 합니다.

▲ 63빌딩 60층에 있는 63스카이아트는 하늘 과 가장 가까운 미술관이자 전망대다.

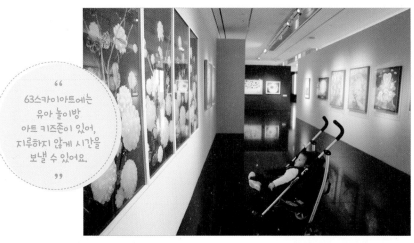

미술관 전시는 1년에 4번 기획전시
형식으로 열립니다. 작품 중에는
아이들이 함께 체험할 거리도 있
어 지루하지 않습니다. 게다가 유
아 놀이방 시설도 있어 오랜 시간
하늘 위에서 보낼 수 있습니다.
해 질 무렵에 방문해 반짝이는

도심의 야경까지 보면 금상첨화입니다. 야경을 보는 아이 눈이
별처럼 반짝입니다. 첫째는 저에게 '엄마'라는 이름을 선물했고,
부모가 되어 경험하는 모든 '처음'을 함께 했습니다. 살면서 몇
번의 사랑이 찾아오더라도 첫사랑을 영원히 잊을 수 없듯이, 첫
째는 제게 첫사랑 같은 존재입니다. 하지만 제가 그랬듯이 아이
도 엄마가 되어서야 이런 마음을 이해하게 되겠지요.

한강을 즐기는 최고의 방법
한강 유람선

주소 서울 영등포구 여의동로 280

전화 02-6291-6900(이랜드크루즈)

홈페이지 www.elandcruise.com(이랜드크루즈)

인구 천만의 도시, 서울은 복잡하지만 찾아보면 아이와 여유로운 시간을 보낼 곳이 제법 있습니다. 한강과 한강 주변 공원이 대표적이지요. 한강 물줄기를 따라 유유히 흐르는 유람선은 여유에 낭만을 더합니다. 기본적으로 '탈것'을 좋아하는 우리 아이들에게 배를 타는 것 자체가 신나는 일입니다. 유람선에서 보면 공원에서 한강을 바라볼 때와 달리 또 다른 감흥을 느낄 수 있습니다. 한강에서 운행하는 '이랜드크루즈'에는 '동요 크루즈', '탭댄스 크루즈', '불꽃 디너 크루즈', '와인뷔페 크루즈' 등 다양한 코스가 있습니다. 아이와 함께라면 출발한 선착장으로 돌아오는 40분 코스가 무난합니다.

밤에는 한여름을 제외하고는 아이가 추위를 느낄 수 있으니 낮 코스를 추천합니다. 여의도에서 출발하는 코스는 여의도 선착장에서 마포대교, 서강대교를 지나 당산철교를 돌아 다시 선착장으로 들어옵니다. 아이가 가장 재미있어하는 건 갈매기 먹이 주기입니다. 선상에 올라 어른 검지만 한 멸치를 하늘로 치켜들면, 마치 기다렸다는 듯 갈매기들이 날아듭니다. 먹이를 다 먹으면 막 출항한 유람선으로 날아갑니다. 처음 온 관광객보다 갈매기가 출항 스케줄에 더 빠삭한 것 같아요. 아이는 양팔을 벌려 날개를 펴고 배 안 이곳저곳 돌아다닙니다. 배가 제법 흔들리니 보호자가 잘 잡아줘야 합니다.

더위를 날려라!

여의도한강공원 물빛광장 피아노길

한강공원은 광나루, 잠실, 뚝섬, 잠원, 이촌, 반포, 망원, 여의도, 난지, 강서, 양화 등 총 11개의 공원을 총칭합니다. 그중 여의도한강공원은 대중교통으로 접근하기 좋아 일반시민들이 즐겨 찾는

주소 서울 영등포구 여의동로 330

전화 02-3780-0561

홈페이지 hangang.seoul.go.kr

명소입니다. 특히 봄꽃축제와 세계불꽃축제, 각종 공연 등 다양한 행사가 열려 볼거리와 즐길거리가 풍부합니다.

여의도한강공원 가운데 물빛광장은 워터프론트와 직접 연결돼, 아이들에게는 신나는 물놀이 공간이 됩니다. 물빛광장은 일몰 무렵에 가장 아름답습니다. 한여름 우렁차게 울어대는 매미와 하늘을 수놓은 붉은 석양이 만든 아이들의 실루엣, 하나둘 켜지는 도심의 불빛이 한데 어우러지면 해외 휴양지가 절대 부럽지 않습니다.

물빛광장 피아노길은 "물에 발 담그러 가자!"란 말이 딱 어울리는 곳입니다. 아이들이 물에 앉아서 놀 수 있을 만큼 수위가 얕아서(어른 발목 정도 높이) 비교적 안전하게 물놀이를 즐길 수 있습니다. 돗자리와 그늘막 등을 챙겨가도 좋고, 산책 겸 공원에 나와 발만 담그고 가도 좋습니다. 아이가 갈아입을 옷가지는 꼭 챙겨주세요.

4월부터 10월 말까지 열리는 '서울밤도깨비야시장'을 아이와 함께 즐겨도 좋습니다. 서울밤도깨비야시장은 밤이면 열렸다가 아침이면 사라지는 시장으로, 여의도한강공원, DDP, 청계광장 등에서 열립니다. 여의도한강공원 야시장은 '한강에서 즐기는 세계여행'이 콘셉트입니다. 세계 각국의 먹거리와 수공예 상품, 버스킹 공연 등을 즐길

수 있습니다. 다만 푸드트럭에서 판매하는 먹거리는 어린아이가 먹기에는 대체로 간이 센 편입니다.

도심 속 자연학습장

여의도샛강생태공원

여의도샛강생태공원은 1997년 국내 최초로 조성된 생태공원입니다. 샛강은 한강의 물줄기 중 여의도를 가로질러 흐르던 것이 나중에 하류에 가서 본류와 합쳐지면서 형

주소 서울 영등포구 여의도동
전화 02-3780-0570(여의도샛강 안내센터)
홈페이지 hangang.seoul.go.kr/archives/316

성된 지역입니다. 그 규모가 18만 2000m²로 국회의사당부터 63빌딩까지 이어집니다.
샛강생태공원은 우거진 수풀 사이로 보이는 마천루만 아니라면, 이곳이 도심 한가운데라는
걸 잊을 만큼 자연 그대로의 모습을 간직하고 있습니다. 샛강을 공원으로 조성한 뒤 동식물
분포가 매우 다양해졌습니다. 천연기념물 제323호인 황조롱이를 비롯한 참새와 까치, 딱새,
촉새, 박새, 왜가리 등 14종의 조류가 이곳에 터를 잡은 것으로 확인되었다고 합니다. 버드
나무, 억새풀, 나도개풀 등 다양한 식물 군집은 공원을 사계절 다른 빛깔로 물들입니다.
샛강생태공원은 사계절 자연학습장으로 손색없습니다. 공원 안 생태보존구역에는 관찰로와
관찰마루가 마련되어 있어 자연을 가까이에서
살펴볼 수 있습니다.

산책로가 잘 조성되어 있어 봄, 가을에 선선한
바람을 맞으며 산책하기 좋습니다. 공원은 연중
무휴지만 동물들의 산란철에는 일부 구간이 통
제되기도 합니다.

TIP
샛강생태공원에는 가로등이 없습니다.
이곳에서 서식하는 생물들의 휴식을 위
한 배려라고 하니, 아이와 함께라면 일몰
전에 산책을 마치는 것이 좋습니다.

CHAPTER 3

아이 꿈을 키우는 밑거름
체험 여행

365일 축제로 가득한
양평 수미마을

#농촌마을 체험 #딸기 수확 #메기 잡기 #몽땅구이 #빙어 잡기 #수륙양용마차
#뗏목 #흑천 #찐빵 만들기 #ATV 타기 #황순원문학촌 #소나기마을
#테라로사 #힐링 드라이브 코스 #용문산국민관광단지 #용문사 #1,100살 은행나무

잿빛 도시 탈출!

도시에서 아이를 키우다 보면 때론 흙냄새가 그
립습니다. 딸아이의 등·하원 길 풍경이라곤 택
시회사, 골목 주차 방지 돌덩이, 차가 많이 다
니는 사거리가 전부거든요. 그것도 미세먼
지가 심한 날이 많아 유모차에 태우고 뿌
연 공기 속을 눈썹 휘날리며 달리기 바쁘죠.
그럼에도 아이는 신이 납니다.
"와! 오늘은 물이 나온다!"
폭포를 만난 것 마냥 한참 동안 택시
회사 세차장 하수구를 쳐다봅니다.
돌 위를 올라갔다 내려갔다 하며 까
르르 웃고요. 쪼그려 앉아 줄지어 지
나가는 개미를 물끄러미 지켜보기도

고구마 많이 캐서
엄마 다 줄게요.

▲ 시멘트로 둘러싸인 도시를 벗어나 농촌에 가면
아이와 즐길 수 있는 체험 거리가 많다.

하고 길가에 떨어진 도토리를 줍는 걸 보면서 저 또한 웃습니다.

- 추천 시기 **사계절** ● 주소 **경기 양평군 단월면 곱다니길 55(단월면 봉상리 531번지)**
- 전화 **031-775-5205** ● 홈페이지 **www.soomyland.com**
- 이용 시간 **하절기(3~10월) 10:00~17:00, 동절기(11~2월) 10:00~16:00**
- 이용 요금 **체험마다 상이**
- 수유실 **별도로 갖춰져 있지는 않지만, 빈 체험 시설에서 수유할 수 있어요.**
- 아이 먹거리 **직접 키워낸 농산물로 만든 점심 뷔페, 체험 먹거리(메기구이, 군밤, 진빵)**
- 소요 시간 **반나절 이상**

하지만 더 큰 자연을 보여주고 싶은 건 모든 부모의 마음입니다. 아이의 살결처럼 보드라운 흙과 싱그러운 풀냄새, 계절을 느끼게 하는 바람이 늘 고팠거든요.

계절마다 다른 축제가 열리는 양평 수미마을

농촌마을 체험은 도시에 사는 우리 아이에게 청정 자연을 선물하기에 안성맞춤입니다. 그 가운데에서도 경기도 양평 수미마을은 365일 사계절 축제가 열리는 것으로 유명합니다. 봄은 딸기수확, 여름은 맨손으로 메기 잡기, 가을은 몽땅구이, 겨울은 빙어 잡기로 언제 가도 재밌는 놀 거리가 한 가득입니다.

농촌 체험하면 제일 먼저 떠오르는 농작물 수확은 물론, 수륙양용마차 타기, 뗏목 타고 수중 생태 관찰하기, 카누 등 수상 레포

> "
> 맑고 넓은
> 흑천을 가로지르는
> 징검다리는 황순원의 소설
> <소나기> 속 한 장면을
> 떠올리게 하지요.
> "

츠도 즐길 수 있습니다. 아이와 함께 온종일 알찬 체험 프로그램을 즐길 수 있어 가족 단위 체험객에게 만족도가 매우 높은 곳입니다.

체험장 환경도 꽤 괜찮습니다. 수미마을 체험장은 천혜의 자연과 어우러져 있어요. 남한강에서 흘러나온 청정 물줄기가 마을 한가운데 흑천으로 이어집니다. 흑천을 가로지르는 징검다리를 성큼성큼 건너는 모습은 수미마을을

▲ 수미마을에는 150년 된 밤나무 군락이 있다. 마을 주민들이 가을에 수확한 밤은 체험객들에게 제공된다.

대표하는 풍경입니다. 양평군 단월면 봉상리의 마을 이름은 물이 아름답다는 뜻의 '수미(水美)'입니다. 150년 된 울창한 밤나무 군락이 여름이면 시원한 그늘을 만들어줍니다.

깨끗한 시설은 기본, 지역 주민이 직접 참여해서 지역 경제를 돕는 관광두레 형태로 운영되어서, 더 의미 있습니다.

수미마을이 우수 체험마을로 선정된 건 지역 주민들의

밤 따러 가요~

고민과 협동의 결과가 아닐까 싶습니다. 지역 주민이 한마음 한 뜻으로 2007년부터 10여 년간 운영한 노하우가 체험장 곳곳에 묻어있습니다.

먹는 재미, 타는 재미, 잡는 재미

찐빵 만들기도 재밌습니다. 겨울철엔 딸기가 들어간 빨간 반죽, 여름철엔 호박이 들어간 반죽이 나옵니다. 3~4인분용 반죽을 주는데, 만들고 싶은 크기만큼 떼어내 손바닥으로 둥글게 만들면 됩니다. 이때 오므린 부분을 아래쪽으로 향하게 놓아야 터지지 않아요. 팥소는 마을에서 직접 쑨 '우리 것'이라 믿음이 가요. 다른 체험을 하고 돌아오면 잘 쪄진 찐빵이 기다리고 있는데, 출출한 배를 채워줄 간식으로 아이들이 좋아합니다.

> " 아이랑 함께 빚고, 체험 후에 먹으면 꿀맛! "

▲ 수미마을에서는 수륙양용마차, 뗏목, ATV 등 다양한 종류의 탈것을 체험할 수 있다.

▲ 마을에서 직접 키운 농산물로 차린
뷔페를 운영하고 있다.
▶ 여름에는 맨손으로 메기 잡기 체험
을 할 수 있다. 잡은 물고기는 장작불에
맛있게 구워준다.

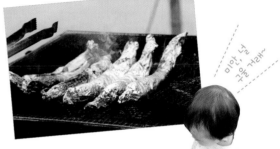

징검다리를 건너 드넓은 밭으로 가면, 양평의

맑은 물과 청정 공기 속에서 재배한 농산물을

직접 캐볼 수 있습니다. 계절에 따라 옥수수, 오

디, 감자, 고구마 등을 수확하고 집으로 가져갈 수 있어요. 아이

에게 호미를 들고 직접 흙을 만지게 해주는 그 자체만으로 사실

뿌듯해집니다. 아이와 체험하면서 고구마 꽃도 처음 봤습니다.

맨손으로 메기와 장어를 잡아보는 체험은 어른들이 더 즐거워

합니다. 강에 서식하는 메기를 잡는 건 아니고, 마을에서 양식한

메기를 웅덩이에 풀어놓습니다. 메기는 내리꽂는 장갑부대를 이

리저리 잘 피해 다닙니다. 아이들은 물 만난 물고기처럼, 또는

물고기보다 재빠르게 움직입니다. 잡아 올린 메기와 장어는 장작불로 맛있게 구워줍니다. 수미마을에서는 마을에서 직접 키운 농산물로 차린 뷔페를 운영하고 있습니다. 이 밖에도 수륙양용마차를 타고 갈대숲을 탐방하고, 뗏목을 타고 강바람 맞으며 유유자적 시간을 보내고, ATV를 타고 밀밭도 달려볼 수 있습니다. 이렇게 하루를 신나게 보내면, 자연을 배경으로 한 아이의 웃음이 얼마나 예쁜지 알게 됩니다.

아이랑 여행 꿀팁

- 여벌옷을 꼭 준비해야 해요(어른도 옷이 젖을 수 있으니 함께 준비하면 좋아요).
- 단체로 이동하니 예약 시간에 꼭 맞춰 가는 것이 좋아요.
- 여름 체험에는 아쿠아슈즈나 슬리퍼를 준비해주세요.
- 한국농어촌공사에서 운영하는 농촌여행 정보포털사이트 웰촌(www.welchon.com)에서 전국의 다양한 농촌체험마을 정보를 찾아볼 수 있어요.

황순원문학촌
하늘에서 소나기가 내려요!

주소 경기 양평군 서종면 소나기마을길 24

전화 031-773-2299

홈페이지 www.yp21.go.kr/museumhub

양평군 서종면에 위치한 황순원문학촌 소나기마을은 1953년 발표된 단편소설 〈소나기〉의 의미를 되새기며 체험할 수 있도록 꾸며진 테마파크입니다.

맑고 순수한 소년과 소녀의 사랑 이야기가 펼쳐진 배경이 바로 이곳 양평입니다. 4만 7,640m^{2}에 달하는 부지에 황순원문학관을 비롯해 학의 숲, 송아지 들판, 소나기 광장, 황순원 묘역 등 다양한 시설이 있습니다. 특히 소나기 광장에는 2시간마다 인공 소나기가 내립니다. 하늘을 향해 뿜어져 나오는 물방울을 맞으며 즐거워하는 아이가 있는가 하면, 소설에서 소년 소녀가 한 것처럼 원두막이나 수숫단 아래로 피하는 아이도 있습니다. 국내에서 가장 큰 규모(지상 3층)의 문학관인 황순원문학관은 황순원 선생의 유품과 작품을 전시하고 있습니다. 원뿔형의 건물 외관은 수숫단 모양을 형상화한 것입니다. 문학관에 들어가면 소년 소녀가 공부하던 옛날 초등학교 교실도 볼 수 있습니다.

양평의 커피 명소
테라로사 서종점

주소 경기 양평군 서종면 북한강로 992

전화 031-773-6966

홈페이지 www.terarosa.com

서울에서 양평으로 향하는 길은 수도권 최고의 드라이브 명소입니다. 양평으로 가는 직선주로인 서울양양고속도로도 있지만, 미사교차로에서 팔당대교 방향으로 핸들을 꺾어 구불구불한 이차선 국도를 따라가는 정취와는 비교할 수가 없습니다.

평소 운전대를 잡는 엄마라면, 꼭 한 번쯤 아이를 맡겨두고 '홀로' 이 길을 달려보길 추천합니다. 서울에서 양평으로 향하는 길은 육아로 탈진 일보 직전인 엄마들을 일으켜 세울 최고의 힐링 코스입니다. 그동안 쌓인 육아의 고단함이 바람 따라 날

아갑니다. 물론 아이와 함께여도 좋지요.

내비게이션의 목적지는 최근 양평 지역의 핫한 여행지로 떠오른 테라로사 서종점입니다. 핸드드립 커피로 유명한 강릉의 '테라로사'가 2016년 양평에 서종점을 오픈했습니다. 서종점은 베이커리, 와인숍, 레스토랑 등이 어우러진 빌리지 형태입니다. 시간대에 따라 갓 구운 빵이 나와, 식사 후 카페 나들이하기 좋습니다. 아이들이 좋아하는 아이스크림 가게도 있습니다. 주말보다 평일에 가면보다 여유로운 시간을 보낼 수 있는 곳 중 하나입니다.

1,100살 은행나무가 있는
용문산국민관광지

주소 경기 양평군 용문면 용문산로 782(용문사)

전화 031-773-0088

홈페이지 tour.yp21.net

육아 아이템을 고를 때 '국민'이란 단어가 붙으면 안심하고 구매하게 됩니다. 보편적으로 누구나 괜찮다고 인정한다는 뜻이니까요. 1971년 국민관광지로 지정된 용문산국민관광지도 그렇습니다. 아이와 나들이 장소로 제격입니다.

특히 용문사 은행나무가 유명합니다. 양평 용문사 은행나무(천연기념물 제30호)는 현재 우리나라에서 가장 크고 오래된 은행나무입니다. 수령이 1,100년으로 추정됩니다. 은행나무를 보기 위해선 용문사로 향하는 1km 남짓한 오르막을 올라가야 합니다. 유모차를 가지고 간다면 경사 때문에 다소 힘들고, 돌아오는 길 역시 아이가 앞으로 쏠리지 않도록 잘 잡아줘야 합니다. 하지만 천 년이 넘은 은행나무가 눈앞에 다가오는 순간 그 장엄한 자태에 고단함은 잠시 잊게 됩니다.

'정미의병(1907년)' 항쟁 때 일본군이 용문사에 불을 질렀는데, 은행나무만 타지 않았다는 이야기가 전해옵니다. 한 눈에도 천 년 고목이 가진 영험한 기운이 느껴집니다. 노란 은행이 짙게 익어가는 가을에 찾으면 장관입니다. 어른들이 은행나무에 감동하는 사이 저희 아이는 용문사에서 시원하게 응가 한판 하고 속 시원하게 내려왔습니다. 연중무휴인데다가 잔디광장, 야외공연장, 조각공원이 잘 조성되어 있고 관광단지 안에서 먹거리와 쉼터도 힘들지 않게 찾을 수 있습니다.

엄마가 된 내 아이의 특별한 하루

모산목장

#목장 체험 #송아지 우유 주기 #젖 짜기 #건초 주기 #치즈 만들기
#피자 만들기 #아이스크림 만들기 #성연딸기체험농장
#딸기 아이스크림 만들기 #임진각 평화누리공원 #바람개비 언덕 #인생샷 #평화랜드

소소하지만 확실한 행복, 동물과의 교감

목장에서 오늘 하루 아이는 '엄마'가 됩니다. 젖소의 엄마입니다. 아이는 제 몸집만 한 우유통을 받아 들고 송아지에게 뚜벅뚜벅 다가갑니다. 겁 없는 아이의 움직임에 되레 아기 소가 놀라 뒷걸음치고, 맛있는 젖병을 뺏기지 않으려 서로 힘겨루기도 합니다. 어미 소 건초 주기, 젖 짜기, 아이스크림·피자·치즈 만들기 등 반나절 동안 소소하지만 확실한 행복을 가져다주는 목장 체험을 떠나보세요. 목장 체험은 아이에게 '누군가를 돌보는 경험'을 선사해 특별합니다.

파주에 위치한 모산목장은 HACCP(안전관리 인증기준) 적용 목장으로 낙농체험목장의 대표 주자입니다. 주말이면 오전부터 가족 단위 체험객으로 붐빕니다. 10년 넘게 운영하며 노하우가 쌓여 체험 진행이 매끄러운 것이 장점입니다.

● 추천 시기 **4~10월(주말)** ● 주소 **경기 파주시 탄현면 검산로 519번길 6-36**

● 전화 **010-7176-6480** ● 홈페이지 **www.mosanfarm.com**

● 이용 시간 [개장] **11:00~17:00** [체험] **봄·가을 11:00(토요일 13:00), 여름·겨울 11:00 시작**

      ※ 가족 체험은 주말에만 가능하며 전화 예약 필수입니다.

● 이용 요금 **기본 체험(송아지 우유 주기, 젖 짜기, 건초 주기, 아이스크림 만들기) 1인 14,000원,**

      목장 체험(기본 체험, 치즈 만들기, 피자 만들기 추가 및 시식) 1인 27,000원

      ※ 24개월 미만 무료 입장

● 아이 먹거리 **목장 체험을 할 경우 직접 만든 피자로 한 끼를 해결할 수 있어요.**

● 소요 시간 **3시간**

우유 주고, 먹이 주고, 젖 짜고 돌봄 체험 3종 세트

체험은 모산 뒤뜰로 걸어가 송아지 우유 주기로 시작합니다. 사람의 초유에는 아이가 평생 살아가는 데 필요한 면역 성분과 영양 성분이 들어 있습니다. 소의 초유도 마찬가지입니다. 송아지 역시 초유를 많이 먹어야 질병에 대한 면역성이 생깁니다. 방법은 이래요. 젖병을 송아지 입에 물려주고 한 손으로 송아지 턱을 받쳐준 다음, 다른 한 손은 젖병을 잡아서 송아지가 먹기 편하게 해주면 좋습니다. 만일 우유가 송아지 기도로 넘어가 폐로 들어가면 송아지가 즉시 폐사한다고 해요. 어린아이와 함께 체험하는 경우 꼭 부모가 옆에서 도와줘야 합니다.

▲ 모산목장은 10여 년의 운영 노하우가 쌓여 체험 진행이 매끄럽다. 체험 거리 외에도 목장 곳곳에 볼거리가 많아 어린아이와 함께 방문하기 좋다.

"맘마 먹어. 천천히 꼭꼭. 옳지~"
세 살 아이도 제법 잘해냅니다. 송아지를 돌보는 따스한 손길을 보면 동생 돌보기도 꽤 잘하겠다 싶습니다. 다음으로 젖소 건초 주기 체험이 이어집니다. 사람을 제외하고 지구 상에 가장 많은 대형 동물이 바로 소입니다. 소는 혀로 긴 풀을 말아 씹어 먹는 초식성 동물입니다. 하루 중 6시간을 먹고 8시간을 되새김질한다는 목장 가이드의 설명을 아이들은 한쪽

▶ 송아지 우유 주기, 건초 주기, 젖 짜기 체험을 통해 아이는 누군가를 돌보는 특별한 경험을 하게 된다.

귀로 듣고 한쪽 귀로 흘려버립니다. 어린아이들은 젖소의 생김새 구별법 등의 배움보다, 건초를 하나라도 더 소의 입에 '골인시키기'에 바쁩니다.

이어지는 젖 짜보기 체험에서는 엄마들의 감회가 남다릅니다. 젖소는 송아지를 낳은 후 약 300일 동안 매일 우유를 짭니다. 송아지를 낳고 2~3달 쯤 우유가 가장 많이 나오고, 그 후부터는 조금씩 줄어든다고 합니다. 출산 후 밤새 수유하며 지쳐 있던 그때 "젖소가 된 기분이야······"라며 남편에게 힘겨움을 토로한 적이 있는데요. 묵묵하고 듬직한 어미 젖소와 마주하니 왠지 미안한 마음이 들기도 했습니다.

" 음매~ 소는 되새김질을 통해 천천히 소화하고 건초의 영양분을 더 많이 흡수할 수 있지요. "

🚼 ⌒ 아이랑 여행 꿀팁

● 3인 가족 기준으로 피자 한판은 약간 부족한 느낌이 들어요. 간단한 먹거리(샌드위치, 유부초밥, 김밥 등)를 추가로 가져가는 것이 좋아요.
● 돗자리를 가져가서 목장 앞 탱크데크에 깔고 쉬어도 좋습니다.
● 우천 시 체험이 취소되니 예약했더라도 전화로 확인하고 출발하세요.

앞치마를 입고, 아이가 좋아하는 먹거리 만들기 체험을 합니다.
치즈 만들기는 동화 속 세상처럼 아기자기하게 꾸며진 치즈방
에서 덩어리 치즈를 따뜻한 물에 풀어 늘려보는 체험입니다.
생각보다 물이 뜨거워 어린아이는 보호자의 각별한 주의가 필
요합니다. 치즈 만들기 체험을 할 때 어른용 장갑만 제공되니,
아이의 손에 맞는 목장갑과 비닐장갑을 챙겨 가면 체험에 도움
이 됩니다.
피자방으로 자리를 옮겨 도우에 갖가지 채소와 목장에서 직접 만
든 치즈 토핑을 올려봅니다. 피자는 바로 화덕에서 구워내 꽤 맛
있습니다. 체험 외에도 목장에는 볼거리와 포토존이 곳곳에 있
습니다. 아기 사슴, 타조, 토끼, 오리, 염소 등 동물 친구들과 즐
겁게 시간을 보내고, 동그란 모양의 대형 그네를 타보는 것도 잊
지 마세요.

▲ 목장 체험에 이어 요리 체험을 통해 아이는 친숙한 음식인 우
유와 치즈가 어떻게 우리 식탁에 오르는지를 알게 된다.

카트 밀며 탐스러운 딸기 따기!

성연딸기체험농장

주소 [1농장] 경기 고양시 일산서구 송산로 420-13

　　[2농장] 경기 고양시 일산서구 곳산길 164-64

전화 010-2517-1080, 010-4860-3653

홈페이지 sungyeon.modoo.at

12월부터 5월까지 아이와 꼭 함께해 볼 체험이 바로 딸기 수확입니다. 직접 딴 딸기를 씻어 바로 그 자리에서 먹을 수 있어 인기 만점이지요. 성연딸기체험농장은 어른 허리 높이 정도에서 딸기를 재배(고설재배)하고 있어 체험장이 쾌적하고, 무엇보다 아이 눈높이에서 딸기가 열려 수확하기 쉽다는 장점이 있습니다. 이곳에서 재배하는 딸기는 무농약 인증을 받아 더욱 안심됩니다.

두 개의 농장이 번갈아가면서 열려, 방문 전 전화 예약을 하면 문을 연 농장 주소를 받을 수 있습니다. 체험 시간은 11시부터 3시 사이입니다.

딸기밭에 입장하기 전, 수확 방법을 듣습니다. 손으로 브이를 만들어 딸기를 살포시 감싸고, 손목을 꺾으면 딸기가 똑 따진답니다. 4세 이상의 아이들은 곧잘 따라 하지만, 영아들은 탐스러운 딸기를 만지작거리는데 재미를 붙이니 보호자가 항상 함께 해주세요. "딸기는 약해서, 조금만 힘을 줘도 뭉개지니까 조심해야 해"라며 바른 체험으로 유도해주세요.

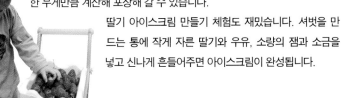

저희 아이는 '아기 딸기'가 좋다며 작고 덜 익은 것만 골라 따려 했습니다. 딸기는 반짝반짝 윤기가 나고, 전체가 빨갛기보다 위로 약간 흰색이 보이는 것이 좀 더 싱싱하고 달다고 합니다. 체험비는 별도로 없으며, 수확한 무게만큼 계산해 포장해 갈 수 있습니다.

딸기 아이스크림 만들기 체험도 재밌습니다. 셔벗을 만드는 통에 작게 자른 딸기와 우유, 소량의 잼과 소금을 넣고 신나게 흔들어주면 아이스크림이 완성됩니다.

3천여 개의 바람개비를 배경으로 인생 사진 찰칵!

임진각 평화누리공원

주소 경기 파주시 문산읍 임진각로 148-40

전화 031-953-8300

약 99만m²(3만 평) 규모의 평화누리공원은 가족 나들이로 제격인 곳입니다. 넓은 잔디언덕 위로 3천여 개의 바람개비가 있는 바람의 언덕, 음악의 언덕 등 아이들이 마음껏 뛰어놀 공간이 있기 때문입니다. 그늘막과 돗자리를 준비해 가면, 나무 그늘 사이에서 평온한 주말을 보낼 수 있습니다.

공원은 곳곳에 포토존이 많습니다. 비눗방울 장난감을 준비해서 아이들 사진을 찍으면 '인생 사진'을 완성할 수 있습니다. 도심에서는 불가능한 연날리기도 도전해보세요. 하늘 높이 바람을 따라 나는 연들이 또 다른 장관을 연출합니다.

임진각은 2018년 4월 판문점 평화의 집에서 열린 남북정상회담으로 주목받는 여행지가 되었습니다. '철마는 달리고 싶다'는 팻말을 단 녹슨 기차가 아이의 관심을 끕니다. 북한 실향민을 위한 망배단, 한국전쟁 이후 50여 년 만에 개방된 자유의 다리와 평화의 종 등 분단된 조국을 느낄 수 있는 다양한 명소가 있습니다. 공원은 경의선 임진각역에서 도보로 이동할 수 있습니다.

추억 뿜뿜! 조금 낡았으면 어때?

평화랜드

주소 경기 파주시 문산읍 임진각로 148-33 주차장관리사무소

전화 031-953-4448

홈페이지 www.dongmapark.co.kr/punghwa

"아빠, 저거 타러 가요!"

구석진 곳에 있어도 아이의 눈에만 유독 크게 보이는 것이 바로 '놀이기구'지요. 놀 것에는 매의 눈을 자랑하는 우리 아이들. 하물며 평화누리공원에 입장하면 왼편으로 대형 놀이기구가 가득한 평화랜드를 놓칠 리 없습니다.

임진각 주차장 옆 평화랜드는 2001년 5월 문을 연 1만 1,800여㎡ 규모의 놀이공원입니다. 에버랜드와 롯데월드 같은 대규모 놀이공원과 비교하면 아담하지만, 영유아들에겐 더없이 넓고 재밌는 곳입니다. 평화열차, 회전컵, 슈퍼바이킹, 소방차 등 어린이용 기구 위주로 운영되기 때문입니다.

대기 줄이 길지 않아 많이 기다리지 않고 놀이기구를 탈 수 있는 것도 장점입니다.

매점, 의무실, 미아보호실, 방송실, 매표소, 화장실 등의 편의시설도 있습니다. 여름이면 물놀이 시설도 개장합니다. 자유이용권은 어른 3만 원, 24개월 이상 어린이 28,000원이며, 키가 110cm 넘는 어린이만 자유이용권을 이용할 수 있습니다. 1회 이용권도 있으니 공원에서 놀다 한두 개쯤 탑승해도 괜찮습니다.

꿈이 자라는 영유아 직업 체험 테마파크

키즈앤키즈

#24가지 직업체험 #경찰특공대 #소방관 #헤어디자이너 #모델
#야구선수 #영등포 타임스퀘어 내 #체험은 아이만 #곤충체험학습장
#영등포구청 별관 #선유도공원 #선유교 #실내워터파크 #씨랄라 #어린이 래프팅 체험

돌잡이부터 시작되는 내 아이의 직업 탐색

"아이고, 청진기 잡았네! 의사 되겠어!"

건강하게 자란 아이의 첫 번째 생일날입니다. 온 가족의 시선이 아이의 고사리 같은 손에 집중됩니다. 돌잔치의 하이라이트는 누가 뭐래도 돌잡이지요. 돌잡이는 쌀, 붓, 활, 돈, 실 등을 펼쳐놓고 아이가 집는 물건을 아이의 장래와 관련짓는 전통 풍습입니다. 요즘에는 남녀 구분 없이 비행기, 마우스, 축구공 등 다양한 직업을 상징하는 물건을 추가해 선택의 폭을 넓히고 있습니다. 저희 첫째는 우주선 장난감을 집었는데, 저희 부부는 이미 미국항공우주국(NASA)로 보낼 마음의 준비를 마쳤습니다.

과연 우리 아이는 자라서 무엇이 될까? 아이의 꿈을 어떻게 키워줄지 모든 부모는 같은 고민을 합니다. 무엇보다 많은 경험을 통해 아이의 시야를 넓혀주고 싶습니다. 이럴 때 아이들이 미리

- ● 추천 시기 사계절   ● 주소 서울 영등포구 영중로 15 타임스퀘어 지하 2층
- ● 전화 1899-8778   ● 홈페이지 www.kidsnkeys.co.kr
- ● 이용 요금 [평일 어린이 종일권] 42,000원, [반일권] 29,000원, 보호자 12,000원
- ● 이용 시간 1부 10:00~14:30, 2부 15:00~19:30
- ● 휴무일 연중무휴   ● 수유실 시설 내부(기저귀 교환대, 소파)
- ● 아이 먹거리 시설 내부 푸드코트 및 카페(돈가스, 우동, 새우볶음밥, 어린이음료 등).
  타임스퀘어 안에 대형마트가 있고, 대다수 음식점이 유아 식탁을 구비하고 있어요.
- ● 주차 타임스퀘어 주차장(평일 5시간 3,000원, 초과 시간당 1,000원)
  주말 및 공휴일 5시간 5,000원(초과 시간당 1,500원)
- ● 소요 시간 4시간

직업 체험을 해 볼 체험관이 있습니다. 국내에는 대표적으로 '키자니아', '한국잡월드', '키즈앤키즈' 등 세 곳의 직업체험관이 있습니다.

영유아 직업 체험에 딱!

키즈앤키즈는 7세 이하 영유아가 체험하기에 규모와 프로그램이 적당합니다. 복합쇼핑몰인 영등포 타임스퀘어 지하 2층에 자리해 접근성도 좋습니다. 체험 공간은 퍼블릭, 푸드, 스포츠, 방송·연예, 패션·뷰티, 이벤트 스테이션 등 6가지 테마로 구성되며, 총 24가지의 직업을 체험할 수 있습니다.

표를 구입하면 프로그램 스케줄표와 파란색 열쇠를 받습니다. 열쇠는 항상 아이의 목에 걸고 다니도록 해주세요. 체험 예약과 취소에 꼭 열쇠가 필요합니다.

▲ 키즈앤키즈에서는 표를 구입할 때 받는 파란색 열쇠로 체험을 예약할 수 있다. 열쇠는 분실하지 않도록 아이 목에 걸어주자.

이용 방법은 간단합니다. 원하는 체험 부스 앞에 설치된 모니터에서 체험 시간을 확인하고, 예약 인원을 체크한 후 '예약하기' 클릭, 열쇠로 터치하면 예약이 완료됩니다. 대기 예약이 가능한 것이 키즈앤키즈의 장점입니다. 영유아들은 한 곳에서 줄을 서서 참고 기다리기 어렵기 마련인데, 예약 후 체험 시작 전까지 자유롭게 이동할 수 있습니다.

체험 시간이 되면 담당 선생님이 예약 명단을 확인하고 아이의 이름을 부릅니다. 모든 체험은 '아이들만'합니다. 보호자는 바깥에서 지켜보시면 됩니다.

아이의 꿈에 날개를 달아주는 시간

항상 붐비는 인기 체험장소는 '퍼블릭 스테이션'입니다. 이곳에는 소방본부, 응급구조대교육현장, 병원, 경찰특공본부 등이 있습니다. 아이들은 이곳에서 도시의 안전과 인명을 책임지는 '슈퍼 히어로'가 됩니다. 테러리스트에 맞서는 경찰특공대, 소방호스로 2층 건물의 화재를 진입하는 소방관, 심폐소생술을 실시하는 응급구조대 등 아주 진지한 표

▲ '퍼블릭 스테이션'에서 아이는 소방대원, 경찰특공대, 의사, 약사 등 도시의 안전과 인명을 책임지는 '슈퍼 히어로'가 되어본다.

정으로 체험하는 아이 모습에 흐뭇합니다. 아이는 임무를 완수하려 마치 실제처럼 체험장 곳곳을 열심히 뛰어다닙니다.

화재는 내게 맡겨요!

농장 체험은 텃밭에서 직접 채소를 심어보고, 건강한 채소 선별법 등을 배우는 공간입니다. 농부가 되어 자그마한 손으로 밭을 갈고, 씨앗을 뿌리고, 물을 주며 감자, 당근, 고구마까지 정성껏 가꾸기도 합니다.

요즘 아이들이 산타할아버지만큼 좋아하는 '택배 아저씨' 체험

▲ 농부, 뉴스 앵커, 패션모델, 헤어디자이너 등 키즈앤키즈에서는 24가지 직업을 체험할 수 있다.

도 있습니다. 물건을 받아 다른 체험 부스에 배달하는 체험을 해봅니다. 모든 체험 공간에서는 각 체험별 상황에 맞는 안전 교육을 사전에 진행하기 때문에 안전한 체험이 가능합니다.

이 밖에도 모델이 되어 패션쇼 무대에 서보고, 약사가 되어 아픈 사람에게 약도 지어주는가 하면, 요리사로 변신해 아이스크림과 초콜릿을 만들어보는 등 각각의 흥미와 적성에 맞는 직업을 다양하게 경험해볼 수 있습니다. 아이가 원하는 체험 위주로 진행하되, 여러 분야를 경험하도록 안내해주세요.

유리창 밖에서 아이를 바라보고 있노라면 문득 창에 비친 내 얼굴도 발견합니다. 부모 역시 꿈 많은 소녀 소년이었습니다. 지금은 '엄마, 아빠'라는 이름에 꿈을 녹여냈지만, 언젠간 다시 꿈을 꾸며 날개를 펼치겠지요. 속싸개에 폭 싸여있던 아기가 어느새 세상에서 제 몫을 해낼 직업을 체험하러 당당히 걷듯 말이지요.

아이랑 여행 꿀팁

- 입장권을 구매할 때 소셜커머스나 홈페이지 프로모션을 활용해보세요. 훨씬 저렴하게 구매할 수 있습니다.
- 입장 시 나눠주는 체험 시간표를 확인해 동선을 짜면 훨씬 많은 체험을 할 수 있습니다.
- 유아 보존식 냉장고가 있으니, 영아와 함께 갈 경우 이유식은 냉장고에 보관하세요.

작은 고추가 더 맵다!
영등포구 곤충체험학습장

주소 서울 영등포구 선유동1로 80 구청 별관

전화 070-7745-8724

홈페이지 bugs.ydp.go.kr

어린이집 가는 길, 급한 엄마 마음은 아랑곳하지 않고 아이는 쭈그려 앉아 개미 관찰에 여념이 없습니다. "엄마, 개미는 어떻게 집을 찾아가?", "매미가 오늘도 같은 자리에 붙어 있어." 곤충에 대한 아이의 질문이 잦아질 때 관람료 1,000원으로 책에서만 보던 희귀종 표본, 화석, 골격 표본 등 8백여 종 6천여 마리의 곤충과 살아있는 생물을 한자리에서 만날 수 있는 곳이 있습니다.

영등포구청 별관 1층에 위치한 곤충체험학습장은 '작은 고추가 맵다'는 말을 실감케 하는 전시장입니다. 아이 걸음으로 한 발짝만 이동하면 새로운 것을 볼 수 있을 만큼 전시물이 알찹니다.

표본전시실에는 장수하늘소, 비단벌레, 누에를 비롯해 6천여 마리 곤충 표본이 있습니다. 아이들에게 인기가 있는 공간은 생태체험실입니다. 각종 개구리 등 양서류, 거북이 · 게코 등 파충류, 장수풍뎅이 · 사슴벌레 등의 곤충류, 이 밖에도 수서곤충, 포유류, 갑각류, 조류까지 살아있는 다양한 생물들을 눈앞에서 보고 만질 수 있습니다. 전시실 입구에서 나눠주는 당근과 초록 채소를 받아 토끼와 거북이에게 먹이를 줄 수도 있습니다.

영등포구 곤충체험학습장은 곤충 표본 만들기, 유충 담아 가기, 3D 곤충 체험, 종이접기, 색칠하기, 식용 곤충 체험, 물방개 경주 대회, 표본 만들기 경연 대회 등 체험학습 프로그램도 다양하게 운영하고 있습니다.

TIP

- 영등포구청 별관 장난감박물관 내 수유실 및 놀이 시설도 함께 이용해보세요.
- 주차는 구청 별관 공영주차장을 이용하세요. 평일 30분까지 무료, 이후 10분당 300원이 추가돼요.

신선들이 놀다간 그곳
선유도근린공원

주소 서울 영등포구 선유로 343

전화 02-2631-9368

홈페이지 parks.seoul.go.kr/seonyudo

SNS에서 선유도근린공원을 소개하는 게시물에는 '#느낌 있는', '#서울 주말 나들이', '#분위기 있는 데이트' 등의 해시태그가 많이 달립니다. 선유도근린공원은 2000년 선유도정수장을 폐쇄하고 정수장 건축물을 재활용해 문을 연 우리나라 최초의 환경 재생 생태공원입니다. 편하게 걷고, 계절 변화를 느끼며, 생태를 즐길 수 있어 여러 세대에게 사랑받고 있습니다. 공원에는 수생식물을 포함한 야생화와 나무가 300여 종 있습니다.

보행자 전용 다리인 성수하늘다리와 선유교를 지나면 공원을 만날 수 있어요. 특히 아치형 선유교가 눈길을 끕니다. 한강을 가로지르는 무지개 모양의 다리인 선유교는 밤이면 조명을 받아 아름다운 색으로 물듭니다.

공원은 아침 6시부터 밤 12시까지 개방해 어느 때고 즐길 수 있습니다. 공원의 모든 곳은 유모차가 접근하기 쉽게 경사로가 잘 조성되어 있습니다. '선유도 공원 이야기관'에는 작은 도서관과 유아용 변기가 있는 여성 안심 화장실이 있어 아이와 편히 쉴 수 있습니다. 피자와 치킨 등 먹거리를 판매하는 식당이 있고, 물품 보관대와 전망 좋은 카페가 있어 나들이 준비를 하지 않아도 즐거운 시간을 보낼 수 있습니다.

사계절 물놀이를 원해!

씨랄라 워터파크

주소 서울 영등포구 문래로 164 영등포 SK 리더스뷰

전화 1522-9661

홈페이지 www.sealala.com

씨랄라 워터파크는 서울 도심에서 사계절 물놀이를 즐길 수 있는 실내 워터파크입니다. 찜질방과 사우나가 함께 있어 매일 물놀이를 원하는 아이들과 부담 없이 언제고 찾아도 좋을 공간입니다.

워터파크 중앙의 바데풀과 가장자리를 돌아 흐르는 140m 길이의 유수풀에서 어린아이도 보호자의 보호 아래 수영을 즐길 수 있어요. 아쿠아 키즈랜드에는 미끄럼틀과 피아노 건반 분수, 워터 바스켓 등 아이가 좋아하는 물놀이 시설이 있습니다. 20m의 스피드 슬라이드는 키 125cm 이상 어린이만 이용할 수 있습니다.

36개월 이상부터 10세 이하 어린이는 '어린이 래프팅 체험'도 놓치지 마세요(1일 선착순 32명), 체험은 하루 2회 13:50~14:00, 16:50~17:00에 진행됩니다.

아이들은 반드시 구명조끼를 착용하고 수영복과 수모를 착용해야 합니다. 찜질복 대여비(2,000원)만 추가하면 찜질스파까지 이용할 수 있습니다. 찜질방에 갔다면 양머리 수건과 살얼음 동동 띄운 식혜, 구운 계란이 빠질 수 없지요. 편안한 복장으로 매트 위에 앉아 간식을 나눠 먹는 것만으로도 최고의 휴식이 됩니다. 영유아는 고온의 사우나를 이용하기에는 무리가 따르니 보호자가 항상 동행해주세요.

참! 신장이 100cm 이상인 어린이는 성별을 따라 남탕, 여탕에 입장해야 합니다.

세계 5대 청정 갯벌의 하루

중리어촌마을 갯벌 체험

#세계 5대 청정 갯벌에서 즐기는 바다 생태 #갯벌 체험
#KBS 2TV 〈1박 2일〉 소개 #염전 체험 #서산 벚꽃 명소 #깡통열차
#전동카트 타고 마을 투어 #뻘낙지 먹물 축제 #겁 많은 아이 #해미읍성
#서산버드랜드 #천상열차분야지도 #서산류방택천문기상과학관 #천체 관측

들어봐! '바지락 바지락' 자연의 소리

바닷물이 빠지고 드넓은 갯벌이 드러나면 아이들의 놀이터가 개장됩니다. 최고의 자연학습장이지요. 충청남도 서산시 지곡면에 위치한 '중리어촌체험마을'은 세계 5대 청정 갯벌 중 하나인 가로림만에 살포시 안겨있습니다. 120가구, 170여 명의 주민이 사는 작은 어촌체험마을은 KBS 2TV 〈1박 2일〉 프로그램에 소개되면서 많은 사람에게 알려졌습니다. 다양한 체험프로그램 뿐만 아니라 마을 주변으로 볼거리가 제법 있어 아이와 함께 여행하는 가족들에게 안성맞춤입니다.

> " 드럼통을 개조한 열차를 전동카트에 연결해 마을을 도는 깡통열차 체험은 아이들에게 인기 만점이에요. "

체험마을로 들어서면 체험사무소가 나옵니다. 이곳에서 발 치수에 맞는 장화와 호미, 그물망을 하나씩 나눠줍니다. 체험사무소

- ● 추천 시기 4~9월(10월에는 '뻘낙지 먹물 축제'가 열려요)
- ● 주소 충남 서산시 지곡면 어름들2길 66 중앙어촌계수산물간이집하장
- ● 전화 041-665-9498, 010-6408-7665
- ● 홈페이지 vill.seantour.com/Vill/Main.aspx?fvno=3412
- ● 휴무일 연중무휴
- ● 이용 요금 바지락 캐기 체험은 어른 10,000원, 7세 이하 5,000원
- ● 수유실 별도 수유실은 없지만, 민박으로 활용되는 어민행복관 2층이 비었을 경우 사용할 수 있어요.
- ● 아이 먹거리 갯벌 입구에 낙지한마당 식당이 있어요. 대표 메뉴인 박속낙지탕(충남 지역의 전통향토음식)에 칼국수를 넣어 아이와 함께 먹을 수 있습니다.
  갯벌 체험만 할 경우, 간식이나 샌드위치를 준비해도 좋아요.
- ● 소요 시간 2시간(체험 시간은 비교적 짧지만, 아이와 어른 모두 옷을 갈아입거나 씻는 시간이 걸립니다.)

에 구비된 장화는 사이즈가 다양하지만, 신발 치수 150mm 이하 아이가 신을 수 있는 작은 장화는 없으니 따로 준비해주세요.

참게, 조개, 소라 캐는 재미에 시간 가는 줄 몰라

> 66
> 체험사무소에서
> 장화와 호미 등
> 체험 도구를 받아
> 전동카트를 타고
> 갯벌까지 이동해요.
> 99

장비를 챙겼으면, 이제 전동카트를 타고 갯벌로 들어갈 차례입니다.

"우리, 갯벌 체험 하러 가자!"

체험이라는 이름이 붙어 거창해 보이지만, 저벅저벅 벌 속으로 들어가면 그만입니다. 온몸에 진흙을 잔뜩 바르고 곳곳에 숨은 바다 생물을 잡으며 물이 차오를 때까지도 아이들은 시간 가는 줄 모릅니다. 처음 잡아보는 참게와 조개, 소라를 캐보는 재미가 쏠쏠합니다. 더구나 평소에는 만지면 안 될 것만 같은 '날카로운' 호미를 손에 턱하고 쥐어주니 이거 웬걸! 물 만난 물고기가 됩니다.

아이랑 여행 꿀팁

- 장화 대신 한번 신고 버린다 생각하고 두꺼운 양말을 신어도 괜찮습니다.
- 밝은색 옷에 진흙이 묻으면 세탁해도 얼룩이 남아요. 색이 어둡거나 버려도 되는 옷을 입고 체험하면 좋습니다.

가로림만의 갯벌은 청
정을 자랑하기에 호미로 개흙
을 조금만 파내도 입을 꼭 다문
바지락이 쏟아져 나옵니다. 어느
해엔 바지락이 어찌나 많은지 종패
(種貝)를 사 넣지 않아도 주체할 수
없을 만큼 많이 나왔다고 합니다.

▲ 발이 푹푹 빠지는 갯벌의 질감에 머뭇거리던 아이는 금세
바다 생물 잡는 재미에 빠져 시간 가는 줄 모르고 논다.

바지락이 많은 곳을 '바지락 바탕'이라고 합니다.
그곳을 걸을 때면 발밑에서 "바지락 바지락" 소
리가 난다고 해서 '바지락'이라는 이름이 붙었
다는 일화가 전해집니다. 갯벌 속 작은 돌을
들추어보면, 흙탕물 속으로 참게와 소라게가
빠르게 달아나기도 합니다.

바지락~ 바지락~

아이에게 체험 참여를 강요하는 것은 금물!

체험 중 "악! 게가 내 손을 물어버렸어~!"라며 할리우드 액션으
로 아이에게 장난치는 아빠가 있었는데, 그 집 아이는 체험이 끝
날 때까지 게를 잡지 않았습니다. 아이 아빠는 사내자식이 겁이
많아 이것도 못 잡는다며 볼멘소리를 했고요. 사실은 겁이 많은
것이 아니라 새로운 것을 탐구할 때 매우 조심성이 많은 아이인

데 말이지요. 의심이 많거나 꼭 확신해야만 신뢰하는 기질을 가진 아이라면, 미리 겁을 줄 필요는 없겠지요?

종종 체험 여행에선 아이가 부모의 마음처럼 따라주지 않아 속상해하는 경우가 있습니다. 아이에게 적극적으로 탐구하도록 지나치게 강요하지 말고 아이 스스로 친근해질 때까지 기다려주는 것이 좋습니다. 제 딸아이 역시 처음에는 갯벌의 물컹한 느낌이 싫어 갯벌에 들어가지 않겠다고 했습니다. 그러나 언제 그랬냐는 듯 체험에 푹 빠져 나중에는 나가야 한다고 몇 번이나 말해서 겨우 데리고 나왔습니다.

마을이 통째로 자연학습체험장

"
갯벌 체험을 할 때는
여벌의 옷, 간식거리,
더러워진 옷을 담을
비닐을 꼭 준비해요.
"

장화가 갯벌에 빠지기 쉬우므로 물이 차오르는 곳은 피해야 하고, 날씨가 따뜻하다고 해도 바닷바람을 막아줄 바람막이 하나쯤은 꼭 챙겨 가는 것이 좋습니다. 여벌의 옷, 간식거리, 더러워진 옷을 담을 비닐을 꼭 준비해 주세요. 당일 물이 차오르는 밀물 시간을 사전에 알고 가는 것은 필수입니다! 밀물 1시간 전에는 갯벌에서 나와야 안전하게 체험을 마칠 수 있어요. 생각보다 금방 물이 차오르거든요. 여기서 팁! 아이와의 갯

▼▲ 갯벌 체험 후에는 염전에 들러 소금이 만들어 지는 과정을 체험하고, 서산예술창작촌에서 재활용 예술 작품도 감상해보자.
▼ 중리어촌마을에는 낙지를 활용한 조형물이 많다.

꼬물~ 꼬물

벌 체험은 보통 음력으로 보름과 그믐날 전후가 바람이 덜해 적당합니다.

중리어촌마을 체험은 여기서 끝이 아닙니다. 전동카트를 타고 아름다운 중리마을을 돌아볼 수 있어요. 폐교를 예술 공간으로 탈바꿈한 서산창작예술촌에는 폐품을 재활용한 전시작품들이 너른 운동장에 펼쳐져 있습니다. 소금을 만드는 염전 체험도 가능합니다. 염전에서 하얀 소금알갱이를 모아보고, 소금 창고에 들어가 천일염도 만져 볼 수 있습니다.

━ 아이랑 여행 꿀팁 ▷

● 수유 및 체험 후 환복은 어민행복관(2층)에서 가능해요.
● 보호자가 동반하면 체험 연령에 제한 없으니, 영유아도 함께 갯벌에 들어갈 수 있어요.

갯벌 체험 준비물

너른 갯벌이 있는 서해안에서는 체험마을에 가지 않더라도 간단한 준비물만 챙기면 갯벌 체험을 할 수 있어요.

❶ 모종삽 또는 호미 갯벌 속에 숨어 있는 생물 잡기.

❷ 면장갑 또는 고무장갑

　갯벌 생물의 딱딱한 껍질로부터 손을 보호.

❸ 장화 또는 두꺼운 양말

　쉽게 벗겨지지 않도록 발에 꼭 맞는 것 준비.

❹ 긴 바지, 긴 팔 윗옷, 챙 넓은 모자

　그늘막이 없으므로 햇볕 차단용.

❺ 시계 밀물 시간 확인용.

❻ 양동이 또는 그물망 잡은 생물이 다치

　지 않도록 담아서 이동. 잡은 생물 관찰용.

" 이게 바로 갯벌 체험 패션의 정석! "

시간이 멈춰버린 성벽 안의 놀이터

해미읍성

주소 충남 서산시 해미면 남문2로 143 해미읍성

전화 041-660-2540(해미읍성관리사무소)

우리나라 대표 읍성으로 꼽히는 서산 해미읍성은 바다가 아름답다는 의미의 해미(海美)면에 자리 잡고 있습니다. 1416년 태종이 서산 도비산에서 군사 훈련을 하다가 해미에서 하루 머물게 됐는데, 해안 지방에 출몰하는 왜구를 방어하기에 이곳이 적당하다고 판단해 축성했습니다.

해미읍성은 가장 완전한 형태의 성곽을 자랑합니다. 지나치기 쉬운 성벽의 돌을 자세히 살펴보세요! 파란색 페인트가 묻은 돌 주변을 들여다보면, '공주(公州)', '청주(淸州)' 등 지명이 새겨져 있습니다. 이는 과거 읍성을 축조할 때, 고을별로 구간을 나누어 부실 공사

를 막는 공사 책임제를 도입한 흔적입니다. 아이에게 이런 이야기를 들려주면 여행에 재미가 더해질 뿐만 아니라, 부모의 어깨도 으쓱해집니다.

읍성 내부는 넓이 6만 4,350m²으로 드넓은 공원처럼 아이들이 뛰어놀기 좋습니다. 규모가 커서 읍성 전체를 한 바퀴 도는 꽃마차를 타고 둘러봐도 괜찮습니다(유료). 연중무휴로 운영되며 입장료가 무료입니다. 4월부터 10월 매주 토요일에는 대북, 사물놀이, 줄타기 등의 공연이 열려서 볼거리가 더욱 풍성합니다. 3월부터 10월까지는 저녁 9시까지 개방해 늦은 시간까지 읍성을 즐길 수 있습니다.

철새들의 안식처
서산버드랜드

주소 충남 서산시 부석면 천수만로 655-73

전화 041-661-8054

홈페이지 www.seosanbirdland.kr

서산버드랜드가 있는 천수만은 세계적으로 이름난 철새도래지입니다. 시베리아에서 날아온 가창오리, 큰기러기, 노랑부리저어새 등 철새들을 만날 수 있는 곳입니다. 서산버드랜드는 철새를 보호하고, 우리가 몰랐던 진짜 '새 이야기'를 들을 수 있는 플랫폼 같은 곳이에요.

철새박물관에서는 천수만을 찾는 200여 종의 박제된 철새를 만날 수 있습니다. 생태해설사가 전하는 새들의 재미난 이야기는 꼭 들어보길 추천합니다(오전 11시부터 점심시간을 제외한 매시 정각에 약 20분간 해설을 들을 수 있습니다).

2층 전시관으로 향하는 계단에서는 벽에 설치된 멀티비전으로 새가 날고 꽃이 피고 나무가 자라는 모습을 볼 수 있습니다. 아이들은 그저 오르내리는 것만으로 좋아하는 공간입니다. 다

양한 체험도 가능합니다. 새 모형 만들기, 생태 시계 만들기, 퍼즐 맞추기, 촉감 놀이 상자 등 체험하는 동안 생태해설사가 아이들의 체험을 돕고 관련한 새 이야기도 들려줍니다.

피라미드 내부는 4D 영상관으로 새들과 관련한 주제의 애니메이션(약 17분)을 상영합니다. 기존 3D 영화에 진동, 물, 바람 등 실감 나는 체험을 더해 아이들이 가장 신나하는 곳입니다(단 36개월 이상 이용 가능).

세계에서 두 번째로 오래된 하늘 지도가 있는 곳

서산류방택천문기상과학관

주소 충남 서산시 인지면 무학로 1353-4

전화 041-669-8496

홈페이지 ryu.seosan.go.kr

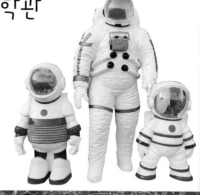

평창동계올림픽 개막식에서 증강현실 기술을 이
용해 하늘과 땅에 펼쳐 보였던 〈천상열차분야지
도(天象列次分野之圖)〉를 기억하세요? 지갑 속
만 원권 지폐 뒷면을 펼쳐 봐도 좋습니다. 지
폐 바탕 무늬를 자세히 살펴보면 혼천의 뒤로
조선시대의 대표 천문도인 〈천상열차분야지
도〉가 눈에 들어옵니다.

국보 제228호로 지정된 이 지도는 충남 서산
출신 '금헌 류방택' 선생이 제작한 것입니다.

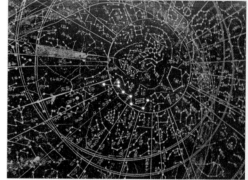

〈천상열차분야지도〉는 하늘의 모습(天象)을
차(次)와 분야(分野)에 따라 벌려놓은(列) 그
림(之圖)이라는 뜻입니다. 지도는 하늘 전체를
돌에 새긴 천문도 중 세계에서 두 번째로 오래
됐고, 별의 밝기에 따라 그 크기를 달리 표현
한 최초의 전천(全天) 석각 천문도입니다. 무
료로 개방된 서산류방택천문기상과학관 1층
전시실에서 자세한 내용을 살펴볼 수 있습니
다. 1층에는 천체투영실, 전시교육실, 크로마
키 체험 공간과 2층에는 별자리 관측실이 있

습니다. 동절기(9~4월)에는 오후 2시부터 밤 10시까지, 하절기(5~8월)에는 오후 3시부터
11시까지 운영됩니다. 단, 매일 날씨에 따라 별 관측 여부가 달라지니 방문하기 전에 전화로
확인해야 합니다. 또 해가 지는 박명 시간(17:30~19:30)에는 별과 태양 모두 관측이 안 되
므로 상설전시관만 관람할 수 있습니다.

살금살금, 꽃사슴아! 놀라지 마!

추풍령사슴관광농원

#사슴 먹이 주기 #피자 만들기 #아이스크림 만들기 #패키지 체험
#1박 2일 여행 #숙박할 수 있는 농원 #월류봉 #노근리평화공원 #와인코리아
#와인 족욕 #영동국악체험촌 #기네스북에 등재된 북 #천고 #난계국악박물관

루돌프 순록 코는 매우 반짝이는 코?

"쉿! 사슴이 놀라니까 살금살금 걸어야 해요."
펜스 안으로 아이가 조심스레 발을 내딛습니다.
인기척에 귀를 쫑긋 세운 사슴은 무리를 지어
경계를 늦추지 않습니다. "아빠, 루돌프랑 닮았
어요!"라며 살짝 들뜬 아이도 있습니다. "루돌
프 사슴 코는 매우 반짝이는 코"
라는 가사로 시작하는 캐럴 때문
에 잘못 알고 있는 분들이 많은
데, 사실 루돌프는 사슴이 아닌
순록입니다. 사슴의 경우 수컷만
뿔이 나고, 순록은 암컷 수컷 모

- ●추천 시기 8월 말경(포도축제), 10월 둘째 주(와인 및 국악 축제)
- ●주소 충북 영동군 황간면 우천1길 50-42
- ●전화 043-745-4343(010-9972-4343, 010-9411-7528)
- ●이용 시간 1일 2회 체험(10:30, 14:00) ※ 가족(개인) 체험은 주말에만 가능하며 전화 예약 필수입니다.
- ●이용 요금 기본 체험(피자 만들기+치즈 늘리기+사슴 농장 관람+먹이 주기 체험)
        1인 26,000원(36개월 미만 50% 할인)
        기본 체험+저녁식사 및 숙박 1인 55,000원
- ●홈페이지 http://치즈체험.kr(영동치즈캠프)
- ●숙박 펜션 월류관(5인실 19객실, 20인실 1객실)
- ●아이 먹거리 체험으로 만든 피자와 스파게티로 든든한 한 끼를 채울 수 있어요.
        내부 식당은 단체 및 예약 손님에 한해 운영되니 먹거리를 챙겨가도 좋겠습니다.
- ●소요 시간 반나절(최소 3시간 30분)

두 다 뿔이 난다는 사실을 살짝 귀띔
해주세요. 아이는 당장 선물이라도
받을 듯 호기심 어린 눈으로 사슴에
게 다가갑니다.

사슴 먹이 주기 체험은 조금 특별한
경험입니다. 사슴은 겁이 많아요. 야
생에서는 사자와 호랑이 같은 동물에 비해
약한 존재이기 때문입니다. 그래서 사슴이
경계를 풀고 먹이를 향해 스스로 다가올
때까지 가만히 기다리는 것이 체험의 전부

▼ 사슴은 겁이 많아 먹이를 주려면 스스로
다가올 때까지 기다려야 한다.

입니다. 소리를 지르거나 크게 움직이지 않도록 아이에게 일러 주세요. 그렇게 아이는 사슴과 교감합니다. 먹이를 넙죽넙죽 받아먹는 동물들이 있는 동물원 체험과는 사뭇 다릅니다.

식사부터 디저트까지 아이가 요리하는 체험 패키지

충북 영동군 황간면에 위치한 추풍령사슴관광농원은 패키지로 구성된 체험 프로그램을 운영해 사계절 내내 가족 단위 여행객들이 많이 찾는 곳입니다. 사슴 먹이 주기 체험을 포함해 피자 만들기, 치즈 늘리기, 아이스크림 만들기 프로그램이 약 3시간 30분 동안 진행됩니다. 달도 머물다 간다는 월류봉으로 가는 길목에 있어 경관도 수려합니다. 넓은 농원 안에는 체험장, 펜션, 카

나는 피자요리사

▲ 사슴관광농원에서는 밀가루 반죽을 동그랗게 펴는 것부터 토핑을 올리는 것까지 직접해 볼 수 있다. 사슴 불고기를 넣은 피자는 인기 만점이다.

> 66
> 치즈 늘이기,
> 아이스크림 만들기,
> 고추장 만들기 등
> 아이와 함께할 수 있는
> 체험이 다양하게
> 마련되어 있어요.
> 99

페, 노래방, 족구장 등의 시설이 있어, 주말에 1박 2일 코스로 시간을 알차게 보내기에 딱 좋습니다. 아이와 함께 찾은 가족 단위 여행객에게는 '사슴 불고기 피자 만들기 체험'이 인기입니다. 초롱초롱한 눈망울의 사슴을 직접 만나고 와서, 사슴 불고기 피자를 만든다는 사실이 조금 미안합니다. 이런 사실을 아는지 모르는지 아이들은 그저 맛있게 잘 먹습니다.

준비된 도우에 토핑만 뿌리는 약식 체험이 아닙니다. 체험은 막대로 밀가루 반죽을 동그랗게 펴는 것부터 시작합니다. 토마토

소스를 도우 위에 펴 바른 다음 임실 치즈, 사슴 불고기, 블랙 올리브, 양송이버섯 등 갖가지 재료를 토핑하면 피자 만들기 완성! 체험장 내 오븐에서 15분을 구워 그 자리에서 바로 먹을 수 있습니다. 채소를 좋아하지 않는 아이도 자기가 만든 피자를 맛보며 건강한 맛을 즐깁니다.

피자를 만든 후에는 아이스크림 만들기 체험이 이어집니다. 냉장고 없이 아이스크림을 만들 수 있을까요? 대답은 YES! 우유와 소금, 얼음만 있다면 가능합니다. 아이들은 흔히 보던 재료가 맛있는 아이스크림이 되는 것을 신기해합니다. 특히 아이스크림에 녹용 진액을 첨가한 것이 특이합니다. 신나는 음악에 맞춰 아이스크림 제조기를 들고 흔들다 보면 어느새 맛있는 아이스크림이 완성됩니다.

영동 진미를 맛보는 웰빙 여행

사슴관광농원이 웰빙 여행지로 꼽히는 이유는 흔하지 않은 사슴고기를 재료로 한 갖가지 음식을 맛볼 수 있기 때문입니다. 사

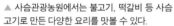

▲ 사슴관광농원에서는 불고기, 떡갈비 등 사슴고기로 만든 다양한 요리를 맛볼 수 있다.

슴 육회, 사슴 육사시미, 사슴 불고기 철판 볶음, 사슴 떡갈비 등 다양한 메뉴가 있어 어른과 아이 모두 거부감 없이 사슴고기를 즐길 수 있습니다.

소백산맥 추풍령 자락에 있는 영동군은 일교차 큰 지역이라, 과일 당도가 높기로 유명합니다. 여름에는 복숭아와 포도, 가을에는 사과·감·배 등 과일 이름에 '영동'만 붙이면 모두 특산물이 되는 그야말로 과일 천국입니다. 여름과 가을 사이 맑은 어느 날, 아이와 영동으로 떠날 계획을 잡아보는 건 어떨까요.

슬픈 역사를 기억하는
노근리평화공원

주소 충북 영동군 황간면 목화실길 7

전화 043-744-1941

홈페이지 nogunri.yd21.go.kr

추풍령사슴관광농원에서 차로 약 10분 거리에 위치한 노근리평화공원. 한국 현대사의 큰 흉터로 남아있는 노근리 사건의 현장입니다. 노근리 사건은 한국전쟁이 발발한 직후인 1950년 7월 미군이 노근리 철교 밑에서 무고한 한국 피난민 250여 명을 사살한 사건으로, 노근리 양민 학살 사건이라고 부르기도 합니다. 역사 속에 묻힐 뻔했던 이 사건은 50여 년간 계속된 유족들의 끈질긴 진실 규명 활동으로 세상에 알려지게 됐습니다.

2011년 상처의 현장에 13만 2,240m²(약 4만여 평) 규모의 평화공원을 조성했습니다. 평화기념관, 조각공원, 1950년대 모습을 담은 생활사관 등이 있는 공원은 온 가족이 여유롭게 나들이를 즐기기 좋습니다.

아직 혼자 글을 읽고 이해할 수 없는 어린아이와의 여행에서는 어른들의 이야깃주머니 역할이 중요합니다. 위령탑의 피난민 조각상에는 주인 없는 작은 아이 신발 한 짝이 있습니다. 아이에게 벗겨진 신발을 신을 틈도 없이 피난길을 걸어야 했을 신발 주인의 이야기를 해주세요. 아이는 '전쟁'이 무엇인지 조금씩 알게 될 것입니다.

평화공원 길 건너편에는 노근리 사건의 현장이었던 쌍굴다리가 있습니다. 이 다리는 1934년 경부선 철도용 다리로 건축된 것인데, 두 개의 아치형 다리를 자세히 들여다보면 총탄 자국이 선명하게 남아있습니다. 어린아이도 동그라미 속 총탄 자국을 물끄러미 바라보며 슬픔을 함께 나눕니다.

따끈한 와인 족욕 체험

와인코리아

주소 충북 영동군 영동읍 영동황간로 662

전화 043-744-3211

홈페이지 www.winekorea.kr

영동지역 하면 떠오르는 과일은 단연 '포도'입니다. 충북 영동은 우리나라 최대의 포도 산지로 전국 포도 생산량의 12.7%를 생산합니다. 8월 말경이면 보랏빛 포도 축제로 영동이 들썩입니다.

현재 영동군의 와이너리 농가 수는 50여 개입니다. 이 가운데 영동 포도를 재배하는 농민 수백 명이 참여한 '와인코리아'는 1996년 폐교를 개조해 문을 열었습니다. 포도를 재배하는 과정부터 와인을 제조하고 저장, 판매하는 일까지 영동 포도와 관련한 모든 작업을 원스톱으로 관리하고 있습니다.

일제강점기 때 탄약고로 쓰였던 토굴을 활용한 지하 와인 저장고가 볼거리입니다. 와인 족욕 체험도 놓치지 마세요. 레드와인이 희석된 온천수에 발을 담그고 있으면 여행으로 쌓인 피로가 절로 풀린답니다.

발이 닿지 않는 아이들을 위해 개인 족욕탕을 준비해줍니다. 일반 족욕탕의 온도는 아이가 뜨겁게 느낄 수 있어요. 찬물을 섞어 온도를 조절해주세요. 처음에는 낯설어하던 아이가 이내 무릎까지 물을 바르며 즐거워합니다. 체험 시간은 25분 내외가 적당합니다.

TIP
8월에 방문하면 포도 따기 체험을 할 수 있어요.

세계에서 가장 큰 북은 어떤 소리가 날까?

영동국악체험촌

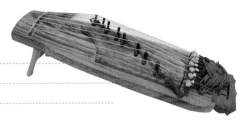

주소 충북 영동군 심천면 국악로1길 33

전화 043-740-3891

홈페이지 gugak.yd21.go.kr

신라의 우륵, 고구려의 왕산악과 함께 우리나라 3대 악성으로 불리는 난계 박연의 고향이 바로 영동입니다. 그래서 영동은 국악의 본고장으로 불립니다. 심천면에 자리한 영동국악체험촌은 우리 소리를 제대로 접할 대표적인 여행지입니다. 약 7만 5,956m²의 부지에 지하 1층, 지상 2층 규모의 건물 3동이 있으며, 300석 규모의 공연장과 체험실, 국악 체험객 200명이 한꺼번에 묵을 수 있는 숙박 공간인 '국악누리관' 등이 있어 국악을 테마로 온종일 즐기기 좋습니다.

특히 세계에서 가장 큰 북을 만날 수 있습니다. 2011년 기네스북에 세계 최대 북으로 등재된 '천고(天鼓)'입니다. 지름 5.54m, 무게 7톤에 달하는 천고 앞에 서면 경건한 마음이 절로 듭니다. 천고를 직접 쳐볼 수도 있습니다(타북 체험비 3천 원). 마치 천둥치는 듯한 소리가 울려 퍼집니다.

국악체험촌에서 400m 거리에 있는 난계국악박물관에서는 국악과 관련한 다양한 이야기를 살펴볼 수 있어요. 매주 토요일 오후 3시에는 난계국악단 공연이 있으니 놓치지 마세요.

푸른 호수 위 낭만 뱃사공

춘천물레길 우든카누 체험

#한국 관광 100선 #우든카누 #아이와 이색 체험 #카누 체험 준비물
#의암호 #제이드가든 #유럽식 정원 #소양강스카이워크
#춘천사랑이용권 #애니메이션파크 #애니타운
#애니메이션박물관 #토이로봇관 #구름빵키즈카페

의암호를 카누 타고 가로지르는 아름다운 물길 여행

여기 아이와 함께할 이색 체험이 있습니다. 바로 춘천물레길 체험입니다. 물레길은 '한국인이 꼭 가봐야 할 한국 관광 100선'에 꼽힌 여행지입니다. 대한민국 3대 트레일로 꼽히는 제주 올레길, 지리산 둘레길, 북한산 둘레길처럼 오래 걸어야 할까 겁먹지 않아도 됩니다. 고요한 춘천의 의암호를 카누를 타고 가로지르는 색다른 물길 여행입니다. 우든카누는 물놀이 계절인 한여름도 물론 좋지만, 무인도에 화사한 꽃이 만발한 봄이나 단풍의 계절 가을에 체험하는 걸 추천합니다.

카누는 36개월 이상 어린이부터 80세 노인까지 남녀노소 누구나 할 수 있는 수상 레포츠입니다. 질주하기 위한 모터, 동력을 공급하는데 필요한 기름 냄새나 소음이 없는 무동력 친환경 레포츠라 더욱 좋습니다. 고요한 호수 위 카누에 앉으면 수면과 시야가 수평에 가까워지기 때문에 뭍에서 보는 것과 또 다른 세상을 만날 수 있습니다.

- 추천 시기 4, 9월　● 주소 강원 춘천시 스포츠타운길 223길 95(춘천중도물레길)
- 전화 033-243-7177, 010-6215-7727　● 홈페이지 www.ccmullegil.co.kr
- 이용 시간 09:00~19:00　● 이용 요금 성인(2인) 20,000원, 어린이 1인 5,000원
- 수유실 없음
- 아이 먹거리 체험장에서는 마실 거리만 판매해요. 1시간 체험이지만 노를 저어 체력 소모가 있으니 간식 및 간단한 식사를 준비해 가면 좋아요.
- 소요 시간 2시간

자전거보다 쉬운 카누 타기

카누 타기가 어렵지 않을까 하는 걱정은 접어두세요. 10분 남짓한 카누 탑승 교육 시간이 체험의 난이도를 말해줍니다. 타는 법은 간단합니다. 앞으로 나가고 싶으면 그립(손잡이 부분)을 잡고 패들을 물속 깊숙이 담그고 앞에서 뒤로 밀면 됩니다. 후진할 때나 물풀 같은 장애물을 만나면 뒤에서 앞으로 젓고요. 방법을 외우지 말고 직관적으로 생각하면 쉽습니다. 가볍고 탄성이 좋은 적삼나무로 만든 카누를 타고 호수로 나아가 패들링을 해보면 방향 감각이 바로 잡힙니다. 아이들도 곧잘 따라 합니다.

> " 춘천 의암호에 있는 물레길은 '한국인이 꼭 가봐야 할 한국 관광 100선'에 꼽힌 여행지랍니다. "

> 66
> 카누를 타기 전
> 10분가량 탑승 교육을 받아요.
> 패들을 전진할 때는
> 앞에서 뒤로 밀고,
> 후진할 때는
> 뒤에서 앞으로 젓는다는 것만
> 기억하세요.
> 99

춘천물레길 우든카누 체험은 가족 여행객에게 단연 인기입니다. 널뛰기 할 때 한복판을 괴어 중심을 잡듯이, 비교적 몸무게가 가벼운 아이들은 가운데 앉습니다. 아이들도 패들을 쥐기는 하지만, 이따금 젓는 척 흉내만 내고 입으로 노를 젓습니다. "아빠, 뒤에서 앞으로 저어야지~ 엄마는 앞에서 뒤로!" 패들링 요령을 익힌 아이는 부모가 허우적대는 것이 그저 웃긴가봅니다. 체험 시 구조대가 항상 대기 중이니 안심하세요.

카누의 매력에 빠진 사람들은 세상에 하나뿐인 카누를 만들기도 합니다. 재료비와 100% 수작업에 따른 제작비가 만만치 않지만, 자신의 카누를 가지고 평생 여가를 즐겨도 괜찮겠지요?

아이와 함께라면 1시간 코스 추천

현재 카누 체험 프로그램을 운영하는 업체는 춘천중도물레길, 춘천물레길, 춘천의암호물레길, 사단법인 물길로 등이 있습니다. 여러 업체가 비슷한 이름을 가지고 있어, 찾아갈 때 예약한 업체명을 한 번 더 체크하는 것이 좋습니다.

자연생태공원을 지나는 자연생태숲길과 물풀숲길 코스, 삼청동 하늘 자전거길을 지나는 철새둥지길 코스가 아이와 즐기기 적당하다.

'자연생태숲길' 코스는 의암호 가운데 있는 중도유원지와 무인도인 자연생태공원을 지나는 인기 코스입니다. 총 길이 약 3km로 1시간 정도 소요됩니다. '물풀숲길(중도유원지-자연생태숲길-민물고기양식장)'과 '철새둥지길(자갈 낚시터-삼천동 하늘 자전거길)'이 초보자에게 적당한 코스입니다. '중도종주길'과 '스카이워크길'은 중급자 이상 코스로, 5~6km 거리에 2시간 이상 걸려 아이들과 체험하기에는 적합하지 않습니다. 코스는 계절과 당일 날씨에 따라 변동 운영되니, 출발 전에 확인하고 가면 좋습니다. 카누 한 대에 어른 3명(혹은 어른 2명과 어린이 2명)까지 탑승할 수 있습니다.

아이랑 여행 꿀팁

● 계속 햇빛 아래에서 체험해야 하니 모자와 선글라스, 선크림은 꼭 준비해 가세요.

숲 속 요정이 된 아이

제이드가든

주소 강원 춘천시 남산면 햇골길 80 제이드가든수목원

전화 033-260-8300

홈페이지 www.hanwharesort.co.kr(리조트&테마파크 메뉴〉 제이드가든)

강원도 춘천 '햇골길'에 위치한 제이드 가든은 파란 하늘과 주홍빛 지붕이 어우러진 방문자센터부터 이국적 풍경이 넘칩니다. 제이드가든은 '숲 속에서 만나는 작은 유럽'이라는 콘셉트의 테마파크입니다. 방송과 영화 촬영지로 많이 등장하는 곳입니다.

약 16만㎡ 규모에 24개의 테마로 구성된 식물원에서 총 3,000종의 생명이 자라고 있습니다. 영국식 보더 가든부터 산책이 시작됩니다. 세 개의 산책길 중, 가운데 나무내음길로 천천히 걸어보세요. 왼쪽의 키친가든, 고산온실, 은행나무미로원, 나무놀이집을 차례대로 들리면서 올라가면 됩니다.

나무놀이집은 아이들이 특히 좋아하는 곳입니다. 느티나무, 참느릅나무, 팽나무 등이 그늘막이 되어 한여름에도 시원한 바람이 부는 멋진 쉼터입니다. 식물원은 약간의 경사가 있고, 가운데 길바닥이 나무 조각으로 되어 있어 유모차는 약간 덜컹거립니다. 수목원 전체를 둘러보는데 최소 1시간 30분 정도는 걸리므로, 영유아가 있다면 유모차를 가지고 가세요. 정상까지 천천히 걸어갔다가 포장된 도로길인, 숲속바람길을 따라 내려오면 됩니다.

풋풋한 연인들의 셀프 촬영은 정원의 싱그러움을 더합니다. 화장실은 입구, 식물원 중간, 최종지점 총 세 군데 있습니다. 방문자센터에 카페와 레스토랑이 있으니 쉬면서 반나절 이상 머물러도 좋습니다.

강바람 맞으며 물 위를 걷는 짜릿한 체험

소양강스카이워크

주소 **강원 춘천시 영서로 2663**

전화 **033-240-1695**

소양강스카이워크는 소양2교와 소양강 처녀상과 더불어 춘천의 대표적 관광 명소입니다. 총 길이 174m, 투명 유리 구간 156m에 이르는 국내 최장 스카이워크로 유명합니다. 춘천 가족 여행에서 꼭 한번 들려야 할 곳이지요.

공영주차장에서 스카이워크로 향하는 지하보도부터 모든 진입로가 경사로로 조성되어 있어 유모차로 접근하기 쉽습니다. 다만, 스카이워크 입장 시에는 유모차 반입이 안 되니 참고해주세요.

입장료 2,000원을 내면 '춘천사랑이용권' 2,000원 권을 받을 수 있습니다. 춘천사랑이용권은 춘천시 소재의 닭갈비집, 막국수집, 전통시장, 스카이워크 주변 상가 등에서 사용할 수 있습니다.

덧신을 신고 입장하면 유리 바닥 아래로 강물이 훤히 보입니다. 강바람을 맞으며 물 위를 걷는 짜릿함이 곧바로 느껴집니다. 광장 양쪽으로 전망대가 있고, 스카이워크 끝에는 쏘가리 상이 있습니다. 낙조 시간대에 맞춰서 걸으면 유명한 〈소양강 처녀〉의 노랫말처럼 해 저문 소양강의 아름다움을 만끽할 수 있습니다. 일몰 후에는 오색 조명등이 켜져 색다른 풍경을 마주합니다. 매주 토요일은 인근에서 번개시장(오후 5~11시까지)이 열리니 들려봐도 좋습니다.

만화 속 캐릭터와 친구가 되는
애니메이션파크

주소 강원 춘천시 서면 박사로 854(애니메이션박물관)

전화 033-245-6470

홈페이지 www.animationmuseum.com

에니메이션파크는 강원정보문화진흥원이 문화 콘텐츠의 생산·소비·교육·체험 등을 위해 마련한 복합문화공간입니다. 애니메이션파크 안에는 애니메이션박물관, 구름빵키즈카페, 토이로봇관, 캐릭터공원, 강원창작개발센터 등이 있습니다.

애니메이션박물관과 토이로봇관에서는 아이들 세상이 펼쳐집니다. 덩달아 부모도 동심의 세계로 돌아갑니다. 애니메이션박물관은 아이의 눈을 반짝이게 하는 친숙한 캐릭터와 전 세계 애니메이션 주인공을 만날 수 있는 곳입니다. '둘리', '로보트 태권 V' 등의 역사를 살피다 보면 어린 시절로 돌아간 부모들이 수다스러워지기도 합니다.

박물관 옆 토이로봇관은 사람의 몸체처럼 자유자재로 움직이는 로봇을 만나며, 눈부신 기술 발전에 놀라는 곳입니다. 직접 작동하고, 체험할 수 있는 전시물이 많은 체험형 박물관입니다. 최신 유행가요에 맞춰 춤추는 로봇 댄스 공연도 놓치지 마세요.

특히 야외에는 캐릭터공원과 드넓은 잔디밭, 소나무 그늘에서 휴식할 수 있는 현암리소공원, 놀이터, 이색자전거체험장 등 다양한 부대시설이 있어 가족 나들이 장소로도 손색없습니다. 아이와 반나절 완벽한 소풍을 즐기고 싶다면 이 모든 것이 한곳에 있는 애니메이션파크로 가보세요.

젤리, 먹고 싶은 만큼 먹어도 좋아!

밀양 한천테마파크

#우뭇가사리 #젤리 #한천 #한천박물관 #한천체험관 #트윈터널
#과일젤리 · 구슬젤리 · 물방울떡 · 창의력 양갱 만들기 #한천본가 옥상
#삼랑진 트윈터널 #카메라 필수 #민물고기전시관 #밀양 3대 신비 #얼음골 #영남알프스

한천 제조과정

아이를 통해 새롭게 보이는 세상

탱글탱글한 젤리는 무엇으로 만들까?

"이것 봐. 강아지풀이야."

"왜?"

"왜냐고? 그게 말이지, 음⋯⋯."

아이에게 식물 이름을 알려준 것만으로 스스로 대견하고 있던 참에, 아이가 불쑥 치고 들어옵니다.

'강아지풀이니까 강아지풀이지!'라는 말을 속으로 삼키고 재빨리 휴대폰 검색창에 '강아지풀'을 입력합니다. '구미초(狗尾草)'. '개꼬리풀'이라 부르는 강아지풀은 실제로 강아지의 꼬리처럼 생겨서 지어진 이름입니다. 그러고 보니 살랑살랑 흔드는 진돗개 꼬리와 정말 비슷했습니다.

부모가 되고 아이의 눈을 통해 세상을 다시 만납니다. 다 알고 있다고 생각했던 것도 이렇게 새로운데, 모든 것이 처음인 아이에게 체험은 얼마나 신나는 일일까요. 이런 데 생각이 미치면, 피곤한 줄도 모르고 체험지 탐색에 몰두합니다.

● 추천 시기 **겨울~3월** ● 주소 **경남 밀양시 산내면 봉의로 58-31**

● 전화 **1577-6526** ● 홈페이지 **www.miryangagaragar.com**

● 이용 시간 **09:00~18:00**(※ 4월 1일~9월 30일 주말은 2시간 연장)

● 휴무일 **연중무휴**(※ 명절 휴무는 홈페이지에 별도 공지)

● 이용 요금 **박물관 무료 관람, 체험비 별도**

● 아이 먹거리 **한천레스토랑 〈마중〉에서 영남알프스로 불리는 가지산의 화려한 전경을 보며 식사할 수 있어요.** 한천으로 만든 면류, 정식류, 덮밥류 등의 메뉴와 미니돈가스, 한천푸딩, 스틱젤리 등으로 구성된 어린이세트 메뉴가 있어요.

● 소요 시간 **2시간**

우뭇가사리 대탐험!

경남 밀양시 산내면에 위치한 '한천테마파크'는 아이의 달콤한 친구, '젤리'를 마음껏 먹을 수 있는 곳입니다. 우뭇가사리의 원료를 추출해 만든 식품인 '한천'에 관한 모든 것을 배우고 체험할 수 있습니다. 우뭇가사리는 청정 바다에서 나오는 해조류의 하나입니다. 어른들에게는 여름철 콩국에 띄워 먹는 '우무'로 익숙합니다.

밀양이 한천을 주제로 테마파크를 조성한 이유는 국내 최대 한천 생산지(연간 300톤 생산)이기 때문입니다. 한천은 얼었다 녹았다를 반복해야 해서 일교차가 큰 곳에서 생산할 수 있습니다. 밀양은 일교차가 크고 얼음골에서 내려오는 맑은 물이 있어, 한천을 만들기에 최상의 입지 조건을 갖추었습니다.

추운 겨울이 시작되는 11월 말경부터 1월 말까지 한천테마파크를 찾으면 약 5만 평 규모, 축구장 20개 너비 들판이 은빛으로 반짝이는 장관을 직접 확인할 수 있습니다.

우뭇가사리를 물에 푹 끓이면 진득한 액으로 변합니다. 액을 묵

▼▶ 한천은 해조류의 일종인 우뭇가사리(왼쪽 사진)를 고아 얼렸다 녹였다를 반복하며 건조한 식품이다. 추운 겨울 한천테마파크를 찾으면 너른 논밭이 은빛으로 반짝이는 이색적인 풍경을 볼 수 있다.

통에 담아서 굳힌 다음 칼로 우무를 자릅니다. 천통에 넣어서 밀 대로 밀면 우무가 국수처럼 나오는데, 이것을 약 20일 정도 10여 차례 얼리고 녹이기를 반복해 한천을 만듭니다.

우리가 잘 아는 양갱이나 젤리의 원료가 되는 한천. 밀양 한천은 제주도 해녀들이 청정지역에서 직접 채취한 우뭇가사리만 사용해 만듭니다. 우뭇가사리는 처음 갈색에서 말리는 과정을 통해 진한 갈색과 보랏빛으로 변합니다. 한천을 만드는 과정은 한천박물관에서 자세히 확인할 수 있습니다. 한천의 유래와 역사를 알아보고, 한천 생산에 실제 사용되는 농기구 등을 볼 수 있습니다.

좋아하는 젤리를 직접 만들어 보는 체험

한천테마파크의 하이라이트, 한천체험관 만들기 프로그램을 놓치지 마세요. 체험은 오전 10시, 11시 30분, 오후 1시, 1시 30분, 4시 하루 5회 진행됩니다. 30분, 60분, 90분 코스 중 아이가 집중할 수 있는 시간을 고려해 선택하면 됩니다. 체험은 홈페이지에

◀ 한천박물관에는 1961년부터 1994년까지 양산 지역에서 우뭇가사리를 끓일 때 사용했던 솥(왼쪽 사진)이 전시되어 있다. 한천박물관은 다양한 전시물로 한천의 역사와 제조 방법 등을 소개하고 있다.

▲▲▶ 한천체험관에서는 하루 5회 한천을 이용해 다양한 음식을 만드는 체험 프로그램을 진행한다. 식이섬유가 풍부하고 칼로리가 낮은 한천은 일본에서는 '몸속 청소부'라고 불리며 다이어트 식품으로 사랑받고 있다.

서 미리 예약하거나 현장에서 선착순으로 접수할 수 있습니다.

과일젤리 · 구슬젤리 · 물방울떡 · 창의력 양갱 만들기 등이 아이들이 즐겨 하는 프로그램입니다. 체험이 끝나면 수료증과 체험인증 사진을 받을 수 있고, 좋아하는 간식을 그 자리에서 맛볼 수 있으니 금상첨화입니다. 게다가 한천의 주성분은 '제7의 영양소'라 불리는 식이섬유기 때문에, 마음껏 먹어도 안심입니다.

주차장을 지나 한천판매장인 한천본가에서 한천으로 만든 다양한 제품을 구경하고 시식도 해보세요. 그리고 한천본가 옥상에 꼭 한번 올라가 보길 추천합니다. '산내(山內)'라는 마을 이름이 말해주듯 사방을 둘러보면 가지산, 천황산, 운문산, 억산 등이 병풍처럼 둘러쳐져 있습니다. 이를 바라보는 것만으로 마음이 편안해집니다.

아이랑 여행 꿀팁

● 체험관에는 발판이 준비되어 있어 키가 작은 영유아도 소외되지 않고 만들기 체험에 참여할 수 있어요.

어둠 속에 펼쳐진 요정들 세상
트윈터널

주소 경남 밀양시 삼랑진읍 삼랑진로 537-11

전화 055-802-8828

홈페이지 www.instagram.com/pingkon_/

밀양시 삼랑진읍에 위치해 '삼랑진 트윈터널'이라고도 불리는 트윈터널은 상행선이었던 오른쪽 터널로 입장해 하행선인 왼쪽 터널로 빠져나오는 쌍둥이 터널입니다. 트윈터널은 1901년 경부선이 건설될 때 지어진 100년 역사의 터널입니다. 터널은 2004년 KTX가 개통되면서 폐쇄되었다가, 2017년 빛 테마파크로 화려하게 변신했습니다.

각각 500m, 총 1km 길이의 터널은 걸을 때마다 다른 풍경을 선사해 결코 길다고 느껴지지

않습니다. 1억 개의 전구가 연출하는 빛의
세계는 탄성이 절로 나옵니다. '찰칵 찰칵'
셔터 누르는 손이 쉴 틈 없습니다.

트윈터널에는 밀양의 역사를 담은 60여 종
의 캐릭터가 등장하는데, 터널 곳곳에 숨겨
진 신비로운 이야기를 찾아내는 재미가 있
습니다. 터널 앞으로 푹신한 잔디 카펫이
깔려 있어 터널 구경을 마친 후에 아이와
마음껏 뛰어놀기 좋습니다.

TIP
터널 내부에는 화장실이 없어요.
입장 전 화장실(휴게소 내부 및
야외 각 1곳)에 꼭 다녀오세요.

각시붕어야 반가워!

경상남도민물고기전시관

주소 경남 밀양시 산외면 산외남로 28-27 민물고기연구센터

전화 055-254-3451

홈페이지 www.gyeongnam.go.kr/susan/index.gyeong

경상남도 수산자원연구소 내수면지소에서 운영하는 민물고기 연구기관인 '민물고기 연구센터'는 아이와 손을 잡고 온 여행객이 많습니다. 연구소는 생산부화동, 철갑상어동, 관상어동, 야외사육수조, 야외전시수조 등으로 구성되어 있습니다. 관람객은 야외전시수조와 민물고기전시관, 생태공원에 입장할 수 있습니다.

민물고기전시관에선 우리 토종물고기인 참몰개, 버들붕어, 버들치, 수수미꾸리, 각시붕어, 쉬리, 칼납자루 등 40여 종의 민물고기를 만날 수 있습니다.

'빠가빠가 우는 동자개', '송사리인줄 알았지? 대륙송사리야!' 등 구어체로 된 전시관의 물고기 설명도 이색적입니다. 마치 할아버지가 손자에게 설명해주는 것처럼 친근하고 이해하기 쉽습니다.

물고기 먹이 주기 체험은 4~10월까지 오후 2시에 선착순 100명 한정으로 진행합니다. 전화 예약 또는 현장 접수로 참여할 수 있습니다.

한여름에도 얼음이 어는
밀양 얼음골

주소 경남 밀양시 산내면 남명리

전화 055-356-1915

홈페이지 www.icevalleycablecar.com

(영남알프스얼음골케이블카)

'밀양 3대 신비' 중 첫째로 꼽히는 얼음골은 삼복더위에도 얼음이 어는 것으로 유명합니다. 경상남도 밀양시 산내면 남명리 해발 1,189m의 천황산(天皇山) 중턱에 위치한 얼음골은 6월 중순부터 바위틈에 얼음이 생기기 시작해 여름이 끝날 때까지 얼음이 녹지 않습니다. 계곡 입구에 들어서면 한여름에도 찬 기운이 흐릅니다.

얼음골 관리사무소를 지나 오른쪽으로 계곡을 끼고 200m 정도 오르면 왼쪽 산사면에 애추(talus) 지형(암벽에서 떨어져 나온 바위들이 비탈면에 쌓여 돌밭을 이룬 것)이 나타나고, 다시 100m 정도 오르면 다리 위쪽으로 천황사가 보입니다. 산 정상을 향해 150m 정도 더 오르면 해발고도 약 630m에 넓은 애추사면이 펼쳐지는데, 이곳이 바로 얼음골입니다.

가장 가파른 곳은 나무데크로 등반로가 조성되어 있어 오르는데 큰 무리는 없지만, 아이가 힘들어할 수 있으니 쉬엄쉬엄 아이의 걸음 속도에 맞춰 걸으세요. 인근에 있는 얼음골케이블카를 타고 영남알프스를 즐기는 것도 추천합니다.

CHAPTER 4

싱그러운 초록 에너지 충전!
자연 여행

사계절 보약 같은 '치유의 숲'

양평산음자연휴양림

#경기도 휴양림 Top3 #일부러 찾는 약수터 #산림청 1호 치유의 숲 #숲 해설
#반려동물 동반 입장 가능 휴양림 #221, 222번 데크 #산림 치유 프로그램 #목공예 체험
#양평군립미술관 #세미원 #연꽃 테마 공원 #양서문화체육공원 #두물머리 #상춘원

우리 가족 숲 속 아지트

아이가 서 있는 풍경에 가장
잘 어울리는 색은 자연색입니
다. 예를 들면 산새 지저귀는
숲의 초록색, 도토리 품은 굴
참나무의 갈색, 뭉게구름이

피어나는 하늘색, 줄지어가는 개미의 검은색 말입니다. 상상만으
로도 미소가 지어지지 않나요? 알고 있는 색으로 표현하지 못할
야생화, 투명한 유리 같은 계곡도 있습니다. 자연스러움과 건강
함까지 더해진 색을 만날 수 있는 곳이 바로 자연휴양림입니다.
여름 휴가철이나 주말 휴양림 숙박 예약은 말 그대로 '하늘의 별
따기'보다 어렵습니다. 하지만 양평산음자연휴양림은 당일치기
산책이나 간단한 숲 속 나들이로도 충분히 즐길 수 있습니다.

- 추천 시기 6~8월 ● 주소 경기 양평군 단월면 고북길 347
- 전화 031-774-8133 ● 홈페이지 www.huyang.go.kr
- 이용 시간 09:00~18:00, 숙박시설 이용 시 당일 15:00~12:00(익일) ● 휴무일 화요일
- 이용 요금 어른 1,000원, 어린이 300원(※ 만 7세 미만 무료)
- 주차 요금 대형 5,000원, 중·소형 3,000원
- 수유실 없음 ● 특이사항 반려동물 동반 가능 국립휴양림
- 아이 먹거리 꼭 챙겨야 해요! 휴양림 내부에는 편의점, 마트 등 먹거리 판매처가 전혀 없으니 미리 간식과
  식사를 준비하면 좋아요. 휴양림에서 자동차로 20분 거리 농협 하나로마트, 휴양림 인근
  아띠울펜션 식당(설렁탕, 냉면)이 있습니다.
- 소요 시간 3시간

하루쯤 쟁여놓은 소중한 '월차'가 있다면 이곳에 쓰면 됩니다. 우리 가족만의 숲 속 아지트로 삼기에 아주 적당한 장소입니다.

허리를 굽히고 보면 열리는 또 다른 세상

양평산음자연휴양림의 '산음(山陰)'은 산그늘이란 뜻입니다. 휴양림 인근 봉미산과 용문산, 소리산의 높은 봉우리가 병풍처럼 에워싸, 산 그늘에 있다는 데서 유래한 이름입니다. 꼬불꼬불한 도로를 따라가야 도착할 수 있습니다. 잿빛 도심을 떠나 진짜 자연에 다가가기 위해 이 정도 수고는 감수할 수 있습니다.

휴양림에 도착하면 잣나무와 낙엽송, 물푸레나무, 참나무가 하늘로 솟아있고, 국수나무와 병꽃나무, 쪽동백, 노린재나무가 아이 키를 훌쩍 넘어 자라고 있습니다. 이곳 숲길은 매표소와 야영장을 지나 산림문화휴양관에서 시작합니다. 건강증진센터 기준으로 왼쪽 치유의 숲과 2야영장 오른편에 난 길을 따라 2km 정도 산책로가 이어집니다. 그리고 건강증진센터 뒷길에서 본격적인 산책로가 시작됩니다.

▲ 산지의 나무 그늘에서 자라는 족두리풀과 나무데크 위를 꾸물꾸물 기어가는 애벌레. 앞만 보고 달리는 나를 잠시 멈춰 세우고 발아래를 살피며 천천히 걸어야만 만날 수 있는 것들이다.

66
산림청 1호
'치유의 숲'으로 지정된
양평산음자연휴양림은
당일치기로 둘러봐도
자연휴양림만의 매력을
충분히 즐길 수 있어요.
99

아이와 천천히 걸으며 허리를 낮춰보면 또 다른 세상 이야기가 들립니다. 초록 잎을 이불처럼 덮은 홍자색 족두리풀을 찾아보세요. 이름대로 새색시 머리에 살포시 얹어 놓은 족두리처럼 생겼는데, 둥지 속 아기새처럼 입을 벌린 녀석도 있습니다. 족두리풀은 특이하게도 꽃이 커다란 잎 아래 땅 가까이에서 핍니다. 그래서 땅벌레가 꽃가루받이 역할을 합니다. 뿌리가 진통을 가라앉히는 효과가 있고, 구취를 완화해줘 은단 원료로 활용되는 풀입니다.

숲 속으로 자박자박 걸으면 병꽃나무, 쪽동백과 당단풍이 하나가 된 연리목도 만날 수 있습니다. 나무데크도 잘 정비되어 있어 아이들과 걷기에 더욱 좋습니다.

'치유의 숲'에서 피톤치드 샤워

양평산음자연휴양림 치유의 숲은 양 갈래 큰 숲길 사이로 오솔길이 있어서 오르다가 힘들 때 방향을 옆으로 틀어 내려오면 됩니다. 아홉 갈래 계곡물 소리가 발걸음에 장단을 맞춰주니 소리만으로 시원해집니다. 산책하듯 걷다가 계곡의 편평한 돌에 걸터앉아 계곡물에 발 담그면 피로가 절로 사라지는 느낌입니다.

돌덩이를 들춰보면 1급수에만 사는 도롱

도롱뇽

▲ 양평산음자연휴양림 계곡은 수영이나 물놀이를 할 정도로 수심이 깊지는 않다. 아이와 자박자박 걷기 좋을 정도다.

농의 알집을 심심찮게 찾을 수 있습니다. 가볍고 투명한 용기를 챙겨 가면 자세히 관찰하는 데 도움이 됩니다. 자연생태학습을 할 수 있는 절호의 기회를 놓치지 마세요! 산음약수터는 물맛 좋다는 소문에 지방에서 빈 물통 들고 온 방문객이 있을 정도입니다.

산림청 1호 '치유의 숲'으로 지정된 양평산음자연휴양림은 산림 치유 프로그램으로도 유명합니다. 산림치유지도사가 건강증진센터에 상주하면서, 이용객을 대상으로 명상, 숲 속 체조 등 치유 프로그램을 진행합니다. 예약하지 않아도 당일 5인 이상이면 프로그램에 참여할 수 있는 것도 장점입니다. 프로그램에 참가하지 않고 '치유의 숲 탐방로(치유숲길 1)'만 거닐어도 좋습니다. 울창한 소나무 숲을 가로지르는 탐방로로, 총 220m 데크가 이어집니다.

캬~ 물맛 좋다!

아이랑 여행 꿀팁

야영데크에서 '캠핑'을 즐기고 싶을 때 꿀팁!

● 양평산음자연휴양림에 있는 43곳 야영장 가운데, 221·222번 데크를 예약해보세요. 이른 아침 곤줄박이와 동고비, 다람쥐가 주로 찾는 곳입니다. 새소리에 눈을 떠 텐트 문을 열면 청량한 공기가 세포 하나하나를 깨웁니다.

아이와 함께라면 숲 해설 프로그램과
목공예 체험에 참여해보세요. 매일 오
전 10시와 오후 2시에 진행됩니다.

"또 다른 세상을 만날 땐 잠시 꺼두셔도 좋습니다"라는 통신사
광고 문구처럼, 휴양림에서는 스마트폰
같은 전자기기는 꺼두고 아이와 숲의
이야기에 귀 기울여 보세요. 아이는 애벌레
가 서걱서걱 풀잎 갉아 먹는 소리, 나뭇잎 사
이로 쏟아지는 햇살 조각, 이슬에 목을 축이
는 달팽이 등 어른보다 더 많은 걸 찾아낼 거예요.

곤줄박이

세계와 견줄 동네미술관
양평군립미술관

주소 경기 양평군 양평읍 문화복지길 2

전화 031-775-8515

홈페이지 www.ymuseum.org

중앙선 양평역에서 도보로 이동 가능한 양평군립
미술관은 삼박자를 갖췄습니다. 알찬 전시, 재밌
는 체험, 낮은 문턱으로 누구에게나 열린 동네미
술관입니다. 아이들은 놀이터에 놀러 온 것 마냥 스
스럼없이 작품에 다가섭니다. 수준 높은 전시를 친절
하게 풀어내는 '믿고 보는 미술관'입니다. 미술관 주변으
로 남한강을 조망하며 걸을 수 있는 산책로가 있습니다. 실내외
활동을 모두 즐길 수 있으니, 주말 나들이 장소로 손색없겠죠.

미술관은 대지 8,069m²(약 2,440평)에 지하 1층, 지상
3층 규모입니다. 총 600여 평의 전시실과 교육실, 어린
이 체험 공간, 도서실, 수장고, 카페 등이 있습니다.

어린이를 위한 다양한 미술 교육프로그램은 양평군립미술관만의 자
랑입니다. 전시 연계 현장미술 실기대회와 주말이면 다양한 주제로
유아부터 초등학생까지 미술 활동을 해보는 '주말 어린이 예술학교'
가 열립니다.

유모차로 누비기 좋은 연꽃 정원

세미원

주소 경기 양평군 양서면 양수로 93

전화 031-775-1835

홈페이지 www.semiwon.or.kr

연꽃을 테마로 조성한 자연정화 공원으로 6~8월이면 '여름꽃' 연꽃이 만개해 반깁니다. 뜨거운 태양이 내리쬐는 8월 초가 절정입니다. 진홍빛 꽃송이가 탐스러운 홍련과 우아한 백련, 매혹적인 수련 모두를 만날 수 있습니다. 세미원은 관수세심(觀水洗心), 관화미심(觀花美心)에서 유래한 이름으로 '물을 보며 마음을 씻고, 꽃을 보며 마음을 아름답게 하라'는 뜻입니다. 세미원은 예전부터 유명한 관광지였지만, 2018년 5월 '열린관광지'로 조성해 아이와 함께 여행하기 더욱 편리해졌습니다. 보행로가 개선되어 유모차를 탄 채로 관람하거나 온실 내 식물을 보고 만질 수 있어요. 입구의 연꽃박물관에서 연꽃 관련 정보를 접할 수 있고, 1층 '카페 연'에서 연꽃빵을 먹으며 간식 타임을 가질 수도 있습니다. 또, 주변 양서문화체육공원에서 뛰어놀 수 있어 돗자리와 먹거리를 준비해가면 반나절 나들이 코스로 좋습니다. 4월부터 11월까지는 밤 10까지 개장하니 늦은 저녁까지 알차게 즐길 수 있습니다.

세미원과 두물머리를
이어주는 배다리

두물머리

주소 경기 양평군 양서면 양수리 697

전화 031-775-1001

홈페이지 tour.yp21.net(양평관광)

양평 두물머리는 서울에서 한 시간 거리로, 그 고즈넉함을 맛본 이들은 이른 새벽에 찾는 곳입니다. '솔로'였다면 '욜로(YOLO : You Only Live Once)'를 외치며 새벽 드라이브를 즐겼을 테지만, 떠날 준비를 하다 보면 이미 해가 중천에 뜨는 게 아이 있는 집의 현실입니다.

조선시대에 이곳은 강원도 산골에서 뗏목 타고 물길 따라 한양으로 향하는 떼몰이꾼들이 하루 쉬었다 가는 지점이었습니다. 새벽이 아니라도 남한강과 북한강이 얼싸안으며 흐르는 풍경이 한 폭의 수묵화 같습니다. 세 그루가 한 그루처럼 생긴 할매 당산나무인 느티나무가 이곳의 상징입니다.

세미원과 두물머리는 개천 하나를 사이에 두고 있어요. 두물머리는 남한강과 북한강이 만나한강(팔당호)이 되는 지점으로, 세미원에서 배다리를 유모차로 건너 접근할 수도 있어요. 배다리를 건너면 만나는 상춘원은 조선시대 과학영농 온실입니다. 이곳에 가면 세종대왕 때 온실기법을 살펴볼 수 있습니다. 두물머리에는 카페와 식당, 편의점 등이 있어 실내에서 쉬어가며 배를 채워도 좋습니다.

도심 속 청정 자연

올림픽공원

#올림픽공원 9경 #아이가 좋아하는 올림픽공원 5경 #호돌이열차
#호수길 #몽촌폭포 #나홀로나무 #들꽃마루 #백제 역사 #한성백제박물관
#하늘정원 #소마미술관 #세계 5대 조각공원 #송파어린이도서관

올림픽공원, 요샛말로 '올팍'은 아이와 부모 모두 만족할 공간입니다. 아이의 질주 본능을 제대로 충족시켜줄 드넓은 잔디밭, 칙칙폭폭 호돌이열차, 유익한 전시 행사가 가득한 박물관과 미술관, 놀이터와 공연장, 먹거리까지 모두 갖춘 곳이니까요. '비'와 '미세먼지'만 없다면 반나절은 기본, 온종일 머물러도 지루할 틈이 없습니다. 입장료도 무료에 연중무휴 문을 열고, 이른 새벽인 오전 5시부터 밤 10시까지 개방하니 입장 시간에 구애받지 않아도 됩니다.

86아시안게임과 88서울올림픽대회를 개최하기 위해 1986년에 완공한 올림픽공원은 도심 속 생태공원으로 거듭났습니다. 복원된 몽촌토성과 6개의 경기장을 포함해 총 규모가 141만 9,000㎡

- 추천 시기 봄~가을(※ 5월 장미공원의 장미축제) ● 주소 서울 송파구 올림픽로 424
- 전화 안내센터I(서 1문) 02-410-1111(1600), 안내센터II(동 2문) 02-410-1112
- 홈페이지 www.olympicpark.co.kr
- 이용 시간 05:00~22:00 도보나 자전거 출입(광장 지역은 24:00)
  06:00~22:00 차량 출입
- 휴무 연중무휴 ● 이용 요금 무료
- 수유실 안내센터 내 위치(전자레인지, 기저귀 교환대, 소파)
- 아이 먹거리 공원 내 아이가 먹을 수 있는 다양한 메뉴가 있는 식당이 있어요.
  공원 규모가 커서 아이와 이동하는 게 부담스럽다면 도시락을 준비해도 좋습니다.
- 소요 시간 최소 3시간
- 기타 안내센터에서 유모차, 양심 우산, 휠체어 대여 가능
- 주차 1시간 이내 1,000원, 이후 15분당 500원(다둥이 우대 카드 챙기세요!)

올림픽공원은 넓은 잔디밭과 호수, 다양한 탈것, 박물관과 미술관, 놀이터, 공연장이 한데 모여있어 아이와 다양한 테마로 여행할 수 있어요.

(약 43만 평)에 달합니다. 공원으로 향하는 입구만 동문 2곳, 서문 2곳, 남문 4곳, 북문 2곳으로 총 10곳입니다. 공원을 하루에 모두 정복하겠다고 마음먹으면 오히려 무엇하나 제대로 즐길 수 없습니다. 아이와 부모가 즐겁다고 느낄 만큼만 돌아보세요.

공원 안내도를 미리 살펴봐요.

시간이 허락한다면 공원홈페이지에서 공원 안내도를 미리 살펴보고 가세요. 공연 관람 목적이 아니라면 한성백제박물관이 있는 '남 3문' 혹은 '세계평화의 문'이 있는 '서 1문'으로 입장하는 것을 추천합니다. 8호선 몽촌토성역 1번 출구는 서 1문과 남 4문, 5호선 올림픽공원역 3번 출구는 동 1문과 동 2문으로 향하니 대중교통을 이용한다면 참고하세요.

이제 올림픽공원을 제대로 즐길 차례입니다. 한국사진작가협회에서 추천한 사진촬영 명소로 꼽히는 세계평화의 문, 엄지손가락 조각, 들꽃마루 등 올림픽공원에는 '9경(九景)'이 있습니다. 9경과는 별도로 아이들이 좋아할 만한 코스 다섯 가지를 소개합니다. 첫째 소마미술관 계단과 유모차가 다닐 수 있는 경사면, 둘째 몽촌해자와 몽촌폭포를 따라 걷는 호수길입니다. 몽촌해자는 올림픽공원 안의 인공호수입니다. 호수 안에는 물억새와 노랑꽃창포 등 3만 포기의 식물이 심어져 있고, 주위에는 각종 동식물이 서식해 아이들과 함께 보며 즐길 수 있습니다.

몽촌해자 왼편에 있는 몽촌폭포도 볼거리입니다. 호수의 수질 개선을 위해 인공폭포를 설치했는데,

▼◀ 아이와 함께할 때 소마미술관 계단과 경사면은 육상 트랙으로, 각종 동식물이 서식하는 호수 주변은 생태 체험장으로 변신한다.

물만 보면 달려들고 보는 아이들이 특히 좋아하는 공간입니다.

셋째 호돌이열차 매표소 옆 어린이 놀이터입니다. 호돌이열차 매표소 앞

에는 놀이터 시설이 잘 갖춰져 있으니, 열차를 기다리는 동안 아이와 놀이터에서 시간을 보내는 것도 좋습니다. 올림픽공원의 명물인 호돌이열차는 아이들이 정말 재밌어하는 것 중 하나입니다! 소마미술관 앞 어린이 놀이터에서 매표하면 됩니다. 세계 평화의 문 광장에서 피크닉장까지 편도 약 2.5km 코스와 왕복

아이랑 여행 꿀팁

● 호돌이열차는 평일과 주말 운행 시간이 달라요.
평일은 오전 10시 30분에 운행을 시작해, 11시 30분과 1시 정각에 운행하고, 이후 매시간 운행하며 오후 6시가 마지막 운행입니다. 주말에는 40분 간격으로 운행합니다. 열차 요금은 유료입니다.

▲▲ 아이가 힘들다며 안아달라고 떼 쓸 때와 잠투정할 때를 대비해 유모차와 돗자리를 챙겨가자. 돗자리를 펴고 나무 그늘에서 피크닉을 즐길 수도 있다.

코스가 있는데요. 열차를 타고 공원 내부를 돌면서 미술작품을 감상할 수도 있습니다. 또, 공원 반대편으로 이동해야 할 때 탑 승하면 유용합니다.

넷째 '나홀로나무' 잔디밭에 돗자리 펴고 앉아 간식 먹기. 다섯 째 들꽃마루에서 뛰어놀기입니다. 나홀로나무는 촬영 명소라 항상 사람들로 북적입니다.

나홀로나무 주변은 그늘이 없어 더운 날에는 오랫동안 있을 순 없습니다. 나홀로나무를 배경으로 아이 사진을 재빨리 찍고, 주변 나무 그늘에서 쉬는 편이 좋습니다.

올림픽공원을 영유아와 함께 찾았다면 다소 무겁더라도 유모차를 준비하세요. 드넓은 공원을 뛰어다니다 보면 아이가 안아달라고 떼를 쓰거나, 졸려 할 수 있거든요. 안내센터에서 유모차를 대여할 수 있지만, 대여와 반납을 위해 공원을 가로질러야 하는 불편함이 있습니다.

많이 걸었더니
다리가 아프네~~

아이랑 여행 꿀팁

● 유모차와 우산은 안내센터에서 대여할 수 있어요. 신분증을 꼭 지참해야 합니다.
● 가벼운 돗자리나 잔디밭에 깔 수 있는 매트를 준비해가세요.
● 눈 깜짝할 사이에 아이가 없어졌다면 안내센터를 찾으세요. 미아방송을 해줍니다.

하늘정원을 달려보자!
한성백제박물관

주소 서울 송파구 위례성대로 71

전화 02-2152-5800

홈페이지 baekjemuseum.seoul.go.kr

백제의 역사와 문화를 복원한 한성백제박물관. 영유아와 함께 이곳을 찾았다면 전시관보다 하늘공원이 제격입니다. 1층 로비에서 승강기를 타고 3층 하늘정원으로 올라가면 한눈에 보이는 올림픽공원 풍경에 가슴이 탁 트입니다. 아이들은 경사진 길을 뛰어서 오르내리는 것만으로 즐거워합니다.

하늘정원에는 백제 왕과 귀족들이 탔던 소수레를 복원해둔 달구지(우차, 牛車) 조형물이 있습니다. 아이는 달구지에 올라 시원한 바람을 맞으면서 달구지를 몰아보기도 합니다. 하늘정원은 조경이 아름다워 아이들과 사진 찍기도 좋습니다.

한성백제박물관 전시관 내부는 쏟아지는 한낮의 태양을 피하고 화장실과 수유실도 이용할 겸

둘러볼 만합니다. '어린아이가 무슨 역사를 알겠어?'라고 미리 단정 짓는 것은 금물입니다. 아이의 잠재력은 언제, 어느 경험을 계기로 발전할지 모릅니다. 박물관 건물은 외형이 독특합니다. 몽촌토성과 풍납토성을 모티브로 만든 것입니다. 박물관 지붕을 따라 걷는 산책길은 올림픽공원 산책로와 연결되어 마치 '토성'을 오르내리는 듯한 느낌이 듭니다.

예술과 한 걸음 더 가까이
소마미술관

주소 서울 송파구 올림픽로 424

전화 02-425-1077

홈페이지 soma.kspo.or.kr

한성백제박물관 정문에서 조각공원을 끼고 걸으면 소마미술관이 나옵니다. 소마미술관은 세계 5대 조각공원 중 하나입니다. 드넓은 녹지가 그대로 전시장인 셈입니다. 미술관에서 나와 자연스럽게 연결되는 조각공원 황토길을 따라 걷다 보면 다양한 조각을 살펴볼 수 있습니다.

지상 2층 규모의 미술관은 창을 통해 자연광이 그대로 투과되어 시간과 날씨, 창의 크기에 따라 분위기가 다양하게 바뀝니다. 2층 중정을 중심으로 4개의 전시실과 백남준 비디오아트홀, 1층의 드로잉센터전시실 등 총 6개의 전시실이 있습니다.

어린아이와 미술관을 관람할 때 가장 염려되는 부분이 바로 관람 예절입니다. 아이의 질주 본능과 수다 본능을 통제하자니 힘들고, 행여 작품을 만져 파손되는 불상사가 생길까 봐 미술관 방문을 아예 포기하는 경우가 많습니다. 하지만 미술관 관람은 아이들에게 다양한 예술 작품을 접하게 함으로써 생각의 폭을 넓히는 데 큰 도움이 된다고 합니다.

날을 잡아 아이에게 관람 예절을 가르쳐 보는 건 어떨까요? 소마미술관은 마음껏 뛰어놀 공원이 있으니, 여의치 않으면 아이를 데리고 나올 수 있어 아이의 첫 미술관 나들이 장소로 좋습니다.

송파어린이도서관

주소 송파구 올림픽로 105

전화 02-418-0303

홈페이지 www.splib.or.kr/spclib

송파어린이도서관은 온돌마루, 자작나무 책꽂이, 친환경 페인트와 카펫 등 아이들이 안전한 환경에서 책을 읽을 수 있도록 만든 '친환경 어린이 전문도서관'입니다. 어린이 도서관이라고는 하지만 영아부터 유아, 초등학생, 엄마 아빠와 조부모까지 3대를 모두 아우를 수 있는 다양한 장서를 구비하고 있습니다. 송파어린이도서관은 지하 1층, 지상 3층 규모로 2009년에 개관했습니다. 1층에는 '아기방'과 아이에게 책을 읽어주는 공간인 '이야기방'이 있습니다. 아기방에는 아이의 수준에 맞는 다양한 책뿐만 아니라 수유실과 별도의 화장실이 있어 영아를 둔 가족이 이용하기에 편리합니다.

2층에는 다양한 신문과 잡지가 있는 '슬기방'과 세계 각국의 책을 만날 수 있는 '월드존'이 있고, 3층에는 전시회와 각종 공연이 펼쳐지는 '물동그라미극장'이 있습니다. 매주 금요일 오후 4시에는 극장에서 애니메이션을 상영해 또 다른 즐길 거리를 제공합니다. 아이들은 맨발로 계단을 오르내리며 책으로 성을 쌓고, 야생화가 피어 있는 하늘정원에서 마음껏 일광욕도 합니다.

매월 추천 도서를 선정해 전시하고 있어서, '아이에게 어떤 책을 읽어줘야 하나?' 고민하는 엄마들에게도 도움이 되는 곳입니다.

TIP

주차장이 협소하니 대중교통을 이용하세요. 2호선 잠실새내역 5번 출구에서 도보 3분.

보랏빛 향기 가득한 비밀의 정원
연천 허브빌리지

#라벤더 #안젤로니아 #국내 최대 라벤더 군락 #국내 최고령 올리브나무 #나룻배마을
#민통선 #뱃사공 체험 #한탄강 관광지 #어린이캐릭터공원 #한탄강 어린이 교통랜드
#한탄강오토캠핑장 #전곡선사유적지 #조선왕가 염근당 #한옥 호텔 #한옥에서 글램핑

꽃이 좋아진 건, 나이 서른을 넘기고부터입니다. 친구들과 대화하다 "이젠 꽃이 좋아지더라. 우리 진짜 나이 들어 가나봐"하며 공감하기도 했습니다. 얼마 안 가 시들 꽃을 마음껏 사지는 못했지만, 가끔 나를 위한 작은 사치로 화초를 집안에 들였습니다. 기회가 된다면 작은 정원을 꾸미고 싶다고 생각한 건, 아이가 만세 살 될 무렵이었던 것 같습니다. 자연 속에서 뛰놀 때 가장 밝고 행복하게 웃는 아이를 보면서 말이죠.

자연과 예술이 절묘하게 조화를 이룰 때 품격 있는 정원이 탄생하는 것 같습니다. 연천 허브빌리지는 정원사의 쉼 없는 손길과 원시자연의 비경이 어우러진 그런 정원입니다. 드넓은 허브가든부터 펜션, 카페, 동물농장, 키친가든까지 있어 미세먼지 가득

- 추천 시기 5~6월 라벤더 시즌, 8~10월 안젤로니아 시즌
- 주소 경기 연천군 왕징면 북삼리 222 ● 전화 031-833-5100
- 홈페이지 herbvillage.co.kr
- 이용 시간 하절기(4월 20일~10월 31일) : 09:00~20:00,
  동절기(11월 1일~4월 29일) : 09:00~18:00
- 휴무 연중무휴
- 이용 요금 대인 7,000원, 어린이 4,000원(※ 36개월 미만, 펜션 투숙객 무료)
- 수유실 수유실은 따로 없고, 유아 휴게실과 놀이방이 있습니다.
- 아이 먹거리 초리(허브비빔밥, 떡갈비정식 등 한식), 파머스테이블(허브돈가스, 피자 등 양식),
  커피팩토리(유아 음료 및 아이스크림)
  ※ 한식당은 비수기에 휴업합니다. ※ 포장된 도시락 및 일체의 음식물 반입이 금지되어 있어요.
- 소요 시간 3시간~반나절

한 도심을 벗어나 자연 속에서 쉴 수 있습니다.

보랏빛 꽃물결이 일렁이는 국내 최대 라벤더 꽃밭

내비게이션에 뜬 '연천 허브빌리지' 위치를 보고 깜짝 놀랐습니다. 북한 개성보다 위도가 높습니다. 경기도 최북단이자 최전방 접경 지역인 연천은 지구상에 유일하게 남은 비무장지대(DMZ : Demilitarized Zone)를 품은 탓에 적막과 평온의 기운과 원시생태가 공존합니다. 그 안에서 허브빌리지는 꽃으로 생기를 더합니다.

주차한 후 아이와 함께 천천히 언덕을 올라 정문에 들어서면 허브향이 코끝을 감쌉니다. 허브샵과 마주한 윈드가든을 지나면 눈앞에 드넓은 꽃밭이 펼쳐집니다. 꽃밭에는 계절별로 다른 꽃을 심어 축제를 엽니다. 봄부터 초여름까지는 라벤더, 여름부터 가을까지는 안젤로니아가 주인공입니다.

▲ '토끼의 귀'라는 애칭에 걸맞게, 라벤더 꽃은 귀를 쫑긋 세운 토끼 같다.

대지를 보랏빛으로 물들인 라벤더가 귀를 쫑긋 세우고 있습니다. 종류는 프렌치 라벤더. '토끼의 귀'라는 애칭이 있는데, 꽃을 자세히 보면 귀를 쫑긋 세운 토끼 같습니다. 푸른 하늘, 보랏빛 라벤더, 신록에 더해진 빨강, 노랑꽃들이 마음을 훔치고 핸드폰 카메라를 꺼내지 않을 수 없습니다. 약 4천여 평에 달하는 라벤더 군락은 국내 최대 규모입니다.

> 66
> 4천여 평에
> 달하는 라벤더 군락이
> 내뿜는 보랏빛 색과 향기에
> 취해 유럽 시골마을에
> 와 있는 듯한
> 착각이 들어요.
> 99

일상에서 자주 접하는 쑥, 냉이, 달래, 생강, 창포, 마늘도 들꽃동산에서 만날 수 있습니다. 향기가 나는 식물을 통칭해 '허브'라고 부르니, 이들도 넓은 의미에서 허브입니다. 아이와 함께 지천에 핀 은방울꽃, 노루오줌, 할미꽃, 개상사화 등에 다가가 다정하게 이름을 불러보는 것도 좋습니다.

미션, 국내 최고령 올리브나무 다섯 그루 찾기

약 1,238m²(약 374평) 규모의 대형 유리온실에서는 100여 종 이상의 허브와 20여 종 이상의 수목들을 만나볼 수 있습니다. 허브빌리지에는 국내에서 가장 나이가 많은(300년) 올리브나무가 자라고 있어요. '신의 선물'이라 불리는 올리브는 물푸레나무과의 상록수로 평화와 풍요를 상징합니다. 아이와 '아이스크림'을 걸고 국내 최고령 올리브나무 다섯 그루 먼저 찾기 게임을 해봐도 좋겠습니다.

허브빌리지 안에서는 먹거리를 판매해 한나절 가족 나들이로 계획해도 좋습니다. 키친가든은 식탁 위에 정원을 고스란히 옮

아이랑 여행 꿀팁

● 유모차는 아이 휴식용으로 가져가도 좋지만, 전반적으로 유모차를 끌기에는 경사로와 진입로가 잘 갖춰져 있지는 않습니다. 아이의 낮잠이 예상된다면 휴대용으로 준비해주세요.

▲ 연천 허브빌리지 유리온실에는 수령 300년이 넘은 국내 최고령 올리브나무 다섯 그루가 있다.

◀ 유리온실은 꽃을 진열 또는 소개하는 방식이 아니라 꽃밭을 그대로 옮겨 놓은 것처럼 꾸며서, 마치 비밀의 정원 같다.

겨놓았습니다. 온실에서 가꾸는 허브를 바로 따서 따뜻한 차나 신선한 샐러드에 사용합니다.

허브빌리지는 원래 전두환 전 대통령의 장남 전재국 씨 소유였어요. 전 전 대통령에 대한 추징금 환수를 맡고 있는 검찰이 압수해 경매에 내놓았다가 두 차례 유찰 끝에 2015년 홍성열 마리오아울렛 회장이 인수했습니다. 주인은 달라졌지만 정원사의 손길과 화초는 변함없습니다.

허브빌리지는 건물도 아름답습니다. 화이트 톤의 외벽과 오렌지색 기와, 원형 기둥이 있는 포치가 화원과 아름답게 어우러집니다. 모든 곳이 가족 화보 촬영지로 손색없습니다.

허브빌리지에서 '신의 한 수'는 차경(借景)입니다. 차경은 우리나라 전통정원 조성 기법중 하나로, 정원 안팎의 조화를 이끌어 내는 것입니다. 허브빌리지 풍경 너머 임진강 물줄기와 닿을 듯 닿지 못하는 비무장지대는 극적 대조를 이루며 정원의 격을 한층 높이는 느낌입니다.

허브빌리지는 농촌체험농장과 연계해 운영됩니다. 옥계마을, 연천승마공원, 애심목장, 아트쥬테마동물원 등을 체험할 때 10~20% 할인 또는 선물을 받을 수 있으니 입장권을 버리지 말고 꼭 챙겨두세요.

▼▶ 화이트 톤의 외벽과 오렌지색 기와, 원형 기둥이 있는 포치 등으로 꾸민 소박하지만 정갈한 건물들. 농가에서 키울법한 작은 동물들이 어우러진 허브빌리지는 유럽 시골마을의 정취가 느껴진다.

대형 트랙터 타고 민통선 가자!

나룻배마을

주소 경기 연천군 왕징면 북삼로 98

전화 031-833-5005

홈페이지 narubea.modoo.at

나룻배마을에서는 국내 다른 농촌체험마을에서는 경험할 수 없는 이색 체험을 할 수 있습니다. 바로 '민간인통제구역(민통선 : 비무장지대 바깥 남방한계선을 경계로 남쪽 5~20km에 있는 민간인통제구역) 투어'입니다. 나룻배마을이 휴전선과 인접한 최북단 마을이기 때문입니다.

바퀴가 아이 키보다 큰 대형 트랙터를 타고, 민통선 초소에서 수속을

밟은 후 비무장지대(DMZ)에 들어갑니다. 체험객들은 금단의 땅을 밟는다는 사실에 얼굴에 긴장과 기대를 숨기지 못합니다.

비무장지대에 직접 들어가 배추와 무를 수확하고, 오이 따기 체험 등을 해봅니다. 평소 잊고 지내던 '평화'에 대해 다시 생각하게 하는 체험이기도 합니다. 비무장지대에 출입하려면 신분증이 꼭 있어야 합니다.

나룻배로 임진강을 따라 북으로 오가던 것을 재현한 '뱃사공 체험'도 해 볼 만합니다. 초등학생 정도면 홀로 삿대를 저을 수 있고, 영유아라면 부모님이 도와주세요.

아기 공룡과 함께 과거 여행
한탄강 관광지

주소 **경기 연천군 전곡읍 선사로76**

전화 **031-833-0030**

홈페이지 **hantan.co.kr**

한탄강 관광지는 '국민관광지'라 불립니다. 그만큼 가족 단위로 즐길 거리가 많습니다.

첫 번째로 가볼 곳은 '어린이캐릭터공원'입니다. 구석기시대 유적지인 연천답게 커다란 공룡을 주제로 공원을 조성했어요. 무서운 실물 모형이 아닌 귀여운 공룡 캐릭터로 꾸며져 아이들이 좋아합니다. 그네와 미끄럼틀도 아기자기하게 자리 잡고 있어 인기 만점입니다. 돗자리를 준비해 가면 나무 그늘에서 쉬다 올 수 있습니다.

어린이캐릭터공원과 바로 연결된 '한탄강 어린이 교통랜드'가 두 번째 핫 스팟입니다. 어린이 눈높이로 교육이 진행되는 교통안전 체험장과 미니어처 교통 마을이 볼거리입니다. 교육장은 평일에만 열리며 단체 관람이 우선이지만, 개인도 관람할 수 있습니다.

한탄강오토캠핑장 가까이에 있는 전곡선사유적지도 빼놓을 수 없습니다. 선사시대를 체험할 수 있는 훌륭한 학습 공간입니다. 이곳은 5월 '연천 구석기 축제'와 1월 '연천 구석기 겨울 여행 축제'가 열리는 마당입니다. 세계의 다양한 선사시대 문화와 오래전 빙하기 시대를 느끼며 겨울 스포츠를 만끽할 수 있습니다. 관광지 내 오토캠핑장은 캠퍼들의 성지로, 캠핑을 즐기는 가족에겐 더없이 좋습니다.

압도적 고즈넉함

조선왕가 염근당

주소 경기 연천군 연천읍 현문로 339-10

전화 031-834-8383

홈페이지 www.royalresidence.kr

연천군에 위치한 '조선왕가'는 이근(李芹)의 고택, '염근당(念芹堂)'을 재현한 곳입니다. 이근은 고종 황제의 손자입니다. 염근당의 뜻은 '미나리처럼 혼탁한 물속에서도 추운 겨울을 이기고 자라는 기상을 생각하는 집'입니다.

염근당은 왕실에서 사용했던 전통한 옥을 둘러보고, 하룻밤 머물 수 있는 한옥 호텔로 운영되고 있습니다. 원래 서울 명륜동에 자리했던 것을 3년여 세월에 걸쳐 그대로 옮겨 세운 것입니다. 2008년 6월 15일부터 약 5개월에 걸친 해체 작업으로 기와, 대들보, 서까래, 기둥, 주춧돌, 기단석, 토방돌 등

트럭 약 300대 분량의 건축물이 지금의 위치로 옮겨왔다고 합니다.

염근당 2층에는 카페와 레스토랑이 있어요. 숙박하지 않고, 2층 카페에 앉아 정원을 바라보며 차 한 잔의 여유를 느껴도 좋습니다. 특히 왕실문화 교육프로그램 및 미술관, 한의학 역사 자료실, 왕가 전통의 여성 테라피, 캠프 시설 등 볼거리가 다양하고, 저녁에는 한옥과 어우러진 조명으로 운치를 더합니다. 또한 근처에 재인폭포가 있어서 폭포와 함께 둘러보기 괜찮습니다.

동해의 비경 무릉도원,
무릉계곡명승지

#무릉계곡 #국민관광지 1호 #한국의 아름다운 하천 100선 #삼화사
#계곡 물놀이 유의 사항 #천곡천연동굴 #추암해변 #촛대바위 #애국가 배경
#추암오토캠핑장 #논골담길 #벽화마을 #묵호등대

더워도 집 밖으로 나오자!

아이는 하루에도 몇 번이나 좁은 현관에서 신발을 신고 있습니다. 나가자는 뜻이지요.

"오늘은 너무 더워. 조금 선선해지면 나가자."

"서현이는 안 더워요."

"(애써 미소 지으며) 에어컨을 켜놨으니 그렇지…… 밖에 나가면 땀이 줄줄 나요."

거꾸로 신은 아이 신발을 벗기고 겨우 거실로 돌아옵니다.

더위가 아무리 기승을 부린다고 해도 아이와 집에만 있을 순 없습니다. 그건 아이가 있는 집의 숙명과도 같습니다. 비 오고, 미세먼지 많고, 이미 해가 저만치 저물었고, 집안일이 잔뜩 밀려 있고……. 꼭 더위가 아니어도 집을 나서지 않을 이유를 대려면 한도 끝도 없습니다. 더위를 피해 집안에서 시간을 보낸다고 해서 좋기만 한 것도 아닙니다. 오늘치 에너지를 발산하지 못한 아

- 추천 시기 봄~가을 · 주소 강원 동해시 삼화로 538
- 전화 033-539-3700 · 홈페이지 www.dh.go.kr/tour(동해관광)
- 이용 시간 05:00~18:00, 여름성수기(7~8월) 06:00~20:00, 동절기(11~2월) 08:00~17:00
- 이용 요금 성인 2,000원, 어린이 700원(※ 7세 이하 어린이 무료)
- 수유실 수유실이 따로 없어요. 관리사무소 화장실에 기저귀 교환대가 있어요.
- 아이 먹거리 무릉계곡 입구에 음식점이 다양해요.
  (백숙 또는 산채정식에 나오는 나물, 생선, 김 등을 먹을 수 있어요.)
- 소요 시간 2시간

더위도 추위도 밖으로
Go~ Go~

이와 좁은 집에서 종일 씨름하다 보
면, 엄마 가슴에는 에어컨으로는 식
힐 수 없는 '화'가 활활 타오릅니다. 계
곡에서 미끄러지는 한이 있더라도 이 여름은 꼭
집 밖에서 보내리라 다짐한 순간, 우리 가족의 여
름 추억은 시작됩니다.

시원한 계곡 물에 발 담그고 신선놀음해보기

물 반 사람 반인 해수욕장은 싫고, 어린아이를 데리고 첩첩산중
으로 떠날 수 없다면 동해의 무릉계곡을 추천합니다. 신선이 사
는 곳처럼 아름답다는 무릉계곡. 6월 말에서 7월 초에 미리 휴가
를 받아서 찾아간다면 정말 신선놀음을 하고 올 수 있습니다.
동해 무릉계곡은 무릉계곡명승지 관리사무소에서 매표 후 5분 정
도 숲길을 걸으면 5천㎡(약 1,500평) 규모의 반석과 함께 모습을 드
러냅니다. 무릉반석은 한번에 2천 명이 앉을 수 있을 정도로 넓습
니다. 기암절벽이 어우러진 모습이 흡사 무릉도원을 떠올리게 합
니다. 두타산과 청옥산 사이에 자리한 무릉계곡은 하류 호암소에
서 시작해 약 4km 상류 용추폭포가 있는 곳까지를 말합니다. 그
간 국민관광지 1호, 명승 37호, 한국의 아름다운 하천 100선 등 우
리나라 대표 관광지로 이름을 올린 곳이기도 합니다.

계곡은 무릉반석을 시작으로 삼화사, 학소대, 옥류동, 선녀탕 등을 지나 쌍폭포, 용추폭포까지 아름다운 경치를 자랑합니다. 공해에 대한 저항성이 강해 도심지 주변에서는 생육 자체가 불가능한 '서어나무'도

▲▲ 무릉계곡에 들어서면 너른 무릉반석이 반긴다. 반석에 앉아 차가운 계곡 물에 발 담그고 있으면 "덥다"는 말이 쏙 들어간다. 조상들은 무릉반석에서 앉아 풍류를 즐겼다고 한다. 계곡 곳곳에서 글귀를 새겨 넣은 석각을 만날 수 있다.

만날 수 있습니다. 영유아와 함께하는 여행이라면 삼화사까지가 딱 적당합니다. 숲길을 걸으면 등산객이 주고 간 대추나 작은 열매를 먹고 있는 다람쥐를 자주 만나게 됩니다. 깨물어주고 싶은 아이의 볼처럼 앙증맞아요.

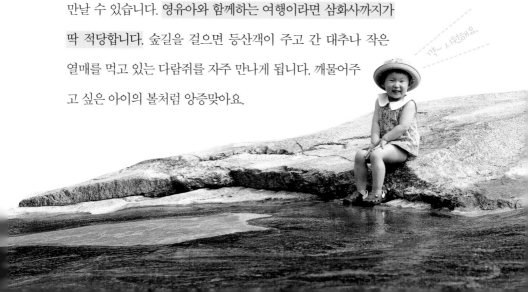

까~ 시원해요.

또 이 길은 정선군 임계를 거쳐 서울로 오가던 조상들의 정취가 어려 있는 이 지방 유일의 옛길이라고 합니다.

무릉계곡 반석 위에는 명필가와 묵객들이 새긴 크고 작은 석각이 지천입니다. 아이들은 크게 관심을 두진 않지만, 일반 계곡과는 분명 다른 풍경이 있어 색다릅니다.

물놀이는 첫째도 안전, 둘째도 안전!

아이와 계곡 물에 발을 담글 땐 아무리 얕은 물가라도 보호자의 각별한 주의가 필요합니다. 곳곳에 물이끼가 많아 미끄러지기 쉽거든요. 실제로 계곡을 찾은 아이가 셋 있는 가족은, 부모가 세 아이를 모두 잡아줄 수 없어서 "여기까지 왔는데 더 놀자"라

◀▲ 무릉계곡은 수심이 발목 정도 올라오는 얕은 곳부터 깊은 곳까지 다양해서, 어린아이와 놀기에 좋다. 하지만 수심이 얕아도 물이끼 때문에 미끄러울 수 있으니 아이가 어릴 때는 어른들이 잡아주는 것이 좋다.

는 엄마와 "위험할 수도 있으니 나가자"는 아빠의 의견이 팽팽히 맞서기도 했습니다. 마른 돌 위를 건너도록 어른이 잘 잡아준다면 크게 위험하지는 않습니다. 아름다운 계곡을 보존하기 위해 야영이나 취사는 금지하고 있으니 참고해주세요.

무릉반석을 지나면 두타산과 청옥산을 병풍 삼아 아늑하게 들어앉은 삼화사를 만나게 됩니다. 삼화사는 신라시대에 창건한 유서 깊은 절입니다. 절 앞에 십이지신(十二支神) 석상이 서 있는데, 소, 호랑이, 토끼 등 동물들의 얼굴을 보면서 아이와 '띠'에 대해 이야기 나눠도 좋습니다.

계곡에서 즐겁게 물놀이하기 위해 꼭 지켜주세요.

> 물에
> 들어가기 전에
> 준비 운동
> 잊지 마세요!

● 출발 전 일기예보를 확인해요.

  비가 내리면 계곡 물이 순식간에 불어나기 때문입니다.

● 준비운동은 필수! 계곡은 바닷물과 달리 매우 차가워요.

● 돌이 많고 미끄러워 맨발이나 슬리퍼는 위험해요. 아쿠아슈즈를 준비해주세요.

● 물놀이가 가능한 소재의 긴팔을 챙겨가는 것도 좋아요.

● 어른이 먼저 수심이 얕은지 확인하고, 아이는 정해진 구역에서만 놀게 해요.

● 계곡 물에는 기생충과 대장균이 많아요. 맑아 보여도 절대 마시면 안 돼요.

도심 속 신비한 지하 세계

천곡천연동굴(천곡황금박쥐동굴)

주소 강원 동해시 동굴로 50

전화 033-539-3630

여름철 최고의 피서지 가운데 하나가 '동굴'입니다. 동굴은 계절과 상관없이 항상 11~21도를 유지해서, 여름에는 시원하고 겨울에는 따뜻합니다. 동해 천곡천연동굴은 국내 유일하게 시내 중심부에 위치한 동굴입니다. 1991년 일대에 아파트 공사를 하던 중 동굴이 발견되었기 때문입니다. 도심에 있는 만큼 접근성이 상당히 좋습니다. 주차장에서 걸어서 1분이면 만날 수 있어요.

동굴 높이가 낮아서 입장하기 전에 안전모를 꼭 착용해야 합니다. 동굴 내부로 들어가면 5억 년 전 생성된 석주와 석순 등을 바로 눈앞에서 관찰할 수 있습니다. 동굴의 총 길이는 1.5km이며 이 중 800m까지 관람로가 조성되어 있습니다.

아이와 함께 샹들리에종유석, 피아노상, 박쥐종유석, 블랙홀 등 이름에 맞는 종유석 찾기 게임을 해보세요. 아이가 재밌어합니다. 단, 동굴 안은 조명이 어두운 편이라 관람 시 발을 헛디디지 않도록 조심해야 합니다. 간혹 아이가 무서움을 느낄 수도 있습니다. 동굴 바닥에 약간의 물기가 있어 옷에 튈 수도 있어요. 체험 후 인근에 있는 자연학습체험공원도 둘러보면 좋습니다.

애국가 첫 소절의 배경지
추암촛대바위

주소 강원 동해시 촛대바위길 28

전화 033-530-2801

홈페이지 www.dh.go.kr(동해관광)

동해시 추암해변은 150m 길이의 백사장이 펼쳐지고 수심이
얕아 가족 단위 여행객들이 피서지로 많이 찾는 곳입니다.
무엇보다 이곳은 "동해물과 백두산이"로 시작하는 애국가 첫 소절
영상의 배경이 되는 촛대바위가 있어 그냥 지나칠 수 없습니다.
우리나라 제일가는 일출 명소로 손꼽히는 곳입니다. 촛대바위 주변
해안 절벽과 크고 작은 바위섬들이 바다와 어우러져 장관을 연출합니다.
촛대바위 외에도 거북바위, 부부바위, 형제바위, 두꺼비바위, 코끼리바위 등 기암괴석의 모양
을 잘 찾아보세요. 아이와 함께 기암괴석을 배경으로 기념할만한 가족 사진을 남
겨도 좋을 곳입니다.

인근에 2017년 8월 오픈한 '추암오토캠핑장'이 있어 이용해 볼 만합니다.
자동차캠핑장, 일반캠핑장 모두 추암해변과 인접해 있어 바다까지 뛰
어드는 데 1분밖에 걸리지 않아요. 캠핑장 주변에 편의점, 카페, 음식
점이 있어서 편리하게 이용할 수 있습
니다.

찰칵찰칵~ 인생 사진 한 컷!

논골담길

주소 강원 동해시 논골1길 19-1

전화 033-530-2231

홈페이지 http://묵호등대.com

묵호등대 인근의 논골담길은 여름날 인생 사진을 찍을 수 있는 벽화마을 입니다. 벽화의 주제는 묵호항의 역사와 이곳 마을 사람들입니다. 원래 묵호항은 1936년부터 삼척 일대의 무연탄을 실어 나르던 조그만 항구였습니다. 그로부터 5년 뒤 1941년 국제 무역항으로 개항되어 전성기를 맞았지요. 지금은 노후된 항만을 재정비하는 사업이 진행되고 있습니다.

벽화를 보면 이곳의 역사를 조금이나마 알게 됩니다. 지역 어르신이 참여한 작품들이라 더 의미가 있습니다. 논골1길에서는 오징어잡이 등 생업과 관련된 이야기가 있고, 논골 2길은 지금은 사라진 추억의 공간들이 그려져 있습니다. 논골 3길은 강인한 어머니들의 모습이 담겨 있습니다.

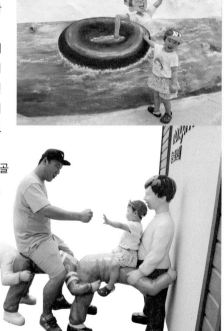

아이는 물고기, 수영하는 아이의 모습 등에 관심을 보입니다. 논골1길과 이어진 바람의 언덕 전망대도 꼭 가보세요. 탁 트인 동해 전망과 어촌마을을 한눈에 감상할 수 있습니다. 아이 컨디션이 괜찮다면 밤에 방문해보세요. 야경이 끝내줍니다.

이 밖에도 논골게스트하우스, 논골카페, 논골상회 등 논골담길에는 볼거리가 많습니다. 묵호등대에서 조금 내려가면 볼 수 있는 출렁다리도 관광명소입니다. 아이는 흔들리는 다리를 건너는 것도, 주변에 핀 민들레 씨앗을 찾아 '후' 불어보는 것도 재밌어합니다.

계절의 찬란한 중심으로 걸어 들어가다

화담숲

#곤지암리조트 #유모차로 갈 수 있는 수목원 #무장애숲길 #여유롭게 단풍 구경
#2017년 한국 관광의 별 #모노레일 #영은미술관 #곤지암도자공원 #경기도자박물관
#여기가 스페인? #리버마켓 #경기도광주한옥마을 #한옥에서 1박

계절의 흐름을 오롯이 담은 수목원

경기도 광주 화담숲은 따스한 봄기운이 두꺼운 외투를 벗기는 봄날부터 눈부시게 붉은 단풍과 마주하는 가을날까지, 온 가족을 위한 완벽한 산책 코스입니다. 봄엔 진달래, 매화, 영산홍, 복사꽃이 만발하고 여름엔 산수국, 수련, 어리연, 반딧불이가 맞이하며, 가을엔 구절초, 국화, 단풍, 억새가 반깁니다. 아이가 어려서 멀리 남도까지 봄꽃 마중을 나가거나 단풍 명산까지 찾아가기 부담스럽다면, 화담숲으로 가보세요. 숲길을 한 바퀴 돌면 마음에 계절이 살포시 내려앉습니다.

화담숲은 LG상록재단이 공익사업의 일환으로 설립·운영하는 수목원입니다. 약 135만 5,372㎡(약 41만 평) 규모에 4,300여 종의

● 추천 시기 봄, 가을 ● 주소 경기 광주시 도척면 도척윗로 278-1

● 전화 031-8026-6666 ● 홈페이지 www.hwadamsup.com

● 이용 시간

- 봄(4~6월), 여름(7~8월) : 주중 08:30 ~ 17:00, 주말 08:00~17:00

- 가을(9~11월) : 주중 08:30~16:00, 주말 08:00~16:00

- 겨울(12~2월) : 10:00~16:30

※ 가을 주말 및 공휴일은 사전 예약제로 운영

● 휴무일 월요일(홈페이지 공지사항 필수 참조)

● 이용 요금 어른 10,000원, 어린이 8,000원 (※ 24개월 미만 무료)

● 수유실 민물고기생태관 옆(화장실 옆) (기저귀 교환대, 유아 침대)

● 아이 먹거리 한옥주막(어묵, 김밥, 두부김치, 해물파전 ※ 겨울 미운영), 카페(요거트, 아이스크림), 리조트 내 레스토랑 및 한식당, 매표소 옆 편의점

● 소요 시간 최소 2시간

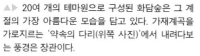 20여 개의 테마원으로 구성된 화담숲은 그 계절의 가장 아름다운 모습을 담고 있다. 가재계곡을 가로지르는 '약속의 다리(위쪽 사진)'에서 내려다보는 풍경은 장관이다.

식물이 함께 생장하고 있어, 그야말로 도심 속 자연을 만끽할 수 있는 곳입니다. 그림처럼 조성된 화원과 민물고기생태관, 곤충생태관, 원앙연못 등이 있어 아이와 함께 찾아도 지루하지 않습니다. 특히 아이는 곤충생태관 앞 모래놀이터에서 오랜 시간 즐거워합니다.

아이랑 여행 꿀팁

● 리조트 입구에서 화담숲 입구까지 올라가는 방법은 세 가지입니다. 순환버스(무료)나 리프트(무료)를 타거나, 걸어서 올라가는 것입니다. 단 리프트에는 유모차나 웨건 등은 실을 수 없습니다.

▲▶ 민물고기생태관, 곤충생태관, 모래놀이터와 도자 인형으로 근대 풍경을 그려낸 코스 등 볼거리와 즐길거리가 많아 아이도 지루해하지 않는다.

계절의 속살을 즐기는 방법

화담숲에 입장하면 가장 먼저 '천년화담송'이 반깁니다. 바로 옆수령 200년 이상으로 추정되는 단풍나무는 하늘을 떠받들 듯 가지를 뻗어 붉은 단풍 깃발을 흔듭니다. 화담숲에서 계절의 속살을 즐기는 가장 좋은 방법은 느긋하게 걷는 것입니다.

20여 개 테마원을 두루 지나는 '숲속 산책길'은 총 5.2km입니다. 전 구간이 경사도가 낮은 데크길과 친환경길로 이루어져 있어 자박자박 걷기에 좋습니다. 산책길 폭이 넉넉해 유모차에 아이를 태운 가족이 나란히 걸을 수 있는 것도 장점입니다. 특히 산책로가 일방로로 조성되어 있어 마주 오는 관람객과 부딪힐 염려가 없습니다.

손을 뻗어 나무 줄기를 만지거나, 꽃향기를 맡을 수 있어서 생태교육에도 그만입니다. 6월부터는 반딧불이 체험 프로그램도 운

> 66
> 화담숲은 전 구간에
> 경사 낮은 데크가 깔렸고
> 장애물이 없어
> 유모차나 휠체어로도
> 쾌적하게
> 둘러볼 수 있어요.
> 99

영하니 사전 예약 후 참여하면 좋습니다.

화담숲에는 동물도 함께 살아갑니다. 고라니, 다람쥐, 뻐꾸기, 박
새, 천연기념물 제327호 원앙과 천연기념물 제453호 멸종위기
야생생물 2급인 남생이 등을 어렵지 않게 만날 수 있습니다.

화담숲 정상의 소나무정원은 1,300여 그루의 명품 소나무와 야
생화가 어우러져 동양화를 연상케 합니다. '눈으로만 봐야지'라

아이랑 여행 꿀팁

화담숲을 알차게 즐기는 팁

● 개장 시간과 평일 공략!
개장 시간에 맞춰 입장하거나, 평일에 찾으면 주차 또한 편하게 할 수 있습니다.
● 유모차를 가지고 간다면 휴대용 유모차로!
가을 성수기에는 순환버스를 탈 때 유모차를 접어야 하는 번거로움이 있으니 '휴대용
유모차'를 가지고 가시길 권합니다.

고 했던 마음은 어느새 사라지고, 카메라를 꺼내 사진 찍기 바빠지는 곳입니다. 자연을 거스르지 않되, 자연을 가까이에서 즐길 수 있게 조성한 수목원이라 조부모, 부모, 아이 3대가 만족스러운 하루를 보낼 수 있을 것입니다.

화담숲의 이색 탈것, 모노레일

화담숲에 왔다면 정상까지 운행하는 모노레일을 꼭 타보세요. 모노레일은 1승강장이 있는 서쪽 이끼원 입구에서 화담숲 정상, 분재원 사이를 지나오는 1,213m 순환선입니다. 걷기가 부담스럽거나 아이가 있는 가족들은 강력 추천합니다. 24개월 미만 영아라도 유모차 탑승 시 어린이 요금이 적용되니 참고해주세요.

▶ 영유아와 함께 간다면 정상까지 모노레일을 이용하고, 내려올 때 유모차를 이용하면 좋다.

모노레일 탑승권은 매표소에서 판매합니다.

1승강장에서 모노레일에 탑승해 3승강장에서 내려 화담숲 입구까지 천천히 산책(약 40분 소요)하는 코스가 가장 좋습니다.

입구까지 내려왔다면 마지막으로 원앙연못을 바라보며 따뜻한 차 한 잔의 여유를 즐겨보세요. 구름과 물이 쉬어간다는 '운수휴당' 한옥마당에 앉으면 숲과 연못, 하늘이 그림처럼 어우러지는 풍광이 펼쳐집니다.

▲▶ 내려오는 길에 있는 카페와 식당에서 차 한잔 마시며 숨고르기를 하거나 간단하게 식사를 할 수 있다.

숲 속 예술작품에 기대어 휴식

영은미술관

주소 경기 광주시 청석로 300

전화 031-761-0137

홈페이지 www.youngeunmuseum.org

경기 광주시 경안천변에 자리한 영은미술관은 무료로 개방
되는 조각공원과 잔디밭, 토끼농장이 아이들과 함께 즐길
포인트입니다. 미술관에 들어서면 하품만 하는 아이도 걱정
없습니다. 숲 속 조각작품을 배경 삼아 마음껏 뛰놀 수 있기
때문입니다. 날씨가 좋다면 굳이 내부를 관람하지 않고 잔
디밭에 돗자리 펴고 쉬기만해도 행복해지는 곳입니다.

미술관을 방문해도 작가를 직접 만날 기회는 많지 않습니
다. 영은미술관은 현대미술작가가 거주하며 작품 활동을 하
는 창작스튜디오가 함께 있어, 창작 현장을 볼 수 있다는 장
점이 있습니다. 미술을 좋아하는 아이들에게 '원데이 클레
스' 체험으로 작가와 함께하는 시간을 선물해주세요. 모노
프린트·머그컵 드로잉·아크릴 드라이 포인트 판화, 청화백
자 벽화 등 평소에 쉽게 접하기 어려운 미술 체험이 가능합
니다.

새로운 전시 공간을 만들 땐 휴관하는 경우가 있으니 꼭 방
문 전에 홈페이지 공지를 참고하세요. 어린이날 어디 갈지
고민이라면 영은미술관을 강력 추천합니다.

가장 한국적이면서 가장 이국적인

곤지암도자공원(경기도자박물관)

주소 경기 광주시 곤지암읍 경충대로 727

전화 031-799-1500

홈페이지 www.kocef.org/02museum/g02_01.asp

우연히 지나가다 들렀다면 꼭 한번 다시 와야겠다고 마음먹게 되는 곳
이 곤지암도자공원(경기도자박물관)입니다. 도자 관련 전시와 체험은 기
본이고, 모자이크정원, 자연생태원, 스페인조각공원, 전통 가마, 무궁화
동산, 산책로 등 볼거리가 많아 아이와 반나절은 거뜬히 보낼 수 있습니
다. 본관 뒤편에 있는 약 500여 평 규모의 한국정원과 다례시연장도 놓치지 마세요.
곤지암도자공원에서는 자꾸만 바닥을 들여다보게 됩니다. 색색의 도자기 조각으로 알록달록
하게 꾸민 바닥, 계단, 벤치들은 가우디가 만든 바르셀로나 '구엘공원'을 떠올리게 합니다.
정문 동편 주차장 앞에는 인라인스케이트장이 있어, 자전거나 킥보드 등 탈것을 챙겨가면 좋
습니다. 매월 첫째 주 토 · 일요일에는 비가 오나 눈이 오나 '리버마켓(지역 예술가들과 함께
하는 수공예 프리마켓)'이 열리니, 달력에 표시해두세요!
이곳에 도자박물관이 세워진 건, 경기도 광주가 조선시대 왕실용 백자를 만든 관요를 운영하
던 유서 깊은 지역이기 때문입니다. 특히, 곤지암도자공원은 20만 평 규모의 부지 안에 삼리
구석기유적지까지 있어, 선사시대부터 현재에 이르는 도자기의 역사와 전통을 오롯이 전하고
있습니다. 전시된 작품을 감상하다보면 '유리 같은 매끄러움, 쇠 같은 단단함, 옥(玉) 같은 아
름다움'을 품은 도자기의 매력에
흠뻑 빠지게 됩니다.

타임머신 타고 300년 전으로!
경기광주한옥마을

주소 경기 광주시 새오개길 39

전화 031-766-9677

홈페이지 www.hanokmaeul.com

300년 된 한옥을 해체해 그대로 옮겨 놓은 경기광주한옥마을. 약 3천여 평의 드넓은 부지에 한옥스테이, 한옥카페, 한옥스튜디오가 함께 있어 특별한 날 가족 사진 촬영지로 안성맞춤입니다. 한복을 대여해 포토존 10경을 따라 사진을 찍는다면 '우리 가족 인생 사진'을 얻을 수 있습니다. 마을 안에는 전통 가마 체험, 맷돌 돌리기 체험, 투호 던지기, 제기차기, 윷놀이 등 아이와 함께 즐길 거리도 다양합니다.

수백 년 수령의 소나무가 자라는 고즈넉한 한옥의 정취를 느끼고 싶다면 한옥스테이 '희'에서 하룻밤 묵는 것도 추천합니다. 3월부터 11월까지는 야외 스파도 운영합니다. 이곳에서는 캘리그라피, 사진 이야기, 다도와 음감회 등 다양한 문화체험 프로그램을 운영하고 있는데, 6세 이상의 아이와 함께라면 도자기공예 체험을 할 수 있습니다.

'경기 광주시 새오개길 39'라는 한옥마을 주소가 카페 이름이된 'cafe새오개길39'에서 따뜻한 차를 마시며 도란도란 이야기를 나누어도 좋습니다.

ⓒ photo · 경기광주한옥마을

273

사계절 푸른 녹차밭 산책

보성 대한다원

#남도여행 #겨울 녹차밭 #보성다향대축제 #제2 대한다원 #회령다원
#보성차밭 빛 축제 #붓재 #한국차박물관 #다례체험 #율포솔밭해수욕장
#율포해수녹차센터 #제암산자연휴양림 #더늠길 #계곡 어린이 물놀이장

차밭의 겨울은 도리어 푸르다

사계절 푸른 건 소나무, 대나무만이 아니었어요. 차나무 역시 사시사철 푸른빛을 발하는 상록관엽수란거 알고 계셨나요? 병풍처럼 둘러싼 남해를 바라보며, 늘 그 자리에서 푸른빛을 발하는 보성 녹차밭으로 떠나보세요. 봄에는 아기 손바닥처럼 부드러운 새순, 여름에는 시리도록 빛나는 초록빛, 겨울에는 하얀 눈 이불 덮은 초록 녹차밭을 만날 수 있습니다. 특히 한겨울에 초록 물결의 녹차밭을 보면 탄성이 절로 터져 나옵니다.

1939년 개원해 올해로 여든 살이 된 대한다원에는 약 300만 그루의 삼나무, 편백나무, 주목나무, 향나무, 은행나무, 밤나무, 동백나무, 목련 등이 오랜 세월 가족처럼 지내고 있습니다. 한국전쟁으로 폐허가 됐던 오선봉 주변 민둥산에 다시 뿌리 내린 차나무가 이제 580여만 그루 가까이 됩니다.

● 추천 시기 5월(보성다향대축제), 사계절 ● 주소 전남 보성군 보성읍 녹차로 763-67
● 전화 061-852-4540, 02-511-3455(매표 관련)
● 홈페이지 dhdawon.com, www.boseong.go.kr/botjae(봇재)
● 이용 시간 하계(3~10월) 09:00~18:00, 동계(11~2월) 09:00~17:00
● 휴무일 연중무휴
● 이용 요금 어른 4,000원, 청소년(7~18세) 3,000원, 6세 이하 무료
● 수유실 세면대와 다소 딱딱한 의자만 있어 편하게 수유할 수 없어요.
● 아이 먹거리 다원쉼터 2층(녹차돈가스, 녹차비빔밥, 녹차자장면), 카페(녹차아이스크림, 녹차츄러스 등)
● 소요 시간 2시간

▲▲ 차나무는 상록관엽수라 사철 푸른빛을 발한다(왼쪽 사진 겨울, 오른쪽 사진 여름에 촬영).

대한다원이 문을 여는 시간은 오전 9시지만, 오전 6시부터 자동발권기를 이용해 입장할 수 있습니다. 바다전망대에서 맞이하는 일출이 장관이라 이른 새벽부터 커다란 카메라를 맨 작가들이 하나둘 입장합니다.

대한다원 바다전망대는 일출 명소기도 하다. 이른 시간부터 준비하면 녹차밭을 타고 흐르는 운해와 일출을 카메라에 담을 수 있다.

대한다원은 입구 삼나무길부터 눈길을 사로잡습니다. 삼나무길을 지나면 보이는 광장에는 녹차시음장과 음식점, 기념품판매장 등이 있습니다. 산기슭을 따라 차나무가 심어져 있어, 둘러보는 길은 전체적으로 오르막길입니다. 광장에서 차밭을 가로지르는 중앙 계단을 따라 오르면 대한다원의 중앙전망대에 다다릅니다. 중앙전망대에서 오른편으로 걸어 내려가면 통나무집 앞으로 어디선가 많이 본 듯한 풍경이 펼쳐지는데, 바로 각종 영화와 CF의 단골 촬영지입니다. 여기서 단풍나무 산책로를 따라 차밭전망대, 바다전망대까지 이어집니다.

▲ 대한다원 입구에서 가장 먼저 만나는 것은 삼나무숲이다. 하늘을 찌를 듯 곧게 뻗은 삼나무들이 늘어선 길은 대표적인 포토존이다.

아이랑 여행 꿀팁

● 만약 대한다원 인근에서 1박을 하고 동트기 전 아이와 대한다원을 찾을 계획을 세운다면, 어두운 길을 밝혀줄 손전등과 바람막이를 준비하면 유용해요. 다원 내 상점도 9시 이후부터 문을 여니 간식거리도 챙겨 가면 좋습니다.

▲ 아이 키만 한 차나무가 줄지어 산비탈에 빽빽하게 들어차 있다. 차밭 사이로 이어지는 구불구불 좁다란 길이 만드는 곡선이 멋스럽다.

대한다원 전경이 한눈에 내려다보이는 바다전망대까지 오르는 코스는 약 1시간 정도 예상하면 됩니다. 어린아이와 함께라면 바다전망대까지 가는 건 다소 무리일 수 있어요. 비탈진데다, 흙길이라 유모차 진입도 어렵거든요. 천천히 산책하며 중앙전망대에서 왼쪽으로 향해 폭포와 팔각정을 지나 다시 광장으로 오는 코스를 추천합니다.

" 차나무는 배수가 잘되는 비탈진 산 중턱에서 잘 자라요. "

대한다원의 하이라이트 녹차아이스크림

광장을 다시 만난 아이들은 하나같이 "아이스크림 사주세요!"를 외칩니다. 어른들도 그냥 돌아서긴 아쉬워합니다. 녹차에 들어 있는 카페인 때문에 걱정하는 부모님들을 봅니다. 카페인 분해 능력이 떨어지는 임산부와 어린아이는 될 수 있으면 녹차를 먹지 않는 게 좋다고 알고 있지만, 사실 그렇지 않습니다. 식품의약품안전처에 따르면, 만 3~5세의 하루 카페인 섭취 기준량은 41mg 이하입니다. 이 양은 녹차티백(약 15mg) 기준으로 약 3잔을 섭취한 양이거든요. 소프트아이스크림 하나 정도는 맛보게 해주세요. 녹차에 함유된 카테킨 성분은 충치균을 제거하는 항균 작용을 한다는 좋은 핑곗거리도 있습니다.

대한다원은 동생, '제2 대한다원'이 있습니다. 회천면 회령마을에 자리해 '회령다원'이라고 부르는데, 대한다원과 달리 평지에 푸른 바다처럼 펼쳐집니다. 개인 사유지며 입장료가 없지만, 화장실과 편의시설이 없으니 참고해주세요.

대한다원은 4월 말경에서 5월 초순에 가면, 녹차 새순을 따는 아주머니들의 손길이 더해져 새로운 풍경을 만날 수 있습니다. 또 겨울에는 남도 겨울축제로 유명한 '보성차밭 빛 축제'가 한국차

'제2 대한다원'으로 불리는 회령다원은 대한다원과 달리 평지에 푸른 바다처럼 펼쳐진다. 오른쪽 사진은 차나무 열매.

▲ 광장에 있는 기념품판매점에서
는 녹차뿐만 아니라 녹차아이스
크림, 녹차쿠키, 녹차양갱, 녹차젤
리 등 녹차로 만든 다양한 식품을
판매한다. 이 가운데 녹차아이스
크림이 단연 인기다.

문화공원에서 열립니다. 산비탈에 재배 중인 녹차
나무 위에 화려한 조명이 입혀져, 산에 오색빛 파
도가 일렁입니다.

인근의 복합문화공간인 '봇재'도 놓치지 마세요.
찻잎 모양의 외관이 눈길을 끄는데요. 봇재는 보
성읍과 회천면을 넘나드는 고개 이름이자, '무거운
봇짐을 내려놓고 잠시 쉬어 가다'라는 의미를 담고
있습니다. 1층은 보성역사문화관, 2층은 카페와 마
켓, 3층은 보성의 생태를 다양한 미디어로 전시한
체험형 전시 공간으로 구성돼 있어 아이와 쉬어가
기에 딱 좋습니다.

아이랑 여행 꿀팁

● 다원인만큼 기념품판매장에서 녹차를 사가시는 분이 많아요.
그런데 녹차 종류가 다양해, 차에 대해 잘 모르면
당황하기 쉽습니다. 녹차는 24절기의 여섯 번째
절기인 곡우(穀雨) 무렵 채엽한 햇차를 으뜸
으로 칩니다. 햇차가 가장 맛있는 이유는
'1창2기'라고 해서 두 장의 여린 잎이 붙은 어린싹만을
따서 만들기 때문입니다. 우전, 세작, 중작, 대작 가운데 우전이 가장 일찍, 대작이 가장
나중에 채엽한 찻잎입니다. 녹차는 햇빛을 많이 받을수록 쓰고 떫은 맛이 강해진다고 해요.

바른 자세로 따뜻한 차 한잔

한국차박물관

주소 전남 보성군 보성읍 녹차로 775 한국차소리문화공원

전화 061-852-0918

홈페이지 www.boseong.go.kr/tea

보성군의 한국차소리문화공원 내에 위치한 한국차박물관은 전시관을 한 걸음씩 걸으며 '녹차'에 대한 지식을 꽤 많이 쌓을 수 있는 공간입니다. 1층 '차문화실'과 2층 '차역사실'에서 전시유물을 들여다보면 절로 고개가 끄덕여집니다. 차 재배 과정을 귀여운 모형으로 만들어둬 아이들 눈높이에서 설명해주기 좋습니다. 유모차 이동도 OK!

3층 '차생활실'은 아이와 함께 몸으로 배우는 체험실입니다. 장난꾸러기 아이도 절로 바르게 자세를 고쳐 않게 되는 '다례체험'을 추천해요. 1시간 정도 소요됩니다. 박물관 뒤편으로 '차 만들어 보는 곳'이 있습니다. 이곳에서 '차 만들기', 찻잎을 찌고 모양을 찍어 말리는 차인 '전차 만들기', '녹차떡케이크 만들기' 등의 프로그램을 진행합니다. 예약은 필수입니다.

5층 전망대에 오르면 공원 풍경이 한눈에 펼쳐집니다. 한국차박물관은 '보성차밭 빛 축제' 기간(12월 중순경)에 방문하면 무료이며, 저녁 9시까지 운영해 밤에도 관람할 수 있는 유일한 박물관입니다.

피로를 녹이는 녹차해수탕

율포솔밭해수욕장

주소 전남 보성군 회천면 우암길 24

전화 061-850-5211

홈페이지 www.boseong.go.kr/tour

굳이 '온천여행'이 아니더라도, 여행 중 '목욕'은 색다른 개운함을 가져다줍니다. 보성 율포솔밭해변을 목적지로 삼았다면 목욕 가방을 준비해주세요. 푸른 수평선을 바라보며 뜨끈한 해수에 몸을 담가 온천욕을 즐기니 다른 여행은 필요 없다 싶습니다. 아이가 한 명일 경우, 부모 중 한 명은 신선놀음입니다. 특히 해 질 녘이라면 붉은빛으로 물든 하늘을 보고 눈물을 또르르 흘릴지 모릅니다. 제가 그랬다는 건 비밀!

© photo · 보성군

율포솔밭해수욕장은 동양화처럼 펼쳐진 소나무 숲이 장관입니다. 길이 1.2km, 너비 60m의 백사장과 바다, 50~60년생 곰솔숲이 어우러져 여름이면 피서지로 인기가 좋습니다. 해수풀장도 개장하니 아이들과 안전하게 물놀이할 수 있습니다.

2018년 가을에 문을 연 '율포해수녹차센터'도 있습니다. 기존 보성해수녹차탕보다 규모가 2배 이상 큽니다. 지하 120m 암반층에서 끌어올린 바닷물과 녹차 우린 물을 이용한 노천의 녹차해수탕이 피로를 말끔히 씻어줍니다. 노천탕 중앙에 유아탕도 있어, 가족끼리 도란도란 담소 나누며 해수탕을 즐길 수 있습니다.

체험·휴양·힐링

보성 제암산자연휴양림

© photo · 제암산자연휴양림

주소 전남 보성군 웅치면 대산길 330

전화 061-852-4434

홈페이지 www.jeamsan.go.kr

보성에서 하루 머물 곳을 찾는다면, 단연 제암산자연휴양림입니다. 이틀을 머물러도 이곳이고 요. 자연 속 힐링은 물론, 짜릿한 숲 속 모험을 즐기는 이들이라면 200% 만족하는 휴양림입니다. 모든 산을 압도하는 '황제의 산'이라는 뜻의 제암산 기슭에 자리하니 그 이름값을 합니다. 특히 여름에 개장하는 '계곡 어린이 물놀이장'은 아이들 놀기에 더없이 좋습니다. 숙박시설은 숲속의집 24동, 숲속휴양관 12실, 제암휴양관 11실, 원기회복의집 8실, 몽골텐트 21실 등 총 76실입니다. 예약은 사용일 기준 30일 전 오전 10시부터 가능하니 꼭 체크해두세요.

제암산자연휴양림의 대표 주자는 '더늠길'입니다. 능선을 넘나들며 울창한 숲길을 걷는 무장애 산악 트레킹 코스입니다. 5.8km 전 구간이 평평한 데크로 조성되어 한 바퀴 도는데 2시

간 30분 정도 걸립니다. 유모차나 휠체어로 도 이동할 수 있습니다. 아이와 걸을 수 있는 만큼 자박자박 걸어 봐도 좋겠습니다.

하나 더! 만 5세(키 110cm) 이상이면 이용할 수 있는 에코어드벤처 펭귄코스로 아이에게 '탐험 대장'이 될 기회를 선물해주세요.

CHAPTER 5

마음밭에 봄비가 촉촉이 내리는
감성 여행

하루를 배웅하러 가는 길
정서진

#국내 최고 낙조 명소 #서해와 갯벌 감상 #새우과자 들고 갈매기 먹이 주기
#아라타워 전망대 #드라이브코스 #아라인천여객터미널 #아라빛섬 #633공원 #노을종
#선상체험공원 #송월동 #동화마을 #차이나타운 #짜장면박물관 #수도국산 달동네박물관

엄마도 달려가 안길 곳이 필요해

그래 먹지 마!

엄마에게 가장 필요한 건 어쩌면 여행이 아니라 '혼자만의 시간'인지도 모릅니다. 그날 저녁도 그랬습니다. 정성껏 요리해서 김 나는 그릇을 식탁에 올리자, 아이는 "안 먹어!" 라며 바닥에 그릇을 내동댕이쳐 버렸습니다. 아이 반응에 마지막까지 붙잡고 있던 인내심은 안드로메다로 떠나버렸습니다. 순간 아이에게 단전의 기운까지 긁어모아 있는 힘껏 소리쳤습니다. 저녁 거부 전에도 여러 차례 '참을 인(忍)'을 곱씹었던 날이었거든요.

"그래 먹지 마!"

바닥에 허우적대는 크림파스타를 주워담으며 눈물을 뚝 흘렸습니다. 참아왔던 모든 것이 쏟아지는 저녁이었습니다. 바람이 필요했습니다.

훌쩍 떠나고 싶은 그런 날, 마음을 토닥여줄 곳. 인천의 정서진

- ●추천 시기 사계절(비교적 늦게 해가 지는 여름날이 아이와 함께하기 더 좋아요)
- ●주소 인천 서구 정서진1로 41 ●전화 1899-3650(아라종합안내센터)
- ●홈페이지 www.kwater.or.kr/giwaterway(경인아라뱃길)
    www.marinaportal.kr(해양레저스포츠)
- ●이용 시간 [아라리움 문화관] 09:00~18:00, [아라타워 전망대] 09:00~22:00, [함상공원] 09:00~17:00
- ●이용 요금 무료 ●수유실 아라타워 1층
- ●아이 먹거리 아라타워 1층 카페테리아, 전망대 24층 '카페ARA' 레스토랑(스테이크, 파스타, 피자, 커피 등)
- ●소요 시간 2시간

(正西津)입니다. 노을, 바다, 갯벌이 위로의 바람을 보냅니다. 서해 너머로 온종일 타오른 태양이 쉬러 갈 때 고단한 마음도 숨을 쉽니다.

서해를 마주한 나만의 아지트

인천 서구의 정서진은 우리나라 최고의 낙조 명소입니다. 정서진은 서울 광화문을 기준으로 국토의 서쪽 끝 지점을 말합니다. 광화문에서 일직선으로 34.526km 떨어진 이곳은 강릉 정동진, 장흥 남포마을의 정남진이 그러하듯 뭍의 끝에서 이야기를 시작합니다. 서울에서 멀지 않은 정서진은 서쪽으로 내달리는 드라이브 코스도 좋고, 공원과 전망대가 조성되어 있어 편안한 휴식처가 됩니다. 특히 명절 당일을 제외하고 연중무휴, 무료로 운영되니 지갑이 얇아도 괜찮은 곳입니다.

정서진은 아라뱃길이 있어서 바닷길 드라이브가 가능하고, 서울에서 가까워서 준비 없이 훌쩍 떠나기에도 좋은 여행지다. 차 문을 열고 달리다 보면 갯벌냄새가 정서진에 가까워졌음을 알린다.

과거부터 현재 그 자리에 있던 정서진이 새
로운 여행 명소로 떠오른 건 2011년 아라뱃
길이 개통하면서부터입니다. 아라뱃길은 한강
하류에서 서해로 연결되는 길이 18km의 우리
나라 최초 운하입니다. 아라뱃길의 '아라'
는 민요 〈아리랑〉의 후렴구 '아라리오'에서
따온 말이자 바다를 뜻하는 옛말입니다.

> "
> 정서진은 임금이 살던
> 광화문에서 말을 타고
> 서쪽 방향으로 달리면 나오는
> 육지 끝의 나루터라는 의미예요.
> 정서진은 낙조와 바다를 함께
> 즐길 수 있는 곳입니다.
> "

아이랑 여행 꿀팁

● 정서진에는 아라뱃길과 연계한 갑문, 아라인천여객터미널,
아라타워, 함상공원 등 볼거리가 많습니다. 많은 볼거리
가운데 아이가 가장 좋아하는 것은 터미널 뒤편으로
마중 나온 갈매기떼입니다. 새우과자 한 봉지 챙겨
가면 갈매기와 즐거운 시간을 보낼 수 있습니다.

국토 종주 자전거길의 출발점

정서진에 도착하면 가장 먼저 눈에 띄는 것이 높이 71m 전망대인 아라타워예요. 23층 전망대에 오르면 서해와 아라갑문, 영종대교가 시원하게 내려다보입니다. 제가 제일 좋았던 건 전망대로 가는 승강기에 비친 제 모습이에요. 아주 날씬해 보이는 착시효과가 있거든요. 출산 후 숨기고 싶은 살들을 제대로 숨겨줍니다.

전망대 바로 옆 아라인천여객터미널은 크루즈를 형상화한 모습이 인상적입니다. 서해 섬으로 가는 여객선과 아라뱃길을 운항하는 유람선을 탈 수 있는 곳입니다. 터미널 1층에는 카페, 레스토랑, 편의점, 2층에는 이탈리안 레스토랑이 있습니다.

아라타워 앞으로 드넓게 조성된 아라빛섬은 그 이름처럼 석양을 받아 반짝입니다. 아라빛섬 주변으로 야외무대, 나무데크로

▼▶ 76m 높이의 아라타워와 크루즈를 형상화한 아라인천여객터미널. 아라타워 전망대에서는 서해와 아라뱃길, 청라지역 일대를 조망(오른쪽 사진)할 수 있다.

된 산책로, 해송이 우거진 해
송림이 있습니다. 아라빛섬
에서는 카약과 고무보트, 해
양안전체험과 같은 해양레저
스포츠도 무료로 즐길 수 있
습니다(해양레저스포츠 홈페이
지 예약 필수).

정서진에서는 '자전거 라이더'를 쉽게 만날 수 있습니다. 정서
진이 인천에서 한강, 낙동강을 거쳐 부산까지 이어지는 총 거
리 633km의 국토 종주 자전거길의 출발 지점이기 때문입니
다. 633공원 바닥에 새겨진 '0M START'와 '630,000M FINISH'
라는 문구가 정서진의 의미를 대변합니다.

▲ 국토 종주 자전거길의
시작점인 633공원은 자
전거 라이더들의 베이스
캠프다. '0M START' 지
점을 밟고 서면, 신기하게
도 복잡했던 마음이 리셋
되면서 육아에 대한 새로
운 각오를 다지게 된다.

◀▲ 해송이 우거지고 나무데크로 된 산
책로가 있는 아라빛 섬은 석양빛을 받아
섬 전체가 황금빛으로 물드는 저녁 무렵
아이와 산책하기 좋다.

한 해의 마지막 일몰을 배웅하는 곳

정서진의 또 다른 랜드마크는 '노을종'입니다. 대형 조개 모양 조형물은 정서진의 낙조를 가장 잘 감상할 수 있는 자리입니다. 월별로 낙조 감상 위치가 다르게 표시되어 있어요. 일몰 시각에 그달의 자리에 올라서서 서해를 바라보면 노을종에 낙조가 쏙 들어와 눈부시게 빛납니다.

노을빛, 노을종소리, 사람과 자연이 한데 어우러진 노을사중주가 펼쳐지는 시간에는 〈Happiness in Sunset〉이라는 음악이 흘러나와 감동을 더합니다. 매년 12월 31일 한 해의 마지막 날에는 노을종 앞에서 '정서진 해넘이 축제'가 열립니다.

▲ 아라여객터미널 옆 '함상공원'에서는 실제로 바다에서 치안을 담당했던 '해경 1002함'을 볼 수 있다. 함정 내부는 해양 경찰의 활동을 알리는 전시 공간으로 활용하고 있다.

아이와 함께라면 선상체험공원에 꼭 들려보세요. 1,000톤급 해양경비함 '해경 1002함'이 정박해 있습니다. 1982년 울릉도 해역 경비를 시작으로 30여 년간 조난 선박 구조, 불법 조업 단속 등의 임무를 수행한 1002함은 생의 긴 여정을 경인 아라뱃길에서 마쳤습니다. 사력을 다한 백전노장의 외형은 녹슬어 보잘것없지만, 내부는 전혀 다릅니다. 함상공원으로 리모델링하면서 제2의 항해를 시작한 것이죠. 배 안은 총 3층 규모입니다. 그 안에서 해양 경찰의 근무 모습, 역할 등을 자세히 보여주고 있습니다.

송월동 동화마을
신데렐라와 용왕님이 사는

주소 인천 중구 자유공원서로37번길 22

전화 032-764-7494

송월동 동화마을은 널리 알려진 '세계명작동화'를 주제로 화려하게 꾸며놓은 마을입니다. 여느 테마파크 못지 않게 알찬데, 입장료는 무료입니다.
'송월동 동화마을'이라고 적힌 커다란 무지개 간판부터 심상찮습니다. 가가호호 벽을 가득 메운 그림과 입체 조형물을 보면서 아이와 함께 동화 제목, 주인공, 이야기를 맞추는 재미가 쏠쏠합니다! 도로시길, 북극나라길, 빨간모자길 등에서 알록달록한 색감을 배경으로 사진 찍기에도 그만입니다. '초콜릿체험관', '트릭아트 스토리'와 체험공방 등이 있어 차이나타운과 함께 반나절 코스로 잡기 적당합니다.
'송월'이라는 마을 이름은 울창한 소나무 숲 사이로 보이는 달이 운치가 있다는 의미입니다. 1883년 인천항이 개항되면서 송월동에 외국인들이 늘어났고, 부촌이 형성되었습니다. 그러나 몇십 년 전부터 젊은 사람들이 하나둘 떠나면서 마을은 활기를 잃고 빈집들이 생겨났지요. 다행히 도시재생사업을 통해 지금은 관광 명소가 되었습니다.
마을 끄트머리와 길 건너편에 공영주차장이 있고, 주차료는 주말에만 받습니다.

오늘은 우리 가족 외식하는 날!

차이나타운과 짜장면박물관

주소 인천 중구 차이나타운로52번길 12

전화 032-777-4000(인천역관광안내소)

홈페이지 www.icjgss.or.kr/jajangmyeon(짜장면박물관)

어릴 적에는 짜장면 먹는 날이 그렇게 행복할 수 없었습니다. 인천역 맞은편 제1패루 안쪽으로 걷다 보면 짜장면거리를 만날 수 있습니다. 붉은 간판과 홍등을 내건 상점들로 꽉 찬 골목은 이정표가 없이도 '차이나타운'이 떠오릅니다. 길거리에는 중국식 팥빵인 홍두병, 딤섬, 수제 월병, 공갈빵 등 먹거리가 넘칩니다. 길게 늘어선 줄을 따라 기웃거리다 보면 자연스레 주전부리로 배를 채우게 됩니다.

국내 최초로 개관한 짜장면박물관은 인천 차이나타운에 1908년 문을 연 '공화춘(共和春)' 건물을 보수한 전시 공간입니다. 공화춘은 1980년까지 대형 연회장을 갖춘 중국 음식점으로 명성을 날리다가 이제는 박물관으로 거듭났습니다.

차이나타운은 먹거리 외에도 개항 당시 건축 문화와 자료가 잘 보존되어 있어서 걷는 것만으로 역사 여행을 하는 기분이 듭니다. 한중문화관, 중구생활사전시관, 개항박물관, 근대건축전시관, 인천아트플랫폼 등 반나절 정도 즐길 수 있는 소소한 볼거리가 많습니다. 특히 일본강점기 창고로 사용하던 건물을 리모델링한 한국근대문학관은 놓치지 마세요.

차이나타운은 주말에는 차 없는 거리로 운영되어 인근 주차장을 이용해야 합니다. 인천 제8부두 주차장은 무료(도보 10분)입니다.

3대가 함께하는 시간 여행
수도국산 달동네박물관

주소 인천 동구 솔빛로 51

전화 032-770-6130

홈페이지 www.icdonggu.go.kr/museum

2015년 개관한 수도국산 달동네박물관은 수도국산 비탈에 있던 '달동네' 모습을 그대로 재현한 공간입니다. '수도국산'이란 별칭은 일제강점기에 생겼습니다. 과거 인천은 우물이 적고 수질 또한 나빠서 물 확보가 중요했습니다. 일본강점기 관청이었던 탁지부에 수도국이 신설되었고, 송현동과 송림동에 걸쳐 있는 산꼭대기에 수돗물을 담아두는 배수지를 설치하면서 '수도국산'이라 불렀다고 합니다.

아이들은 물지게, 연탄아궁이, 온돌 체험 등을 하며 신기해 합니다. 특히 박물관 내 문방구에서 판매하는 불량식품과 장난감 앞에서 오래 서성입니다. 2층에는 옛날 교복이 사이즈 별로 비치되어 있으니 아이들과 재미있는 가족 사진을 남길 수 있습니다.

달동네박물관은 조부모님과 함께 방문하는 걸 추천합니다. 주로 60~70년대 생활사를 담고 있어, 부모 세대에게도 생경한 풍경이 가득합니다. 할머니 할아버지와 함께 방문하면 "너희 엄마 아빠 어렸을 때 말이지······"로 시작하는 이야기를 들으며, 3대가 이야기꽃을 피울 수 있습니다.

전시물 가운데 2005년 송림동 재개발현장에서 거둬들인 벽지를 눈여겨보세요. 1962년, 1972년 발행 신문, 1972년 꽃무늬 벽지 등 총 11겹 벽지는 이 지역 달동네의 역사를 고스란히 보여주는 자료입니다.

"바다를 볼 수 있는 창문이 좋아요"
제주도 주택 체험

#독채 펜션 #주택살이 로망 실현 #아이와 첫 비행기 타기 팁
#휴애리자연생활공원 #천지연폭포 #군산오름 #굴메오름 #제주도 낮은 오름
#감귤박물관 #제주도 키즈 및 독채 펜션 5 #베시넷 예약하기

층간소음 걱정 없이 뛰놀게 해주고 싶다!

"뛰지 마!!!!!!!!!"

인내의 끝에서 아이에게 최후통첩을 날립니다. 현관 벨이 다시 울리기 전에 아이를 멈춰 세워야 했습니다. 머리 숙여 사과하고 조심시키겠다는 다짐만 몇 번. '애 키우는 집이 어쩔 수 없지, 안 뛰면 애가 아니지……'라는 속마음을 애써 감춥니다. 정녕 이사가 답인지, 아파트 층간소음은 저희 부부에게 큰 고민이었습니다.

"엄마, 외할머니 집에선 왜 뛰어도 되요?"

저녁 8시, 아랫집 아기가 '코야' 할 시간이니 뛰면 안 된다며 타일렀을 때 세 살 아이의 입에서 나온 말이었습니다. 아이에게 우리 집은 저녁이 되면 뛸 수 없는 답답한 공간으로 변합니다. 친정집 같은 단독주택에 대한 로망이 커지는 밤이었습니다.

조금 과장해 말하면, 돌아서면 잡초가 30cm씩 자란다는 주택살이의 이면을 잘 알기에 무턱대고 이사를 할 수는 없었습니다. 이럴 때 정원과 마당이 있는 제주도 독채 펜션으로 여행을 떠나보는 건 어떨까요? 한때 열풍처럼 인기를 끈 '한 달 살기'가 아

● 추천 시기 3~10월
● 홈페이지 www.visitjeju.net(제주도 공식관광정보 포털사이트)
● 전화 064-740-6000(제주관광정보센터)

니라도 괜찮습니다. 하루, 이틀만이라도 층간소음 걱정 없이 흙, 바람, 자연을 느껴보면, "아! 행복하다……"란 말이 절로 떠오르게 될 테니까요.

'깔깔깔' 아이 웃는 소리가 돌담 너머로 흘러넘치는 집

제주는 낮은 돌담에 둘러싸인 아담한 정원과 다락방이 있는 단층 독채 펜션이 많습니다. 포털 사이트에 '제주도 독채 펜션'을 검색하고, 비용이 너무 과하지 않은 선에서 정하면 됩니다. 제주 어느 마을이라도 독채 펜션이 있다는 건, 섬이 온통 개발로 진통을 겪고 있다는 반증이기도 합니다. 그럼에도 불구하고 제주는 언제나 옳다는 생각이 듭니다. 손꼽히는 제주의 관광지를 대부

▼ 제주도에는 낮은 돌담에 둘러싸인 아담한 정원과 다락방이 있는 단층 독채 펜션이 많다. 아이는 그 어떤 놀이터와 키즈카페에서보다 작은 정원에서 더 크게 웃고 더 신나게 놀았다.

분 다녀 봐도 사실 가장 행복한 아이의 표정은 '편안한 집'에서 발견할 수 있었습니다(살림에서 잠시 손을 놓아 편안해진 엄마의 영향도 있겠지요).

제주 돌담은 낮은 경계와 자연스러움이 매력적입니다. 제주의 옛 이름인 '탐라(耽羅)'가 '담 나라'의 이두음(吏讀音)처럼 생각될 만큼, 제주에는 돌담이 많습니다. 발길 닿는 곳마다 길게 이어진 돌담을 만날 수 있으니 '흑룡만리(黑龍萬里)'라고 일컫기도 합니다. 돌담에 포근히 안긴 정원은 아이에게 최고의 놀이터가 됩니다. 수돗가 호스 하나면 워터파크도 필요 없습니다.

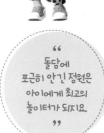

" 돌담에 포근히 안긴 정원은 아이에게 최고의 놀이터가 되지요. "

우리 가족만 단란하게, 독채 펜션의 하루

독채 펜션은 여행 온 가족만 오붓하게 이용할 수 있어 독립적인 장점이 있습니다. 요즘은 예약이 완료되면 대부분 주인을 대면하지 않고 집의 비밀번호를 문자로 받아 볼 수 있어 더욱 편리합니다. 다락방이 있는 집이라면 아이와 엄마 모두의 취향을 저격합니다. 아파트에서는 좀처럼 경험하기 힘든 아이 몸 크기에 딱 맞는 특별한 공간이기 때문입니다.

제주의 숙소 종류는 여러 가지입니다. 1박 이용 요금이 10~40만 원대인 고급 가족 독채 펜션도 있어요. 잔디축구장, 어린이놀이

터, 탁구대, 배드민턴장을 갖춘 신나는 놀이터와 노천 월풀까지 갖춘 고급 펜션과 웨건, 유모차, 부스터 등 유아 물품도 무료로 이용할 수 있는 키즈 펜션, 한 달 살이 펜션, 유아 펜션 등 찾는 이들이 많은 만큼 시설이 꽤 잘 갖춰져 있습니다.

보통 독채로 아이들을 위한 시설을 잘 갖추다 보니 일반 펜션보다 가격이 비싼 편입니다. 비슷한 또래의 아이가 있는 두 가족이 함께 가는 것도 경비를 줄이는 방법입니다. 아이도 함께 놀 친구가 있어 좋고, 부모도 바비큐 앞에 모여 맥주 한 잔 나누며 여유를 즐길 수 있어 좋습니다. 단, 추가 인원에 따른 비용은 미리 확인하세요.

▲ 제주에는 고급 가족 독채 펜션부터 키즈 펜션, 유아 펜션, 한 달 살이 펜션 등 가족 단위 여행객이 머물기 좋은 다양한 콘셉트의 펜션이 있다.

'휴식'을 테마로 잡았다면 극성수기는 피하세요. 모든 숙박시설이 다 그렇지만, 비수기 때라야 합리적인 가격으로 이용할 수 있습니다. 독채 펜션은 휴가철 극성수기에는 1박에 100만 원을 호가하기  도 합니다. 또, 월풀과 수영장이 있는 곳은 위생에 특히 신경 써주세요. 청소 및 물갈이가 제대로 되는지도 꼼꼼히 확인하면 좋습니다.

제주 주택 체험은 일상에서 소소한 행복을 찾게 한다.

아이랑 여행 꿀팁

아이와 첫 비행기 타기 Tip

우리 아이의 첫 비행은 설렘 반, 걱정 반입니다. 해외여행이라면 비행기 탑승 수속부터 착륙 때까지 긴장을 놓을 수 없습니다. 국내선에 속하는 제주도로 향하는 비행도 마찬가지입니다. 아이와 즐겁고 편안한 비행을 위해 준비해야 할 것을 놓치지 마세요.

❶ 유효신분증 지참 필수!
초등학교 이하 어린이의 국내선 탑승을 위한 신분증은 주민등록표(등초본), 가족관계증명서, 건강보험증입니다. 미리 준비하지 않았다면 공항 내 무인민원발급기에서 서류를 발급받을 수 있답니다. 다만, 무인민원발급기 이용 시 지문이 인식되지 않으면 주민센터를 직접 방문해야 하니 만약을 대비해 사전에 챙기는 것이 좋습니다.

❷ 베시넷(아기 요람) 예약하기
아이 키가 75cm 이하, 몸무게가 11kg 미만일 경우 베시넷을 예약하면 좋아요. 단 좌석이 제한적이라 사전 예약이 필수입니다. 저가항공은 설치가 안 될 수 있으니 미리 문의하세요.

❸ 기내 필수 준비물 챙기기
비행기 이착륙 시 발생하는 압력 차로 아이는 물론 어른들도 귀 통증을 느낄 수 있습니다. 아이가 자지러지게 울면 당황스러운데요. 영아는 노리개 젖꼭지를 물리거나 수유를 하는 것이 방법이에요. 유아는 사탕을 준비해가면 침을 삼킬 수 있어 증상이 완화됩니다. 승무원에게 요청하면 사탕 혹은 간식거리를 받을 수 있어요. 장난감을 준비해 아이의 관심을 다른 곳으로 돌려도 좋겠습니다.

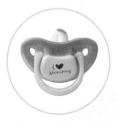

제주도 키즈 및 독채 펜션 5

❶ 키즈독채스파펜션놀자

주소 제주 제주시 한림읍 중산간서로 5136-1 전화 010-9566-9789 가격 4인 기준 30만 원대

로봇 유아 변기를 비롯한 대부분의 유아 용품이 구비되어 있어 홀가분하게 몸만 가도 되는 펜션입니다. 4인용 스파와 물놀이 장난감이 있어, 아이와 물놀이하기 좋아요. 1인 1회 세탁물 건조 서비스 및 웰컴 미니바(식빵, 맥주, 계란, 유아 음료, 유아 간식, 잼, 캡슐커피, 우유, 믹스커피)는 덤.

❷ 제주개구리펜션

주소 제주 제주시 애월읍 고내로7길 34 전화 010-8757-4376 가격 20만 원대

서귀포 산방산 바로 아래 위치한 키즈 독채 & 가족 독채 펜션. 내부 인테리어는 키즈카페를 연상시킵니다. 유아 벙커 침대와 볼풀장이 매력 만점. 키즈 독채 1채와 가족 독채 3채로 나뉘어있습니다. 키즈 독채 정원에는 잔디밭과 하절기에 이용할 수 있는 수영장, 모래밭 등이 있어요.

❸ 아이랑키즈펜션

주소 제주 제주시 한경면 고산로4길 24 전화 010-9025-0202 가격 20만 원대

깔끔함 그 자체. 애월읍에 위치한 이곳은 모던하고, 아기자기한 스타일의 독채 펜션입니다. 프레임이 없는 낮은 침대가 있어 안심이에요. 돌담 너머 미끄럼틀과 트램펄린, 모래놀이터가 있는 아기자기한 정원에서 제주를 느낄 수 있습니다. 유아 서적과 잘 정돈된 장난감 등 구석구석 즐길 거리가 많습니다.

❹ 고장난벽시계

주소 제주 서귀포시 안덕면 사계로114번길 68-9 전화 010-9909-1407 가격 20만 원대

제주의 서쪽, 한경면에 위치한 농가주택 독채 펜션. 침실이 3개여서 대가족 혹은 두 가족이 함께 이용하기 좋아요. 아기자기한 소품과 깔끔한 인테리어가 특징이며, 긴 복도 형태를 사이에 두고 침실과 부엌이 분리되어 조용하게 잠자리에 들 수 있어요.

❺ 제주독채펜션형민박 보름   산방산하우스

주소 제주 서귀포시 안덕면 화순리 1595-9 전화 010-5009-8551 가격 10만 원대

아기자기한 돌담 정원과 잔디마당과 넓은 데크가 인상적인 곳입니다. 키즈 펜션은 아니지만, 아이가 놀 수 있는 장난감과 유아 텐트가 있어요. 2층 다락방도 있습니다. 비교적 저렴한 가격이 장점입니다.

사계절 꽃으로 물드는
휴애리자연생활공원

주소 제주 서귀포시 남원읍 신례동로 256

전화 064-732-2114

홈페이지 www.hueree.com

휴식과 사랑이 있는 마을, 휴애리. 그 이름을 찬
찬히 곱씹어보니 제주와 뚝 닮았습니다. 제주관
광대상에 4회 연속 대표관광지로 이름을 올린 휴
애리자연생활공원은 봄엔 매화, 여름엔 수국, 가을엔 국화,
겨울엔 동백꽃이 활짝 피어 사계절 언제나 좋습니다. 아이와
'인생 사진'을 찍을 핫플레이스입니다. 더욱이 모든 길에 경

사로가 있어 유모차와 휠체어로 접근하
기도 좋습니다.

오전 10시부터 오후 5시까지 매시간 정
각 열리는 흑돼지 공연은 놓치지 마세
요. 미끄럼틀을 타고 내려오는 흑돼지들
의 행렬에 아이들은 깔깔깔 넘어갑니다.
제주 조랑말을 타고 승마 트랙을 걷는
승마 체험, 동물 먹이 주기 체험, 곤충테

마체험관, 감귤 체험 등 다양한 볼거리와 체험 거리가 있어 가족 모두 즐거워합니다. 특히 공
원 전체가 철분과 미네랄 성분이 풍부한 화산송이(화산이 폭발할 때 점토가 용암에 의해서 타
면서 만들어진 화산석 돌숯)로 이루어져 있어 맨발로 걸으며 건강을 챙기는 것도 좋습니다.

천지연폭포

주소 제주 서귀포시 천지동 667-7

전화 064-733-1528

홈페이지 www.visitjeju.net

'제주 3대 폭포' 중 하나로 꼽히는 천지연폭포는 사계절 변함없는 비경을 자랑합니다. 유네스코가 인증한 세계지질공원답게 아열대 · 난대성의 각종 상록수와 양치식물 등이 울창한 숲을 이뤄 햇살 강한 여름에도 나무 우산 아래에서 편안하게 산책할 수 있습니다. 매표소에서 130m 떨어진 검표소를 지나 폭포까지는 총 550m. 아이와 발맞춰 느긋하게 걸어도 왕복 40분이면 폭포 주변 산책을 마칠 수 있어 부담이 없습니다.

길 끝 기암절벽에서 떨어지는 세찬 폭포는 사진 촬영 명소입니다. 엄마 아빠의 학창시절 앨범 어딘가에도 떨어지는 폭포를 배경 삼아 찍은 사진이 있을 거예요. 과거 부모님 세대의 단골 신혼여행지였

던 만큼, 3대가 같은 장소에서 찍은 사진을 비교해보는 일도 가능합니다.

천지연폭포 주변은 천연기념물 제27호로 지정된 제주 무태장어 서식지와 천연기념물 제163호인 천지연 담팔수의 자생지, 천지연 난대림 등 천연기념물의 집합소입니다. 특히 '2017 열린 관광지' 조성사업지였던 천지연폭포는 모든 곳을 휠체어와 유모차로 이용할 수 있습니다.

자동차로 갈 수 있는
군산오름

주소 제주 서귀포시 안덕면 창천리 564

전화 064-710-6043(제주세계유산센터)

홈페이지 www.visitjeju.net

오르막길을 오르는 '오름'은 아이와 함께 선뜻 도전하기 힘든 여행지입니다. 하지만 오름에 올라 바라보는 제주 풍경을 놓치고 싶지 않을 때가 있습니다. 오름은 제주도에서 산을 의미하는데, 제주의 산은 육지와 달리 대부분 기생화산입니다. 대략 360개에 달하는 오름 가운데, 아이와 함께라도 결코 부담 없는 오름이 있습니다.

일명 '굴메오름'이라 부르는 '군산오름(해발 334.5m)'은 자동차로 거의 정상까지 오를 수 있습니다. 정상 부근부터 부모가 아이를 안아도 충분히 오를 수 있습니다. 다만 1차로 길이라 약간의 운전 실력이 요구됩니다.

오름 곳곳에는 진지동굴(일본군이 전쟁을 대비해 만든 것으로, 제주4·3사건 때 피난처로 사용하기도 했다)이 있습니다. 동굴 진입로가 좁고 어두우니 아이와 함께 들어가지는 마세요.

정상 인근에 주차 후 아이 걸음으로 5분 정도 오르면 서귀포시와 한라산이 한눈에 들어옵니다. 오른쪽으로는 산방산과 송악산 수월봉, 모슬봉이, 청명한 날에는 한라산 백록담까지 보입니다. 정상의 돌계단을 오를 때는 아이가 뾰족한 바위에 찔리지 않도록 보호자가 잘 잡아주세요.

TIP
부담 없이 오를 수 있는 제주의 낮은 오름은 동알오름, 셋앗오름, 섯알오름 등이 있어요.

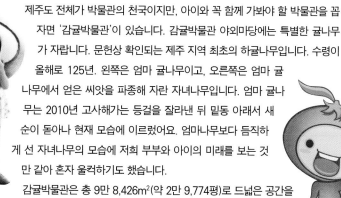

국내 최고령 하귤나무가 자라는
감귤박물관

주소 제주 서귀포시 효돈순환로 441

전화 064-760-6400

홈페이지 citrus.seogwipo.go.kr

제주도 전체가 박물관의 천국이지만, 아이와 꼭 함께 가봐야 할 박물관을 꼽자면 '감귤박물관'이 있습니다. 감귤박물관 야외마당에는 특별한 귤나무가 자랍니다. 문헌상 확인되는 제주 지역 최초의 하귤나무입니다. 수령이 올해로 125년. 왼쪽은 엄마 귤나무이고, 오른쪽은 엄마 귤나무에서 얻은 씨앗을 파종해 자란 자녀나무입니다. 엄마 귤나무는 2010년 고사해가는 등걸을 잘라낸 뒤 밑동 아래서 새 순이 돋아나 현재 모습에 이르렀어요. 엄마나무보다 듬직하게 선 자녀나무의 모습에 저희 부부와 아이의 미래를 보는 것만 같아 혼자 울컥하기도 했습니다.

감귤박물관은 총 9만 8,426m²(약 2만 9,774평)로 드넓은 공간을 자랑합니다. 박물관 건물 외에도 세계감귤원, 아열대식물원, 감귤체험학습장, 인공폭포 등의 시설물이 함께 있는데, 모두 유모차로 이동하는데 불편하지 않습니다. '쿠키·머핀 만들기' 체험도 재밌습니다. 체험은 평일의 경우 사전 예약, 주말 및 공휴일은 당일 현장 선착순으로 진행합니다.

잠시 멈추고 돌아보는 시간이 필요할 때
창덕궁 달빛기행

#창덕궁 #금천교 #인정전 #낙선재 #창덕궁 후원 #서촌 #인생 카페 #대림미술관
#보안여관 #대오서점 #통인시장 #윤동주 하숙집터 #수성동계곡 #인사동 쌈지길

육아의 비타민이 될 나홀로 여행

"지금이 제일 좋을 때야."

큰 아이 손을 잡고, 작은 애를 안은 저를 보고 중년 부인들은 비슷비슷한 '덕담'을 합니다. 힘들어도 더 크면 재미없다고……. 새댁 고생은 내가 잘 알지라는 표정과 함께 말이지요. 어렴풋이는 알 것 같습니다. 머지않아 정신없는 날들이 일단락될 거라는 것을요. 곧 다시 본래의 '나'로 돌아오기까지 그리 오랜 시간이 걸리지 않을 거라 짐작됩니다. 하지만 마음을 고쳐먹고, 다져 먹고, 찜통에 쪄 봐도 육아는 왜 이리 힘이 들까요? 정답이 없는 육아가 마음을 고되게 합니다.

- 추천 시기 4~5월, 8~10월(창덕궁 달빛기행 기간)
- 주소 서울 종로구 율곡로 99
- 전화 02-3668-2300, 02-2270-1243(달빛기행 예매 관련)
- 홈페이지 www.cdg.go.kr(창덕궁), www.chf.or.kr(한국문화재재단)
- 이용 시간 [창덕궁 전각] 09:00~18:00(2~5월, 9~10월), 09:00~18:30(6~8월), 09:00~16:30(11~1월)
  [창덕궁 후원]10:00~17:00(2, 11월), 10:00~17:30(3~5월, 9~10월),
  10:00~18:00(6~8월), 10:00~16:30 (12~1월)
- ※ 창덕궁 후원 관람은 홈페이지 및 현장에서 회차별 예약 필요(회차별 선착순 50명).
- ※ 창덕궁 달빛기행 관람 시간 : 20:00~22:00, 매회 100명 선착순 예매(1인 2매 한정)
- 휴무일 월요일
- 이용 요금 대인(만25~만64세) 3,000원, 창덕궁 후원 5,000원, 창덕궁 달빛기행 30,000원
  ※ 매월 마지막 주 수요일(문화가 있는 날) 무료
- 수유실 2곳(낙선재 앞 화장실 옆, 영화당 부근 화장실 옆), 정수기 및 기저귀 교환대 있음
- 소요 시간 3시간
- 기타 유모차 대여 가능, 창덕궁 정문(돈화문) 8대 선착순 무료 대여

이럴 때 부모에게도 휴식이 필요합니다. 자주는 아니더라도 온전히 나만의 시간을 가지는 것이죠. 홀로 여행했던 시간들은 파노라마 필름처럼 펼쳐지며 저만의 특효약이 됐거든요. 미루지 마세요. 이 글을 읽고 있는 지금이 떠나기 가장 좋은 때입니다. 지금 바로 홀로 창덕궁 후원을 거니는 달빛기행을 떠나보세요. 장담컨대, 이 특별한 경험은 다시 에너지를 북돋는 마법의 비타민이 될 겁니다. 자, 이제 조선의 기품 있는 왕과 왕비가 되어 볼까요?

가장 한국적인 궁궐, 창덕궁

1997년 유네스코 세계유산으로 등재된 창덕궁은 주변 지형과 어우러진 가장 한국적인 궁궐로 꼽힙니다. 정문인 돈화문을 지나 오른쪽으로 꺾어지면 궁궐에서 가장 오래된 돌다리인 금천교가 나옵니다. 금천교는 1411년(태종 11년) 박자청이 축조했습니다. 궁으로 들어가는 사람들의 마음가짐을 흐르는 물에 씻어 바르게 하길 바라는 뜻으로 세워졌다니, 모든 시름을 잊고 다리를 지나봅시다. 금천교 아래 물길에는 늘 계절이 흐릅니다.

이내 창덕궁에서 정치의 중심이 된 인정전과 선정전, 희정당을 만납니다. 인정문을 통과하면 '어진 정치를

> "
> 창덕궁은
> 1997년 유네스코에
> 등재된 세계문화유산으로
> 조선의 3대 임금인 태종이
> 한양 재천도를 위해
> 건립한 궁궐이예요.
> "

▲ 돈화문(왼쪽)과 금천교에서 본 진선문(오른쪽)과 금천교 측면에 있는 귀신 얼굴 형상의 부조(왼쪽 아래).

펼치다'라는 뜻의 인정전(仁政殿)이 모습을 드러냅니다. 중앙에 우뚝 솟은 중층 건물에서 위엄이 느껴집니다. 인정전 앞 넓은 마당에 깔린 박석은 세월의 흔적을 머금고 있습니다. 인정전을 향해 일렬로 세운 품계석에 서면 마치 조선시대 양반이 된 기분이 듭니다.

헌종의 사랑 이야기가 스며들었고, 마지막 황실 가족의 생활공간으로 쓰인 낙선재 일원의 아름다움도 그냥 지나칠 수 없습니다. 단청을 그려넣지 않아 그대로 드러나는 나무의 살결, 경사진 터와 계단에 심은 꽃나무, 돌로 쌓은 단아한 굴뚝에도 눈길이 갑니다. 꽃 피는 어느 날 오면, 마음에도 꽃이 핍니다.

아이랑 여행 꿀팁

● 명절 연휴에는 창덕궁을 비롯한 궁궐과 종묘 등이 무료로 개방하니 가족과 함께 나들이 하기 좋습니다.

▲ 창덕궁의 정전(正殿)인 인정전. 왕의 즉위식, 조회, 외국사신의 접견 등이 이루어지던 정무 공간이다.

◀ 부용지 위로 정조가 세운 왕실 도서관 규장각이 떠올랐다.

▼ 낙선재 후원에 우뚝 서 있는 육각형 누각 상량정. 달빛기행이 열리는 날에는 상량정에서 대금의 깊은 소리가 울려 퍼진다.

66
창덕궁
달빛기행 때
방문하면 전통공연도
즐길 수 있어요.
99

'창덕궁 달빛기행' 프로그램에 참가하면 낮에는 공개하지 않는 낙선재 후원에도 가볼 수 있습니다. 상량정에서 흘러나온 대금 연주가 궁궐에 울려 퍼지면 고요가 더 깊어집니다.

낮보다 아름다운 고궁의 밤

이제 청사초롱을 밝히고 창덕궁 후원으로 들어갈 차례입니다. 지금부터가 진짜지요. 조선 왕실의 정원인 창덕궁 후원은 중국의 이허위안, 일본의 가쓰라리큐와 함께 '아시아 3대 정원'으로 꼽힙니다. 후원이 조성되기 시작한 1406년부터 600년 이상 나무에 전지가위 한 번 대지 않고 제 속성대로 자라게 두었습니다. 서울 한복판에 300년 넘은 고목이 70그루 이상 숨 쉬고 있단 사실도 놀랍습니다. 갈참나무와 때죽나무, 단풍나무, 팥배나무, 소나무, 산벚나무가 일제히 손을 내미는데, 마치 원시림에 들어온 기분입니다. 창덕궁 후원은 도심 온도와 평균 7도 차이가 나서, 뜨거운 여름에도 청량한 공기를 느낄 수 있습니다.

후원에서 제일 먼저 만나는 곳은 부용지입니다. 부용정이 물 위에 반쯤 뜬 채로 있고, 맞은편에 주합루가 연못을 지키듯 섰습니다. 동쪽의 영화당에 앉아서 부용지를 바라봅니다. 영화당은 왕의 휴식처이자 과거를 치렀던 곳입니다. 그 고즈넉함에 넋을 놓습니다. 비가 내리는 날에는 더욱 운치 있습니다. 비는 산수풍경

▲ 후원의 가장 깊은 곳에 있는 소요정은 옥류천에 발을 담그고 있는 것 같다.

▲▶ 부용지는 '하늘은 둥글고 땅은 네모지다 (천원지방)'는 우주 사상에 따라 조성된 왕실 연못이다.

을 그리는 붓입니다. 흙내가 코끝을 자극하고, 처마의 낙숫물이 리듬을 탑니다.

존덕정 일원도 감탄을 자아냅니다. 존덕정에서 옥류천으로 가는 산마루턱을 열심히 걸으면 소요암을 만납니다. 후원의 마지막 영역이자, 가장 깊숙한 곳입니다. 소요암 아래 너럭바위에 홈을 파서 물길을 돌려 작은 폭포를 만들었습니다.

달빛기행이 아니라도 한낮에 34만 490㎡(10만 3000여 평)에 달하는 창덕궁 후원을 꼭 한번 거닐어보세요. 궁궐의 색다른 모습을 만날 수 있습니다.

아이랑 여행 꿀팁

● 달빛기행은 미취학 아동은 참여할 수 없습니다. 하지만 일반적인 관람 시간에는 아이도 후원에 입장할 수 있어요. 단, 아이가 혼자서도 잘 걸을 수 있어야 해요. 후원을 관람하는데 1시간 30분 정도 소요되는데, 후원은 경사가 있어 유모차가 진입할 수 없어요. 또한 단체 관람 형식이라 아이가 보챌 경우 관람하기 어렵습니다.
● 후원의 아름다움만큼 달빛기행은 인기가 많아 표 오픈일에 맞춰 예약을 서둘러야 합니다.

시간이 느리게 쌓이는 동네

서촌 탐방

주소 서울 종로구 자하문로15길 18(통인시장)

전화 02-722-0911(통인시장)

홈페이지 tonginmarket.modoo.at, tour.jongno.go.kr(종로엔다있다)

경복궁 서쪽 동네, 서촌. 인생 카페 혹은 나만 알고 싶은 아지트가 골목마다 빠끔히 고개 내밉니다. 햇살 좋은 날 아이와 타박타박 서촌 골목을 누벼보세요. 서촌의 대표 미술관, 통의동 골목에 위치한 대림미술관이 여행의 시작점입니다. 1967년에 지어진 주택이 건축가 뱅상 코르뉴와 만나 감각적인 현대미술 갤러리로 변모했습니다. 수준 높은 전시를 관람하고 카페 '미술관옆집'에서 마시는 커피 한잔은 더할 나위 없이 낭만적입니다.

경복궁 서문 영추문을 지나 건너편에는 시간이 멈춘 공간이 있습니다. 바로 보안여관인데요.

1930년대에 문 연 보안여관은 80여 년간 수많은 예술가가 밤을 보낸 곳입니다. 지금은 전시를 겸한 복합문화공간으로 운영되고 있습니다.

골목 안으로 들어가 볼까요? 서울에서 가장 오래된 헌책방으로 알려진 대오서점은 환갑의 나이에 카페로 변신했습니다. 근처에는 뷔페처럼 시장 안 음식을 골라 도시락에 담아먹을 수 있는 통인시장과 천재시인 이상의 집까지 있습니다. 돌멩이를 들춰 보물을 찾은 듯합니다. 다만 서촌은 주차 공간이 협소하니 3호선 경복궁역(2, 3번 출구)을 이용하는 것을 추천합니다.

도심 속 청정 공원
수성동계곡

주소 서울 종로구 옥인동 185-3

전화 02-2148-2844

서촌골목에서 인왕산을 바라보며 걸어 오르면 수성동계곡을 만납니다. 윤동주 하숙집터를 지나면 거의 다 온 셈이에요. 도심 한가운데 이런 공간이 있다는 사실이 놀라울 따름입니다. 1971년 수성동계곡 자리에 옥인시범아파트가 지어지면서 사라졌다가, 2008년 아파트가 철거되고 2012년 지금의 모습을 되찾았습니다. 통인시장에서 도보로 15분 정도면 오르니 아이와 함께 오르기 많이 힘들지 않습니다.

수성동계곡은 흐르는 물소리가 경복궁까지 들릴 정도로 크다 해서 붙은 이름입니다. 한여름 장맛비가 내린 다음 날 가보면 그 말을 실감할 수 있습니다. 안평대군과 조선시대 선비들은 계곡의 우렁찬 물소리를 장단 삼아 시를 읊조렸고요. 추사 김정희는 "수성동 우중에 폭포를 구경하다(水聲洞雨中觀瀑此心雪韻)"라는 시를 남겼습니다. 겸재 정선이 그린 〈장동팔경첩〉 중 하나가 수성동 풍경입니다.

조금 더 올라 전망대에 서면 남산타워도 보입니다. 정자에 앉아 아이와 쉬다 보면 서울 한복판에 있다는 것을 잊게 됩니다.

인사동 쌈지길

주소 서울 종로구 인사동길 44 쌈지길

전화 02-736-0088

홈페이지 blog.naver.com/ssamzigil

과거 골동품과 고미술품을 주로 거래하던 인사동. 이제는 외국인 관광객과 한국 전통 기념품을 사기 위해 들르는 코스가 됐습니다. 100여 개의 크고 작은 화랑과 전통 찻집, 음식점이 즐비한 인사동 골목 한 가운데 쌈지길이 있습니다.

쌈지길은 한푼 두푼 모은 쌈짓돈을 꺼내게 되는 곳입니다. 아기자기한 소품들이 구매욕을 마구 자극합니다. 1층 첫걸음길부터 4층 하늘정원까지 경사로로 연결되어 있어서 아이들은 신나게 뛰어다닙니다. 1층은 전통작가 공예샵과 마당, 먹거리가 있고, 2층은 디자이너 아트상품과 테이크아웃 먹거리, 3층은 패션, 의류, 잡화, 4층은 카페가 자리하고 있습니다.

아이들이 가장 오래 머무는 공간은 지하 1층의 체험공방입니다. 식당가와 함께 있어 맛있는 냄새도 솔솔 풍깁니다. 공방에서는 향초, 테이프공예, 나무공방, 핸드페인팅 도자기, 유리공예, 자개공예, 지문도장찍기 등을 체험할 수 있습니다.

쌈지길은 주차장이 따로 없으니, 자동차로 갈 경우에는 인근 유료주차장(조계사, AJ파크 주차장)을 이용해야 합니다. 참! 한옥에 앉아 전통차를 마실 수 있는 '경인미술관'이 쌈지길 인근에 있으니 꼭 함께 들러 보세요.

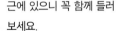

아픈 아이와 함께하는 느린 산책

일산호수공원

#9.1km 산책로 #국내 최대 인공호수 #장미원 #달맞이섬 #월파정 #선인장전시관
#노래하는 분수대 #자연학습원 #뽀로로파크 #고양어린이박물관 #아쿠아플라넷 일산

잘 견뎌 냈어! 이제 산책가자!

아이가 결국 입원을 했습니다. 자지러지는 아이 울음소리에 깬 시각은 새벽 2시. 마치 진통하듯 5분 간격으로 복통을 호소하더니 급기야 저녁으로 먹은 걸 다 게워냈습니다.

"응급실 가야 하는 거 아니야? 어서 검색 좀 해봐."

며칠 전 괜한 입방정 탓일까요. 또래 엄마 모임에서 "우리 애는 그동안 입원한 적도 없고, 무탈하게 커 줘서 얼마나 고마운지 몰라"라며 은근히 자랑했었거든요.

새벽 4시, 응급실로 향했습니다. 집 앞 대학부속병원에 갔더니 소아과가 없어, 다시 소아과가 있는 대형병원을 검색했습니다. 미리 알아두지 못한 저를 탓하면서요. 27개월 경력의 엄마 인생에 최대 위기였습니다.

가슴팍까지 응가가 차 있다는 엑스레이 결과에 관장과 복부초

- ● 추천 시기 봄~가을(5월 고양국제꽃박람회, 9월 가을꽃축제)
- ● 주소 경기 고양시 일산동구 장항동 906 ● 전화 031-8075-4347(종합안내소)
- ● 홈페이지 www.goyang.go.kr/park/index.do
- ● 이용 시간 4~10월(하절기) 05:00~22:00, 11~3월(동절기) 06:00~20:00
  ※ 공원 내 전시관은 월요일 휴무
- ● 이용 요금 무료(※ 행사 및 촬영을 위한 시설 사용료는 별도)
- ● 수유실 광장, 회화, 두루미, 호반화장실 4개소에 기저귀 교환대가 설치되어 있으며,
  종합안내소 앞 작은도서관 내 수유실에 유아 침대가 비치되어 있어요.
- ● 아이 먹거 공원매점, 선인장박물관 내 매점(과자 및 음료), 공원 건너편 식당
- ● 소요 시간 2시간

▶ 27개월 아이에게
도 27개월 차 엄마
에게도 한 박자 쉬어
가야 할 타이밍이 왔
다. 아이와 편안히
산책하기 위해 일산
호수공원을 찾았다.

©photo · 일산호수공원

음파까지 마치고 결국 '소장중첩증'이란 진단을 받았습니다. 쉽
게 말해 장이 꼬인 것이죠. 꼬인 소장이 자연적으로 풀리지 않으
면 수술을 해야 한다는 청천벽력 같은 설명을 들었습니다.

입원은 아이와 부모 모두 지치게 했습니다. 자칫 큰
병이 아닐까 하는 두려움, 여러 검사로 시퍼렇게 멍
든 아이의 손등과 팔, 24시간 맞아야 하는 수액, 불편
한 잠자리 등 모든 것이 그랬지요. 무엇보다 서툰 엄
마 때문에 괜한 고생을 시키는 것 같아, 죄책감으로
불면의 밤이 계속됐습니다. 다행히 5일 후 아이는 건
강을 되찾았습니다.

아이랑 여행 꿀팁

● 일산호수공원 주변에는 자전거 대여점이 많습니다.
1인, 2인용 자전거와 전동킥보드는 물론 트레일러도
빌릴 수 있어요.

'유모차 1번지' 일산호수공원

나도 산책 나왔어요~

퇴원이나 병치레 후에 아이 컨디션이 완전히
회복되지 않았을 때 혹은 그저 아이와 편안하
게 산책하고 싶다면, '유모차 1번지' 일산호수
공원으로 가보세요. 강처럼 넘실대는 국내 최대
인공호수와 초록 자연이 뿜어내는 싱그러운 향기
가 고단한 시간을 토닥여줍니다.

총 면적 103만㎡(약 31만 평)의 일산호수공원은 일
산신도시 택지개발사업과 연계하여 조성한 근린
공원입니다. 고양국제꽃박람회가 열리는 봄날에는
전국각지에서 찾아오는 여행 명소기도 합니다.
호수를 중심으로 조성된 9.1km의 산책로에서는 사
계절 언제나 자박자박 걷는 사람들과 산책
나온 반려동물을 만날 수 있습니다. 이것이
호수공원의 큰 매력입니다.

"
매년 봄
일산호수공원에서 열리는
고양국제꽃박람회는
국내 최대 규모의
꽃축제에요.
"

유모차에 아이를 태우고 호수공원 전 구역을 돌아다녀도 '턱'에 걸릴 일이 없습니다. 산책로와 건물 진입로가 100% 평탄하게 조성돼, 가고 싶은 곳 어디든 유모차와 함께할 수 있습니다.

아이와 보폭을 맞춰 느릿느릿 산책하기

자가용으로 간다면 제2주차장(469대 주차 가능)에 주차한 다음 무궁화동산 → 장미원 → 달맞이섬(월파정) → 선인장전시관 → 어린이놀이터 → 노래하는 분수대 → 미니동물원 → 전통정원 코스를 추천합니다.

장미원은 5~6월이면 수만 송이 장미가 아름답게 피어납니다. 이곳에는 130개 품종 3만 3,430여 그루의 장미가 심어져 있습니다. 달맞이섬의 봄은 벚꽃과 개나리가 만개하고, 월파정에 오르

▶ 5~6월에 일산호수 공원을 찾으면 3만여 그루의 장미가 아름답게 피어난 장미정원을 거니는 호사를 누릴 수 있다.

면 호수가 한눈에 펼쳐집니다.

선인장전시관도 꼭 들려보세요. 750품종 6,800본의 선인장과 다육식물을 만날 수 있습니다. 전시관에는 200여 종의 세계 희귀 선인장이 한곳에 식재되어 있습니다. 특히 추운 겨울이나 바람이 부는 날에는 온실처럼 따뜻해서 쉬어가기 좋습니다.

한반도 모양의 선인장이 눈에 띄는데요. 녹색 몸통에 빨간 머리를 한 '비모란접목선인장'입니다. 남아메리카에서 주로 자라는 흑갈색의 목단옥선인장을 변종시켜 붉은색 선인장이 나왔는데, 이를 고양시가 처음으로 일반 선인장에 접목해 만든 선인장입니다. 지금은 수출하는 선인장의 80%를 차지하며 세계 각국 사람들과 만나고 있습니다.

4월부터 10월까지는 주말 저녁 산책도 낭만적입니다. '노래하는 분수대' 때문인데요. 화려한 조명과 물줄기가 어우러진 분수쇼가 열립니다.

▼ 이색 선인장을 보는 재미가 있는 선인장전시관은 날씨가 추울 때 몸을 녹일 겸 방문해도 좋다.

2만 5,000㎡ 규모의 생태학습장인 자연학습원은 1,300종 이상의 다양한 생물이 살아가고 있어 아이들에게는 흥미진진한 곳입니다. 멸종위기종 양서류 맹꽁이도 만날 수 있고, 주말이면 풀꽃교실, 곤충교실 등 호수자연생태학교에서 다양한 생태 체험이 가능합니다. 토요일에 방문할 계획이라면 텃밭정원 일일체험도 놓치지 마세요.

맹꽁이

나도 들어가 볼래요.

아이랑 여행 꿀팁

일산호수공원 분수쇼 시간표

● 4, 5월 금~일요일 및 공휴일 : 20:00, 20:40
● 6월 금~일요일 및 공휴일 : 20:00, 21:10
● 7~8월 화~금요일 : 20:30, 주말 및 공휴일 20:00, 21:10
● 9~10월 금~일요일 및 공휴일 : 19:30, 20:10

육아 도우미 뽀통령을 만나러 가는 날
뽀로로파크

주소 경기 고양시 일산서구 킨텍스로 217-59

전화 1661-6370

홈페이지 www.pororopark.com

부모가 되고 늘 함께하는 존재, 뽀로로와 그의 친구들입니다. 똑똑박사 에디, 푸근한 포비, 요리공주 루피와 크롱, 패티, 해리까지 헷갈리지 않고 알게 되면 뽀로로와 친구들을 직접 만날 때입니다.

전국에 지점을 둔 대형키즈카페 뽀로로파크는 언제나 아이들에게 인기 만점입니다. 입장부터 캐릭터가 맞이합니다. 발권하기도 전에 아이들은 벌써 뛰어들어가려 합니다.

실내에는 뽀로로의 집 등 애니메이션 속 세상을 고스란히 옮겨놓았습니다. 정중앙의 '몰캉몰캉 놀이터'는 바닥도, 놀잇감도 몰캉몰캉합니다. '소꿉놀이터'는 영유아를 위한 공간입니다. 천정이 낮아 어른들은 허리가 저절로 굽혀지는데, 아이들은 아늑함을 느끼는지 편안하게 놉니다.

'통통이 소극장'은 뽀로로와 친구들의 실물을 영접할 수 있는 곳입니다! 약 10분 정도 뽀로로 노래에 맞춰 캐릭터 인형을 쓴 배우들이 춤추고 노래하는데, 아이들의 몰입도가 최고입니다. 끝나고 포토 타임도 놓치지 마세요. '쿠션놀이터'는 36개월 미만 영아를 위한 공간입니다. 식당 '루피의 요리조리 키친'에서는 피자, 떡볶이, 돈가스, 오무라이스 등을 판매하고 있어요. 뽀로로 기차는 매시간 30분에 탑승을 시작하니 놀다가도 기차 출발 소리가 들리면 달려가세요!

아이와 행복한 스푼
고양어린이박물관

주소 경기 고양시 덕양구 화중로 26

전화 031-839-0300

홈페이지 www.goyangcm.or.kr

고양어린이박물관은 지상 3층, 지하 1층, 옥상정원으로 구성된 대규모 창의놀이터입니다. 가성비와 아이들의 만족도가 최고입니다! 10:00, 11:30, 13:00, 14:30, 16:00 총 5회차로 운영됩니다. 회차별 정원은 평일 200명, 주말 400명입니다. 원하는 시간대에 입장하고 싶다면 사전 예약을 권합니다. 홈페이지에 실시간으로 잔여 입장 가능 인원수가 나오니 예매할 때 참고해 주세요.

아이들이 체험할 전시 주제는 꽃향기 마을, 함께 사는 세상, 안녕? 지구, 물빛 마을, 아기숲, 애니팩토리, 건축 놀이터, 아트 갤러리 등으로 꽤 다양합니다.

36개월 미만 영아만 이용 가능한 2층 '아기숲'은 공간 전체에 매트가 깔려 있어 기어 다니거나 이제 막 걸음마를 뗀 아이도 걱정 없습니다.

박물관 한가운데 아이들의 눈길을 끄는 클라이밍 체험물 '아이그루'는 키 100cm 이상의 어린이와 보호자가 꼭 함께 체험해야 합니다. 운동화 착용은 필수! 안전하고 쾌적한 관람을 위해 일일 입장 인원 및 회차 별 입장 인원을 제한하고 있습니다.

TIP
체험을 즐기다 보면 어느새 반나절이 훌쩍 지나갑니다. 간단한 식사나 간식을 준비해 가면 3층 피크닉실에서 먹을 수 있어요.

아쿠아플라넷 일산

주소 경기 고양시 일산서구 한류월드로 282

전화 031-960-8500

홈페이지 www.aquaplanet.co.kr/ilsan/index.jsp

아쿠아플라넷 일산은 서울 근교 아쿠아리움 가운데 단연 볼거리가 많은 곳입니다. 가로 11m, 세로 6m의 대형관람창으로 신비한 바닷속 생태계를 볼 수 있는 것은 물론, 옥상정원에는 'The Sky Farm'이 있어 당나귀, 거위, 토끼, 양, 염소, 미니돼지 등에게 먹이 주기 체험도 할 수 있습니다. 연간회원권을 끊어 10번 넘게 다녀와도 아이가 늘 즐거워한 곳입니다.

아쿠아뮤지컬 공연 방송이 흘러나오면 메인 수조로 달려가세요! 참물범, 가오리피딩, 바다코끼리 생태 설명회 등 오전 10시 30분부터 오후 5시 45분까지 10~15분 간격으로 공연과 설명회가 있습니다.

블록놀이터인 '브릭플라넷'과 실물과 똑 닮아 살아있는 듯한 밀랍인형을 만날 수 있는 '얼라이브 스타' 등 유료 부대시설도 있어요. 주차 공간 또한 넉넉해 걱정 없습니다. 푸드코트 안에서 아이 먹거리를 판매하고 있어, 이유식을 제외하면 별도로 준비하지 않아도 됩니다. 유모차로 이동할 수 있고 연중무휴 운영되며, 36개월 미만은 무료입니다.

수목원, 식물원, 박물관이 한 곳에

부천자연생태공원

#휴식 · 교육 · 체험을 한 곳에서 #7호선 까치울역에서 도보 5분 #부천식물원
#수목원 산책길 #부천무릉도원수목원 #튼튼유아숲체험원 #자연생태박물관
#무료 체험 교육 #부천 한국만화박물관 #아인스월드 #웅진플레이도시

도시 탈출! 자연생태공원에서 오후를

부천자연생태공원은 그야말로 자연 속 쉼터입니다. 초록 향기 가득한 수목원, 식물원, 자연생태박물관, 농경유물전시관 등이 함께 모여 있어 휴식, 교육, 체험 세 마리 토끼를 모두 잡을 수 있는 곳입니다. 저렴한 입장료는 덤입니다! 지하철 7호선 까치울역 1번 출구에서 도보 5분 거리에 위치해 장롱 면허, 뚜벅이 엄마도 걱정 없습니다.

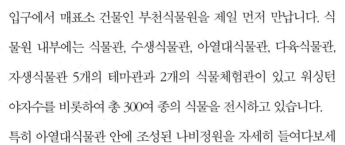

여서 오세요!

입구에서 매표소 건물인 부천식물원을 제일 먼저 만납니다. 식물원 내부에는 식물관, 수생식물관, 아열대식물관, 다육식물관, 자생식물관 5개의 테마관과 2개의 식물체험관이 있고 워싱턴 야자수를 비롯하여 총 300여 종의 식물을 전시하고 있습니다. 특히 아열대식물관 안에 조성된 나비정원을 자세히 들여다보세

- 추천 시기 봄~가을 • 주소 경기 부천시 길주로 660
- 전화 032-320-3000(부천시콜센터), 032-625-3501(자연생태공원)
- 홈페이지 ecopark.bucheon.go.kr
- 이용 시간 3~10월 9:30~18:00, 11~2월 9:30~17:00
- 이용 요금 수목원 1,000원, 자연생태박물관 · 식물원 각 2,000원
- 휴무일 매주 월요일, 1월 1일, 설 · 추석 당일
- 수유실 부천식물원 1층, 자연생태박물관 1층
- 아이 먹거리 박물관 내 매점이 있지만, 야외에서 먹을 간단한 먹거리를 준비하는 것이 좋아요.
  공원에서 도보 10분 거리에 식당가가 있어요.
- 소요 시간 2시간

▲▶ 부천식물원 중앙정원에서 웅장함을 뽐내고 있는 워싱턴 야자나무(오른쪽)와 관상용 파인애플 구즈마니아(왼쪽).

요. 나비의 한살이 과정이 꽤나 흥미진진합니다. 식물원에서는 식충식물인 파리지옥도 살펴볼 수 있습니다. 처음에는 어른 키만 한 파리지옥 조형물을 보고 진짜라고 착각하고 겁을 먹었습니다. 하지만 실제 파리지옥은 새끼손톱 정도 크기였습니다.

자세히 보아야 예쁘다…… 너도 그렇다

식물관 옆으로 돌아 들어가 교감문을 지나면 수목원 산책길이 나옵니다. 부천무릉도원수목원으로 가는 길에는 정자가 있어 아

이들과 쉬거나 도시락을 먹을 수 있어 좋습니다. 단,
고기를 굽거나 음식을 조리하는 등의 취사는 불가능
하니 꼭 지켜주세요.

평일에 찾는다면 주말의 북적임을 상상할 수 없을
만큼 평화롭습니다. 낙지다리, 메리골드, 색범부채,
촛불맨드라미 등 꽃 하나하나를 자세히 들여다 볼 수 있습니다.
느긋하게 걷고, 자연에 더 많이 기댈 수 있습니다.

" 수목원에는
암석원, 약용식물원,
명상원, 하늘호수,
튼튼유아숲체험원 등
다양한 시설이 있어요. "

평소 트레킹을 즐기는 분들에게는 가벼운 산책이지만, 기초 체력이 달리는 어른들은 생각보다 수목원이 넓다고 느낍니다. 그래서 수목원 정상 부근에 있는 튼튼유아숲체험원을 놓치기 쉽습니다.

아이와 함께라면 "조금만 더 가면 놀이터가 있어. 천천히 올라가 보자!"라고 독려하며 정상까지 올라보세요. 통나무로 만든 그물을 오르락내리락하며 체력을 단련할 수 있는 공간이 나타납니다. 아이는 이곳에서 날쌘 다람쥐가 됩니다. 체력 단련 공간 주변에는 평상이 있습니다. 평상에 앉은 채로 우거진 숲에 폭 안겨 있으면 '한여름 피서지로 이만한 곳이 없다' 싶을 만큼 시원합니다.

대형 무당벌레가 건물 외벽을 기어가는 곳은 자연생태박물관입니다. 지하 1층, 지상 3층 규모의 생태학습장으로, 입장하려면 미리 식물원 매표소에서 입장권을 구매해야 합니다. 1층에는 하천생태관과 생태체험관, 2층에는 곤충화석과 공룡탐

험관 등이 있어 관심 분야에 따라 둘러보기 좋습니다. 무엇보다 '무료' 체험 교육이 매력적입니다. 매주 토·일요일 2시부터 4시 30분까지 '클레이 점토를 이용한 공룡·곤충·동물 만들기', '뚝 딱뚝딱 자연공작소' 체험이 열립니다. 홈페이지에서 예약하거나 현장에서 접수하면 됩니다.

▲ 멀리서 자연생태박물관을 본 아이는 "엄마 엄청나게 큰 무당벌레야!"라고 외치며 달려간다. 자연생태박물관에는 곤충·파충·양서류, 한국 자생 민물고기, 공룡 화석 등이 있다.

자연이 건네는 위로

제가 처음 이곳을 찾은 건 첫째 아이 출산 직후 '호르몬'의 변화를 감당할 수 없을 때였습니다. 산후조리를 도와주러 온 친정엄마의 발뒤꿈치 소리조차 듣기 싫다 할 만큼 예민했고, 마음에 파

▲ 평일에 방문하면 공원을 전세 낸 듯 여유를 만끽할 수 있다.

도가 거칠게 휘몰아쳤을 때였지요. 그것이 호르몬 때문인지 알았더라면 조금은 달랐을지도 모릅니다. 아무것도 모르고 시작한 출산과 육아로 많은 시행착오를 겪었습니다. 그때 만난 이곳의 자연은 제게 큰 위로가 됐습니다. 공원에서 나무, 꽃 냄새 맡으며 뛰노는 아이들의 행복한 표정도 평정을 찾는데 큰 몫을 했습니다.

둘째 임신한 지 40주하고도 3일을 넘긴 날, 서울에 올라오신 부모님과 함께 또다시 공원을 찾았습니다. 오르막길을 걸으며 둘째 '꽁이'와 어서 만날 수 있길 기도했습니다. 그리고 다음날 둘째를 품에 안았습니다. 우리 가족에게 부천자연생태공원은 위로와 추억의 공간입니다. 아마 이곳을 찾는 다른 분들도 자연이 건네는 다정한 위로에 앞으로 나아갈 힘을 얻을 것입니다.

도서관이 이렇게 재밌다니!
부천 한국만화박물관

주소 경기 부천시 길주로 1

전화 032-310-3090

홈페이지 www.komacon.kr/comicsmuseum/

7호선 삼산체육관역 4, 5번 출구로 나오면 부천 한국만화박물관을 만날 수 있습니다. 입구부터 익숙한 캐릭터가 아이들을 반깁니다. 박물관 1층에는 기획전시실, 만화영화상영관, 체험마당, 카페테리아가 있고, 2층에는 만화도서관, 체험교육실, 창의교육실이 있습니다. 영유아와 함께라면 3층 전시관을 들르지 않아도 볼거리가 꽤 많습니다.

박물관 중심에는 국내 최대 규모의 만화도서관이 있습니다. 만화 단행본, 비도서, 이론서 등 만화와 관련된 자료를 소장하고, 누구나 열람할 수 있는 열린 공간입니다. 함께 간 부모가 더 오래 머물고 싶어 하는 곳이지요. 박물관 티켓 없이도 입장할 수 있어 인근 주민들에게 특히 사랑받는 공간입니다. 아동열람실에선 나이와 관계없이 어린이 학습만화와 그림책 등을 마음껏 볼 수 있습니다.

3층은 상설전시관과 기획전시실, 4D 상영관, 만화체험존, 카툰갤러리, 옥상정원 등으로 구성되어 있습니다. 안내데스크 옆 승강기를 타고 3층으로 올라가 상설전시장을 둘러본 뒤 2층 도서관과 1층에서 체험교육실을 이용하면 됩니다. 박물관 주변으로 아인스월드, 부천시민문화동산, 야인시대캠핑장, 상동호수공원 등이 있어 하루 코스를 계획하고 움직여도 좋습니다.

335

아이 눈높이에서 세계여행

아인스월드

주소 경기 부천시 도약로 1

전화 032-320-6000

홈페이지 www.aiinsworld.com

아인스월드는 전 세계 랜드마크로 꼽히는 건축물을 미니어처로 만들어 놓은 테마파크입니다. 아인스월드의 슬로건처럼 '하루에 즐기는 새로운 세계여행'을 실현해줄 곳입니다. 유럽존, 러시아존, 서남아시아존, 북아메리카존 등과 한국존으로 구성되어 있습니다.

사실 아인스월드를 찾은 어른들은 낡고 부서진 곳이 더러 보이는 미니어처에 실망하기도 합니다. 하지만 아이들 반응은 좀 다릅니다. 어린아이들은 고개 들어 올려다보는 게 일상입니다. 이곳 건물들은 작은 아이들의 눈높이에 맞춰져 있습니다. 아인스월드에서는 아이도 소인국을 방문한 걸리버 기분을 낼 수 있습니다.

아인스월드는 오전 10시부터 오후 5시까지 주간 타임과 오후 5시부터 밤 11시까지 야간 타임(판타지 빛 축제)으로 나눠서 운영합니다. 오후 5시 직전에 입장해 조명이 켜지는 늦은 저녁까지 머물다 오면 세계의 낮과 밤을 모두 즐길 수 있습니다(해가 늦게 지는 한여름 제외).

만 36개월 미만은 무료로 입장할 수 있고 연중무휴로 운영됩니다. 하지만 비나 눈이 많이 오면 휴관될 수 있으니 이용 전 홈페이지를 꼭 참고해주세요.

TIP

아인스월드 미니어처 건축물들은 상향 배치돼 있어 아래에서 찍어야 멋진 사진을 남길 수 있습니다. 셀카봉을 꼭 준비해가세요.

출근 도장 찍어도 매일 색다른
웅진플레이도시

주소 경기 부천시 원미구 조마루로2

전화 1577-5773

홈페이지 www.playdoci.com

"매일 와도 지겹지 않겠는걸!"

웅진플레이도시, 일명 '웅플'은 영유아를 동반한 가족에 최적화되어 있습니다. 연면적 9만 4,000m²(약2만 8,435평) 규모로 아이가 좋아할 만한 모든 시설을 갖추고 있지요. 웅진플레이도시는 사계절 레저스포츠 테마파크입니다. 워터도시, 볼베어파크, 체험형 아쿠아리움과 상상아트센터, 디지털 키즈카페인 플랜D, 볼링장, 골프장 등 건물 안에 모두 다 있습니다.

연중무휴로 운영되어 언제든 즐길 수 있다는 것도 장점입니다. 한번 가보면 당장 연간회원권을 끊고 싶은 마음이 듭니다. 단, 시설별로 정기점검 기간을 가질 때가 있으니 방문 전 홈페이지에서 꼭 체크 해두세요. 카페와 식당가도 잘 갖춰져 있어 온종일 놀아도 먹거리 걱정은 없습니다.

특히 워터도시의 '어린이 케어 서비스'가 마음을 든든하게 합니다. 바로 아들맘이 자유로워지는 서비스! 만 5세 이상 어린이의 동성 보호자가 없을 때 수영복 환복과 샤워를 도와주는 유료 서비스입니다. 시설을 이용하면 1일 9시간 무료로 주차할 수 있으니, 주차 시간 걱정하며 놀 필요 없어 좋습니다.

때론 비포장길을 걸어도 괜찮아!

한국민속촌

#조선시대 실물 가옥 #민속촌에서 바이킹을? #마상무예 #전통공예품 쇼핑
#옥사 체험 #다이노스타 #클라이밍 #동춘175 #동춘상회
#동춘도서관 #핵인싸 되는 법 #경기도어린이박물관 #에코아틀리에

날 선 육아에서 편한 육아로

울퉁불퉁 흙길을 뛰노는 첫째 아이의 뒷모습이 보입니다. 둘째를 키우다 보니, 첫째에게 자꾸 엄격해집니다. 새삼 이런 엄마를 견뎌낸 첫째에게 고맙고, 가슴 찡해졌습니다. 이제 만 네 살이 된 '아이'에게, 각별한 애정만큼 엄격한 규칙을 세워가며 날이 선 육아를 했던 것입니다.

아이가 잘못될까 하는 긴장감, 내 아이만 이럴까 하는 두려움, 나만 이렇게 힘들까 하는 자괴감, 호르몬의 극적인 변화를 받아들이지 못한 예민함이 대부분 옅어졌습니다. 그 모든 과정을 이미 살벌하게 겪은 덕에 어느새 경력직 엄마가 되었고, 상황을 유연하게 받아들일 탄력과 내성이 생긴 겁니다. 조금은 너그러워진 엄마 품에서 편히 잠든 둘째에게 속삭입니다.

- ●추천 시기 사계절(※ 전통풍습 행사 : 설날, 정월대보름, 단오, 추석 등)
- ●주소 경기 용인시 기흥구 민속촌로 90
- ●전화 031-288-0000
- ●홈페이지 www.koreanfolk.co.kr
- ●이용 시간 2~4월과 10월 09:30~18:00, 5~9월 09:30~18:30, 11~1월 09:30~17:30
   ※ 주말은 마감 시간 30분 연장
- ●이용 요금 입장권 어른 20,000원, 어린이 15,000원, 자유이용권 어른 28,000원, 어린이 22,000원
   ※ 36개월 미만 무료, 홈페이지 내 할인 프로모션을 활용해보세요.
- ●수유실 입장 후 100m 거리 유아휴게실(기저귀 교환대, 전자레인지, 유아 식탁, 유아 변기 등)
- ●아이 먹거리 민속촌 내 장터(설렁탕, 불고기비빔밥 등), 한정식, 길목집(언양불고기, 수육), 민속주전부리(츄러스, 버터구이 옥수수, 호떡 등)
- ●소요 시간 최소 반나절

"언니와 네가 있어 엄만 오늘도 자란다. 고마워."
아이는 짚으로 엮은 초가지붕을 배경으로, 지곡천
에 두둥실 떠다니는 구름을 벗 삼아 신나있습
니다. 첫째를 통해 둘째 육아가 조금은 수월
하듯, 전통은 낡은 유물이 아니라 현재를 있게 하는
소중한 경험이란 걸 이해하게 되는, 여기는 용인
한국민속촌입니다!

엄마 아빠 어릴 적 한국민속촌을 떠올리면 안 돼요!

약 30만 평 규모의 한국민속촌은 조선시대 각 지방의 실물가옥
을 그대로 이건해 재현한 조선시대 촌락입니다. 1974년에 야외
민속박물관으로 문을 열어 현재까지 반세기의 역사를 가지고
있으니, 부모 세대는 언젠가 한 번쯤 가본 기억이 있는 그런 곳

이지요. 그렇다면 꼭 다시 한 번 아이
와 방문해보세요. 한국민속촌은 재미
가득한 공간으로 다시 기억될 테니
까요.

한국민속촌은 크게 '민속마을', '놀이
마을', '장터'로 구성되어 있습니다. 민
속마을에서는 조선시대 양반가옥과

서민가옥, 관아, 서원, 서당 등을 자세히 살펴볼 수 있으며, 그네뛰기, 윷놀이, 디딜방아, 괴나리봇짐 메기 등 민속 체험도 가능합니다. 놀이마을에는 아이들이 좋아할 15종의 놀이기구가 있고, 장터는 전통 먹거리로 배를 든든하게 채워줄 곳입니다.

아이와 한국민속촌을 알차게 즐길 하루 코스

아이와 함께 30여만 평의 넓은 부지에 펼쳐진 한국민속촌을 알차게 즐길 '하루 코스'를 소개합니다. 오전에는 놀이마을에서 놀고, 점심에는 장터에서 식사하고, 오후에는 공연을 관람하고 민속마을을 체험하는 순서로 둘러보기를 추천합니다.

놀이마을을 첫 코스로 잡은 이유는 오전이 대기시

▲▼ 전통가옥만 있을 것 같은 한국민속촌 한쪽에는 바이킹, 범퍼카, 회전목마, 롤러코스터 등 놀이기구들이 있는 '놀이마을'이 있다. 부모들의 추억 속에 자리한 한국민속촌을 상상하고 방문했다면, 기분 좋은 배신감이 들 것이다.

간이 비교적 짧고, 놀이마을의 놀이기구들이 아이들의 흥미를
돋우는 애피타이저 역할을 하기 때문입니다. 회전목마, 드롭앤
트위스트미니, 바운스스핀 등 보호자가 동반하면 신장 100cm
미만의 영아도 탈 수 있는 놀이기구가 여럿 있습니다. 아이와 함
께 놀이기구를 타고 제가 제일 신났었습니다. 은근 스릴 넘치거
든요. 놀이마을 옆으로는 세계민속박물관, 조각공원 등 다른 볼
거리도 있습니다.

이제 평석교를 지나 민속마을로 들어갈 차례입니다. 민속마을
끝에 자리한 장터에서 맛있는 먹거리로 배를 채운 뒤 공연을 즐
겨보세요. 오전 오후로 1일 2회 펼쳐지는 공연은 농악놀이, 줄타
기, 마상무예, 전통혼례 순으로 이어집니다. 흥미진진한 공연에
아이들도 꽤 집중하며 봅니다.

특히 우리나라 전통 기마문화를 엿볼 수 있는 '마상무예'를 놓치
지 마세요. 마상재(馬上才)는 말 위에서 일종의 재주를 부리는 것
으로, 정조 시대에는 조선의 모든 기병이 반드시 익혀야만 했던

기예였다고 합니다. 아이는 "이히잉~"말 울음소리를 흉내 내며, 실제 말을 보는 것 자체로 신나합니다. 달리는 말 위에서 적의 창칼을 피하는 궁술과 쌍검술, 서서 타

기, 거꾸로 타기, 말 위에서 물구나무 서기 등 박수와 탄성이 절로 나오는 기예를 30분 동안 넋을 놓고 봅니다. 각각의 공연이 끝난 후 포토 타임도 있으니 아이와 기념 사진 촬영도 잊지 마세요.

마지막 코스로 민속마을 구석구석을 탐방해봅니다. 지곡천을 마주하며 일렬로 조성된 전통공방에서는 수십 년간 전통공예품을 만들어온 장인들을 직접 만

◀ 지곡천을 마주하며 조성된 전통공방에서 다양한 전통공예품을 만날 수 있다.

나볼 수 있습니다. 반짇고리, 죽부인, 소쿠리 등 일상 생활 도구를 만드는 죽기공방을 비롯해 목기, 옹기, 부채, 유기, 낙화, 탈, 염색, 악기, 짚신 공방 등을 둘러보고 있으니, 시간 여행을 떠나온 듯합니다. 아이와 관련 전래동화를 미리 읽고 왔다면 금상첨화입니다.

관아 앞마당에 있는 곤장 맞기, 주리 틀기, 옥사 체험 등은 가족 모두를 꺄르르 웃게 합니다. 여름엔 물놀이장, 겨울엔 썰매장이 개장하니 아이들 놀거리가 더욱 풍성해집니다.

한국민속촌은 드넓은 규모만큼 유모차는 필수입니다. 흙길이지만 '2015 열린관광지'로 선정된 여행지답게 유모차와 휠체어 등으로 이동하기 편하게 경사로 및 진입로가 잘 조성되어 있습니다. 다만 자전거(어린이용 세발자전거 포함), 킥보드, 인라인스케이트, 공 등 놀이 용품은 안전을 위해 제한되니 참고해주세요. 안내견을 제외한 애완동물도 함께 할 수 없습니다.

아이랑 여행 꿀팁

- 유모차는 수유실 옆 의무실에서 유료 (2,000원)로 대여할 수 있어요.

움직이는 공룡이 있는 어드벤처 테마파크
다이노스타

주소 경기 용인시 수지구 동천로 593

전화 1661-2050

홈페이지 www.dinostar.co.kr

용인 고기리 숲 속에 위치한 다이노스타는 공룡 테마파크입니다. 다이노스타의 큰 장점은 실내외 놀이 공간이 적절하게 나뉘어 있다는 점입니다. 야외에서 맘껏 에너지를 발산하다가 실내 체험을 교차로 즐기면 됩니다. 전체 시설물을 이용하는데 약 2시간 정도 소요되니 영유아와 함께 오기 적당한 규모입니다.

야외 '다이노 포레스트'에는 클라이밍과 미니 골프를 즐길 수 있는 시설, 공룡 뼈 발굴터, 공중 네트 놀이터 등이 있습니다. 실내 '다이노 어드벤처'에는 키즈 범버카, 360도 파노라마 스페이스, 전동 라이더 등의 탈것과 볼 풀장, 미니 포크레인 체험장, 낚시 놀이터, 모래 놀이터 등의 놀이할 곳이 있습니다.

특히 테마파크에 전시된 대부분의 공룡 모형이 움직입니다. 진짜 공룡을 만난 듯 무서워하는 아이들 모습이 귀엽기만 합니다. 이용 시간에는 제한이 없지만 재입장할 수는 없으니, 배를 든든히 채우고 입장하는 것을 추천합니다. 진입로가 계단이라 이동에 불편함이 크니 유모차는 차에 두고 가세요! 매주 월요일은 휴무입니다.

인사이더 맘의 감각적인 쉼터
동춘175

주소 경기 용인시 기흥구 동백죽전대로175번길 6

전화 080-500-0175

홈페이지 www.dongchoon175.com

'동춘175'는 패션회사인 세정그룹의 1호 물류센터를 리모델링한 쇼핑몰입니다. 세정그룹의 모태인 '동춘상회'와 이곳 주소지 '동백죽전대로175번길'을 합쳐 탄생한 이름입니다. '동춘'은 박순호 세정그룹 회장이 1968년 부산 중앙시장에 문을 연 의류도매상 이름이기도 합니다.

쇼핑몰에는 감각적인 물건이 가득한 동춘상회, 식당, 아울렛매장, 초대형 트램펄린 키즈카페가 한데 모여 있습니다. '쉼이 있는 쇼핑 공간'이라는 콘셉트답게, 물건을 사지 않아도 아이와 쉴 수 있는 공간이 충분하게 마련되어 있습니다. 저녁 9시까지 운영하니 늦게까지 머무를 수 있는 것도 장점입니다.

공기정화 식물로 채워진 '나아바(NAAVA) 라운지'가 눈길을 끕니다. 나아바(핀란드 기업에서 개발한 공기정화 시스템) 1대가 1시간에 3만 리터 공기를 정화한다는데, 동춘175에는 나아바가 18대 있습니다. 미세먼지 가득한 날에도 걱정 없습니다. 특히 '동춘 도서관'은 마구 셔터를 누르게 하는 멋진 공간입니다. 유아휴게실, 수유실, 옥상정원 등의 편의시설도 SNS에 올리고 싶을 만큼 세련됐습니다.

"또또또 올 거예요"
경기도어린이박물관

주소 경기 용인시 기흥구 상갈로 6

전화 031-270-8600

홈페이지 www.gcmuseum.or.kr

경기도어린이박물관은 국내 최대 규모의 어린이 전용 박물관입니다. '전용'다운 면모는 가보면 바로 실감합니다. 아이들에게 '박물관=놀이터'라고 인식 시켜줄 최고의 기회지요. 모든 화장실에 유아 변기와 유아 세면대, 기저귀 교환대가 있는 건 기본입니다. 지하 1층, 지상 3층 규모의 박물관에 머무는 시간만큼 아이는 스마트폰과 멀어집니다.

1층은 영유아 위주의 놀이터로 구성됩니다. 자연놀이터, 아기둥지, 튼튼

놀이터에서 한참을 뜁니다. 2층에는 바람의 나라, 건축작업장, 우리 몸에 대한 다양한 전시물, 3층에는 에코아틀리에, 동화 속 보물찾기, 내 친구를 소개합니다 등의 체험 거리가 있습니다.

특히 4세 이상의 아이와 함께한다면 에코아틀리에 스케줄을 체크해주세요. 시간대별로 현장 접수를 받습니다. 쓰다 남은 벽지, 폐고무, 전깃줄, 빈 캔 등 재활용품을 활용해 아이만의 멋진 작품을 만들어볼 수 있습니다. 주말은 100% 온라인(모바일) 예매제로 운영하니, 주말에 방문할 계획이 있다면 예약은 필수입니다. 인근의 경기도박물관, 백남준아트센터도 함께 둘러보길 추천합니다.

아이랑 달콤한 '호캉스'에 딱!

화성 롤링힐스

#키즈 호캉스 #아기 용품 대여 #잔디밭과 야외 놀이터 #수영장 #키즈존
#만족도 높은 조식 #호텔에서 아이가 다쳤을 때 #우리꽃식물원 #월문온천
#제부도 갯벌 체험 #제부도 아트파크 #행복텃밭 #딸기 따기 체험

선물 같은 특별한 하룻밤

서른이 된 어느 날, 제 인생 첫 번째 변화를 맞이했습니다. 평범한 회사원에서 여행자가 되었습니다. 수년간 세계를 누비며 바람과 사람을 만났습니다. 홀로 여행하며 어디에 몸을 뉘여도 좋았습니다. 여행자들의 땀 냄새가 뒤섞인 작은 방조차 낭만인 시절이었습니다.

그러다 엄마가 된 후 저의 여행 스타일은 완전히 달라졌습니다. 어린아이와 여행에서 '숙소'는 가장 중요한 요소가 되었습니다. 아늑하고 안전한 잠자리는 아이와 부모 양쪽의 컨디션을 좌우했기 때문이죠. 아이가 어릴수록 이동 거리를 줄이고, 휴식 같은 여행이 필요했습니다.

어디든 떠나고 싶은데 어디를 갈지 무엇을 해야 할지도 모를 때, 몸과 정신의 배터리가 채 한 칸도 남지 않았을 때는 '호캉스(호텔+바캉스)'를 제안합니다. 온종일 호텔에서 머물며 여유를 느껴보세요.

- 추천 시기 사계절
- 주소 경기 화성시 남양읍 시청로 290
- 전화 031-268-1000
- 홈페이지 www.haevichi.com/rollinghills/ko
- 이용 시간 [수영장(B1)] 06:00~22:00 [키즈룸(B1)] 09:00~22:00, [The Bar] 16:00~24:00
- 이용 요금 10~20만 원대(홈페이지 내 할인 프로모션을 활용해보세요.)
- 아이 먹거리 블루사파이어(1F) 뷔페, 더키친(1F) 파스타·리조또·피자 등

▲▶ 호텔 로비로 들어서면 커다란 유리창 밖으로 연못이 보인다. 프론트 데스크 옆에 비치된 물고기 밥을 받아다 잉어에게 밥을 줘볼 수도 있다.

영유아 동반 가족을 위한 배려가 돋보이는 호텔

경기도 화성 롤링힐스(Rolling Hills)는 복잡한 도심을 벗어나 여유를 만끽할 수 있는 서울 근교 가족 호텔로 손꼽히는 곳입니다. 호텔 이름 그대로 자연의 구릉지가 펼쳐집니다. 5층 규모 호텔 객실은 거리뷰(주차장)와 가든뷰로 나뉩니다. 아이가 한 명일 땐 가든뷰인 디럭스 트윈(더블침대 1개, 싱글침대 1개)을, 두 명 이상일 땐 더블침대 두 개로 구성된 패밀리 트윈을 추천합니다. 침실과 거실로 구성된 스튜디오 타입의 스위트룸도 있습니다. 객실마다 있는 발코니는 아빠의 쉼터가 됩니다.

호텔 로비로 들어서면 커다란 유리창 밖으로 연못이 보입니다. 아이들 팔뚝보다 더 큰 잉어가 반깁니다. 프론트 데스크 옆에 물고기 밥이 있습니다. 자율적으로 가져갈 수 있는데, 가족당 2봉지까지 권장합니다. 동글동글한 초록색 물고기 밥을 던져주는

▲▶ 침대에는 매트리스 가드가 있고, 젤리와 과자 등 아이가 좋아할 만한 간식류(유료)가 물과 함께 비치되어 있다. 체크인할 때 아기 용품을 대여할 수 있다.

것만으로, 아이는 어찌 이리도 재미있어 할까요?

체크인은 3시, 체크아웃은 다음날 12시입니다.

체크인할 때 아기 용품 대여도 잊지 마세요.

아기 침대, 젖병 소독기, 유모차, 가습기, 유아 욕조, 유아 변기 커버, 발판 등이 준비되어 있습니다. 수량이 한정되어 있기 때문에 아기 용품이 필요하다면, 일찍 체크인하는 게 좋습니다. 객실에는 매트리스 가드가 1개 있고, 추가도 가능합니다.

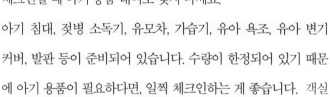

아이랑 여행 꿀팁

● 아이가 신을 슬리퍼 혹은 샌들을 준비하세요. 아이용 실내화가 따로 없어서 카펫으로 된 호텔 객실에서 아이가 맨발로 다녀야 해요.

▲▶ 화성 롤링힐스는 미끄럼틀, 에어포켓, 볼풀이 있는 키즈존과 어린이도 이용할 수 있는 수영장 등 부대시설이 잘 갖춰져 있다. 게다가 키즈존과 수영장은 10시까지 이용할 수 있다.

아이와 저녁 10시까지 놀 수 있는 수영장

체크인을 마치고 천천히 정원을 산책해보세요. '2010 대한민국 조경 대상'을 받은 표시석이 보입니다. 벚꽃과 매화, 산수유가 봄을 알리고, 여름이면 싱그러운 초록빛 나무가 아이들이 뛰노는 배경이 됩니다. 구릉 형태의 잔디밭과 야외놀이터가 있어 오랜 시간 아이와 시간을 보내기 좋습니다.

롤링힐스가 가족 호텔로 손꼽히는 이유 중 하나가 부대시설입니다. 수영장, 키즈존, 헬스장, 탁구장, 게임장 등이 있어 날씨와 계절에 관계없이 실내에서 놀 수 있기 때문이죠. 지하 1층 수영장은 저녁 10시까지 운영해 아이와 느긋하게 즐길 수 있습니다. 25m×9m 규격의 수영장에서 세 개 레인 중 가장 왼쪽 레인은 수심 90cm로 유아들의 공간입니다.

수영장에는 구명조끼와 킥판이 구비되어 있습니다. 방수 기저귀와 수영복, 튜브를 준비하면 영아들도 함께 물에서 놀 수 있습니다. 수영모 착용은 필수입니다. 수영모는 안내데스크에서 무료로 대여할 수 있습니다. 튜브 공기 주입기도 있으니 참고하세요. 수영장과 사우나가 연결되어 있어 수영을 마치고 사우나와 목욕을 할 수도 있습니다.

우리 같이 놀러 나가자!

응급 상황에도 신속하고 발빠르게 대처해준 호텔

만반의 준비를 하고 객실에서 수영복을 갈아입고 나서던 길이었습니다.

"으앙!!!!!"

작은 아이가 넘어지면서 벽 모서리에 이마를 찍힌 겁니다. 피가 나고 이마가 알밤만 하게 부풀어 올랐습니다. 하늘이 노래진 상황! 호텔이 떠나가라 우는 아이를 들쳐 안고, 비상약이 구비된 지하 1층 안내데스크로 달려갔습니다.

직원이 바로 병원이송차량을 호출했습니다. 가족 넷은 모두 수영복을 입은 채 인근 외과로 향했습니다. '응급처치'가 필요한 순간, 발빠르게 대처할 수 있다는 것에 감사했습니다. 다행히 아이는 치료를 잘 받고 수영장으로 복귀해 신나게 놀았습니다.

아이랑 여행 꿀팁

● 아이와 장거리 여행을 떠날 때는 '구급약 파우치'를 꼭 챙기세요. 파우치에는 체온계, 해열제, 일회용 물약병, 모기 퇴치제, 벌레 물렸을 때 바르는 약, 상처 났을 때 바르는 연고, 일회용 밴드 등을 넣으세요. 낱개 포장된 약을 챙기면 부피를 줄일 수 있어 좋아요.

키즈카페와 맛집 찾아 헤맬 필요 없어

어린이용 실내 암벽과 에어 포켓, 알록달록 볼풀장이 있는 '키즈룸' 역시 밤 10시까지 마음껏 놀 수 있습니다. 단, 미끄럼틀은 폭이 다소 넓어 보호자가 잘 지켜봐야 합

▼ 양식, 한식 등 메뉴 선택의 폭이 넓을 뿐만 아니라, 유아 식탁과 그릇 등 아기 용품이 잘 갖춰져 있어 온 가족이 즐겁게 식사할 수 있다.

니다. 키즈룸에는 만 5세 이하만 입장할 수 있습니다.

호텔에 왔으니 아침에는 조식을 맛봐야겠죠. 48개월 미만은 무료이고, 식사는 오전 7~10시까지 할 수 있습니다. 식당에는 유

아 식기와 식탁 의자가 잘 갖춰져 있습니다. 갓 구운 빵과 여러 종류의 치즈, 오믈렛, 시리얼, 과일, 샐러드, 생과일주스, 커피가 있고, 한식과 즉석요리 코너까지 있어 기분 좋게 아침을 시작할 수 있습니다.

체크아웃한 다음에는 경기도 화성을 둘러봐도 좋습니다. 화성시는 눈부신 서해 낙조를 만끽하는 섬 여행이 가능하고, 목장 체험은 물론 온천 여행, 역사 여행 모두 가능한 숨은 보석 같은 가족 여행지입니다.

꽃향기 맡으며 산책
우리꽃식물원

주소 경기 화성시 팔탄면 3.1만세로 777-17

전화 031-369-6161

홈페이지 botanic.hscity.net

화성에서 편안한 가족 여행지를 꼽으라면 단연 우리꽃식물원입니다. 약 10만 9,000㎡의 부지에서 1,200여 종의 우리나라 식물을 만날 수 있습니다. 전통 한옥 형태의 유리온실과 생태연못, 석림원 등에서 잘 가꿔진 '초록(草綠)'을 만끽할 수 있지요. 휠체어가 구비되어 있고, 유모차 진입로와 산책로 역시 잘 조성되어 있습니다. 무엇보다 자연을 배경으로 행복하게 뛰노는 아이 모습을 사진에 담는 재미가 쏠쏠합니다.

유리온실에서는 우리나라에만 자생하는 야생화인 주걱비비추, 벌개미취, 섬초롱꽃 등과 인사나눕니다.

온실 왼편 출구로 나와 숲 속으로 가는 다리를 건너면 숲속체험관과 전망대로 향하는 우리꽃길을 둘러볼 수 있습니다. 우리꽃길은 금낭화, 돌단풍, 백리향 등 우리꽃을 관찰할 수 있는 등산로입니다. 흙길과 계단이 있어 유모차로 가는 것은 무리입니다. 평소 아이가 잘 걷는다면 도전해 보세요.

정상에 서면 시원한 바람과 함께 화성시 일대가 눈앞에 펼쳐집니다. 식물원을 둘러본 후 인근 월문온천에서 온천욕 하는 것으로 하루 코스를 잡는 것도 좋습니다.

바다가 갈라진다!
제부도 갯벌 체험

주소 경기 화성시 서신면 제부말길 96

전화 031-357-3808(제부어촌체험마을)

홈페이지 www.seantour.com/village/jeburi/main

하루 두 번 바닷길이 열려야 들어갈 수 있는 제부도. 길이 1.8km 제부도해수욕장 앞으로 드넓은 갯벌이 드러나면 아이들의 놀이터가 개장합니다. 갯벌 체험은 썰물 때 저벅저벅 벌 속으로 걸어 들어가면 그만입니다! 입장권도 별다른 준비물도 필요 없습니다. 돌을 들춰 소라게와 숨바꼭질해보세요. 돌이 없는 곳에선 조개잡이도 할 수 있습니다. 아이와 함께 갯벌 체험을 하려면 바닷바람을 막아줄 바람막이와 여벌 옷, 모자 등을 챙겨주세요. 곳곳에 수돗가가 있어 간단하게 씻을 수 있습니다.

제부도는 천천히 산책해도 좋습니다. 제부도선착장 빨간 등대에서 출발해 서쪽 해안으로 길게 이어진 해안데크길이 있습니다. 제부도 제비꼬리길의 일부인데, 바다가 아이의 산책에 동행합니다. 데크폭이 좁아 유모차가 접근할 수 없는 건 아쉬워요. 해안데크에서 제부도해수욕장 방향으로 걷다 보면 만나는 제부도 아트파크에서는 다양한 미술 전시도 열리니 잠시 들려 보세요.

TIP
해양수산부 국립해양조사원 홈페이지에 들어가면 바다 갈라짐을 확인할 수 있습니다.
www.khoa.go.kr/kcom/cnt/selectContentsPage.do?cntId=31201000

사계절 '수확'의 기쁨이 넘치는
행복텃밭

주소 경기 화성시 매송면 화성로 2148-28

전화 010-6273-2798

홈페이지 www.happy62nong.co.kr

행복텃밭은 계절별 농작물 수확 체험이 가능한 곳입니다. 12~6월까지 딸기 수확, 5~6월 감자 캐기, 6~7월 블루베리 수확, 9~10월 고구마·사과 수확, 10월 이후 귤 수확 등 언제든 아이들이 '수확'의 기쁨을 맛볼 수 있습니다. 특히 무농약으로 재배하는 딸기 체험이 인기입니다. 딸기를 따서 그 자리에서 먹고 싶은 만큼 먹어도 됩니다. 체험을 마치면, 아이 근처만 가도 달콤한 딸기 향이 솔솔 납니다. 대신 수확한 딸기를 담아가는 용기는 그리 크지 않습니다. 체험 전후 깨끗한 흙에서 뒹굴 수 있는 흙 놀이터가 있어 더 좋았던 행복텃밭입니다. 큰 아이들은 신나게 삽질하고, 영유아는 고사리 같은 손으로 흙밥을 짓습니다. 시간 제한 없이 한참 동안 놀 수 있는 것도 장점입니다.

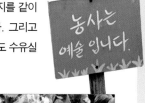

자연친화적인 자연학습 프로그램을 운영하는 경기도 지정 농촌교육농장답게 '동물 농장'도 볼만합니다. 먹이 주기 체험도 할 수 있습니다. 큰 동물은 먹이를 바가지에 담아줘야 안전합니다. 그런데 동물들이 바가지를 빼앗아 먹을 만큼 기운차니, 이때는 보호자가 바가지를 같이 잡아줘야 합니다. 사전 예약은 필수입니다. 그리고 입금 확인 순서로 예약을 확정합니다. 아쉽게도 수유실 및 기저귀 교환대는 없습니다.

농사는 예술 입니다.

CHAPTER 6

함께라서 더 즐거운 우리
가족 여행

서해와 석양을 바라보며 즐기는 온천욕

석모도 온천여행

#노천탕 #붉은 노을 #갯벌 체험 #망둥이 낚시 #캠핑 #1박 2일 가족 여행
#보문사 #유모차 타고 갈 수 있는 수목원 #석모도수목원과 자연휴양림 #눈썹바위
#인천에 하나뿐인 휴양림 #국내 4대 해수관음 성지 #민머루해수욕장 #강화나들이길

이번 주말엔 어딜 가볼까?

주말이 다가오면 '어디 갈만한 곳 없을까?'하는 고민이 반복됩니다. '오늘은 뭐 먹지?'로 시작하는 메뉴 고민처럼, 늘 촉각을 곤두세우고 있는 키워드지요. 서울에서 자동차로 1시간 남짓 거리의 강화도는 주말 가족 여

▲ 강화 본도와 석모도를 연결하는 석모대교가 개통하면서 배를 타지 않고도 석모도에 들어갈 수 있다.

행지 베스트로 손꼽힙니다. 강화도에서도 '석모도'는 최고의 핫 플레이스입니다. 2017년 6월 석모대교가 개통되면서 배를 타지 않아도 갈 수 있는 섬이 되었기 때문입니다. 강화도 외포항에서 서쪽으로 약 1.5km 떨어진 석모도는 온천이 개장하면서 즐길 거리가 더욱 풍성해졌습니다.

- 추천 시기 사계절(※ 계절마다 고유의 아름다움이 뛰어난 곳이에요. 다만 바람이 세거나 날씨가 너무 추운 날 여행은 피하세요. 노천탕을 오가며 아이가 감기에 걸릴 수 있으니까요.)
- 주소 인천 강화군 삼산면 삼산남로 865-17
- 전화 032-930-7053
- 홈페이지 tour.ganghwa.incheon.kr(강화군 문화관광)
- 이용 시간 석모도미네랄온천 07:00~21:00
- 휴무일 매월 첫째, 셋째 주 화요일
- 이용 요금 대인 9,000원, 소인(4~7세) 6,000원(※ 36개월 미만 무료)
- 아이 먹거리 온천 매점(석모도 속노랑고구마, 구운 계란)
- 소요 시간 3시간(※ 섬 여행은 한나절 혹은 1박 2일 코스가 좋아요.)

낙조를 보며 온천을 즐길 수 있는 노천탕

석모도미네랄온천은 오전 7시에 문을 엽니다. 입장을 기다리는 줄이 꽤 길어요. 석모대교 개통과 더불어 방문객이 늘면서 주말에는 평균 한 시간 정도 대기해야 합니다. 2019년 3월 기준 평일에 약 700명, 주말에 1,200여 명이 온천을 다녀갔다고 합니다. 하지만 대기하는 동안 아이와 실외 족욕탕을 즐길 수 있어 기다림이 무료하지만은 않습니다.

낙조를 보며 온천을 즐길 수 있는 15개 노천탕이 이곳의 자랑입니다. 이곳은 소독이나 정화 없이 원수를 탕으로 흘려보냅니다. 지하 460m 화강암에서 솟아 나오는 원수는 51도 고온이지만, 탕에 도착한 물은 47도입니다. 추운 겨울 해풍에 내려간 노천탕 온도는 43~45도예요. 평균적으로 물 온도가 42도가 넘으면 뜨겁고 38도가 넘지 않으면 미지근하다고 느끼는데, 바람이 탕 물

을 따뜻할 정도로 맞춰줍니다. 온천수는 색이 탁하고, 어쩌다 맛을 보면 바닷물처럼 짠맛이 느껴집니다. 어른들은 탕에 들어가는 순간, "아!"하고 탄성을 지르지만, 어린아이의 경우 뜨겁다고 거부하는 경우가 있습니다. 이럴 땐 대형 온천탕에서 온천을 시작해보세요. 다른 노천탕보다 저온이라 영아나 아이들이 쉽게 적응할 수 있습니다.

'탕치(湯治)'라는 말이 있습니다. 온천에서 목욕하며 병을 고친다는 뜻입니다. 석모도미네랄온천수는 칼슘, 칼륨, 마그네슘, 스트론튬, 염화나트륨이 등이 풍부해 관절염, 근육통, 소화 기능, 외상 후유증, 아토피 피부염에 효과가 탁월한 것으로 알려졌습니다.

> 66
> 대형 온천탕은 다른 노천탕보다 저온이라 영아나 아이들이 쉽게 적응할 수 있습니다.
> 99

붉은 석양에 마음을 녹일 최적의 입장 시간

노천탕에 있으면 바로 앞 강화나들길 11코스 '석모도 바람길'을 걷는 사람들이 보입니다. 수평선 너머로 향하는 석양에 누구나 걸음을 멈추게 되는 곳이지요. 노천탕에서 바라보는 서해 낙조는 눈시울이 붉어질 정도로 아름답습니다.

석모도미네랄온천의 하이라이트는 해가

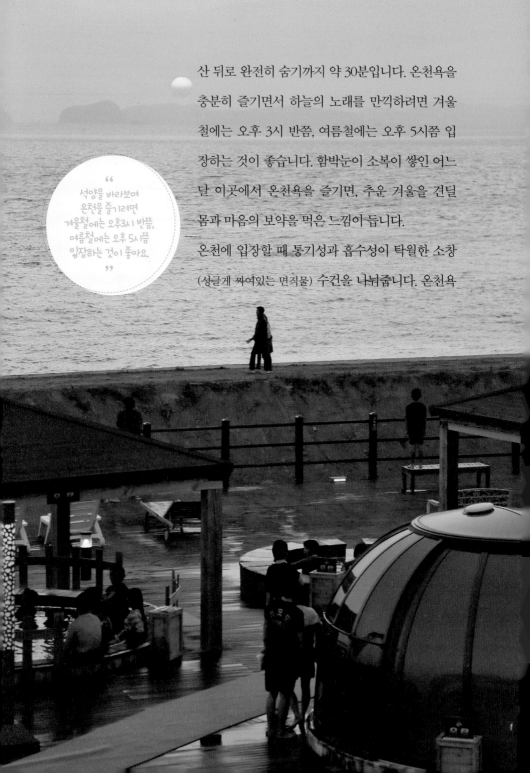

산 뒤로 완전히 숨기까지 약 30분입니다. 온천욕을
충분히 즐기면서 하늘의 노래를 만끽하려면 겨울
철에는 오후 3시 반쯤, 여름철에는 오후 5시쯤 입
장하는 것이 좋습니다. 함박눈이 소복이 쌓인 어느
날 이곳에서 온천욕을 즐기면, 추운 겨울을 견딜
몸과 마음의 보약을 먹은 느낌이 듭니다.

온천에 입장할 때 통기성과 흡수성이 탁월한 소창
(성글게 짜여있는 면직물) 수건을 나눠줍니다. 온천욕

"
석양을 바라보며
온천을 즐기려면
겨울철에는 오후3시 반쯤,
여름철에는 오후 5시쯤
입장하는 것이 좋아요.
"

후 담수로 씻지 말고 수건으로 물기를 가볍게 닦아내는 것이 정석이지만, 약간의 찝찝함이 남는다면 물로 간단히 샤워하면 됩니다. 실내탕은 온천수와 피부 보호를 위해 비누와 샴푸 등의 사용이 제한되니 참고해주세요.

온천복은 크기 별로 매점에서 대여해줍니다. 미리 수영복이나 래시 가드를 준비해도 좋습니다. 단, 면 소재 옷은 물을 많이 머금어 온천 입장이 안 되니 참고해주세요.

물에서 실컷 놀다가 먹는 강화 특산물 속노랑 고구마는 달콤함이 끝내줍니다. 뜨끈한 온천에서 몸을 녹이고, 붉은 석양이 마음을 녹이고, 여기에 달콤한 속노랑 고구마가 더해지면 낙원이 이런 곳 아닐까 싶어집니다.

아이랑 여행 꿀팁

- 온천 안 목욕탕은 해수탕이고, 담수는 따뜻하지 않고 차가워요. 온천 후 아이를 씻긴다면 짧은 샤워가 적당합니다.
- 노천탕이니 아이 몸 전체를 감쌀 큰 수건을 준비하세요.

강화나들이길 20코스

'나들이 가듯 걷는 길'이라는 뜻의 강화나들길(총 310km)은 테마가 있는 20개 코스로 구성돼 있습니다. 고즈넉한 숲길부터 확 트인 바다, 갯벌까지 두루 볼 수 있어 아이와 함께 걷기 좋습니다.

강화나들이길 11코스 석모도 바람길

코스 이름	거리(소요 시간)	출발지와 도착지
1코스 심도역사 문화길	18km(6시간)	강화버스터미널 ↔ 갑곶돈대
2코스 호국돈대길	17km(5시간 50분)	갑곶돈대 ↔ 초지진
3코스 고려왕릉 가는 길	16.2km(5시간 30분)	온수공영주차장 ↔ 가릉
4코스 해가 지는 마을길	11.5km(3시간 30분)	가릉 ↔ 망양돈대
5코스 고비고개길	20.2km(6시간 40분)	강화버스터미널 ↔ 외포리
6코스 화남생가 가는 길	18.8km(6시간)	강화버스터미널 ↔ 광성보
7코스 낙조 보러 가는 길	20.8km(6시간 40분)	화도공영주차장 ↔ 화도공영주차장
8코스 철새 보러 가는 길	17.2km(5시간 40분)	초지진 ↔ 분오리돈대
9코스 교동도 다을새길	16km(6시간)	월선포선착장 ↔ 월선포선착장
10코스 머르메 가는 길	17.2km(6시간 30분)	대룡리 ↔ 대룡리
11코스 석모도 바람길	16km(5시간)	석모도선착장 ↔ 보문사
12코스 주문도길	11.3km(3시간)	주문도선착장 ↔ 주문도선착장
13코스 볼음도길	13.6km(3시간 30분)	볼음도선착장 ↔ 볼음도선착장
14코스 강화도령 첫사랑길	11.7km(3시간 30분)	용흥궁 ↔ 철종외가
15코스 고려궁 성곽길	11km(4시간)	남문 ↔ 동문
16코스 서해 황금 들녘길	13.5km(4시간)	창후리선착장 ↔ 외포리
17코스 고인돌 탐방길	12km(3시간 40분)	강화지석묘 ↔ 오상리고인돌군
18코스 황골공예마을 가는 길	15km(4시간 30분)	강화역사박물관 ↔ 강화역사박물관
19코스 석모도 상주 해안길	10km(3시간 30분)	동촌 ↔ 상주버스정류장(종점)
20코스 갯벌 보러 가는 길	23.5km(7시간 30분)	분오리돈대 ↔ 화도공영주차장

보문사

국내 4대 해수관음 성지

주소 인천 강화군 삼산면 삼산남로 828번길 44

전화 032-933-8271~3

홈페이지 www.bomunsa.me

석모도미네랄온천에서 바다를 등지고 서면 보문사 눈썹바위가 한눈에 들어옵니다. 주말이면 보문사와 온천을 구경 온 나들이객으로 항상 붐비는 곳이에요.

보문사는 신라 선덕여왕 4년(635년)에 창건된 유서 깊은 사찰입니다. 남해 보리암, 양양 홍련암, 여수 향일암과 함께 우리나라 4대 해수관음 성지입니다. 사찰 초입에서부터 볼거리가 많습니다. 직접 농사지은 석모도 순무, 강화 보리새우, 노가리 등 강화도 사람의 흙 묻은 손과 마주할 수 있습니다. "하나 잡숴봐!"라며 인심도 넘칩니다.

경내로 들어서면 오백나한이 눈길을 사로잡습니다. 가운데 진신사리가 봉안된 33관음보탑을 부처님의 제자인 오백나한이 둘러싼 모습입니다. 오백나한의 표정과 모양새가 모두 제각각이어서 이를 살펴보는 재미가 있습니다.

눈썹바위는 극락보전과 관음전 사이에 있는 가파른 계단을 20여 분 올라가야 만날 수 있습니다. 평소 운동량이 부족했다면 들숨 날숨이 드나들기 바쁠 것입니다. 아이가 안아달라고 졸라대면 다시 내려갈 수도 없으니 각오하고 출발하셔야 합니다.

고통을 감수하고 오르면 보상은 확실합니다. 우산 같은 바위 지붕 아래 조각된 높이 9.2m, 폭 3.3m의 거대한 불상은 그 자체로 볼거리예요. 마애석불좌상은 1928년 금강산 표훈사 주지 이화응 스님과 보문사 주지 배선주 스님이 함께 조각한 것이라고 해요. 이곳에서 바라보는 서해 풍경은 그야말로 장관입니다.

> **TIP**
> 보문사 계단은 걷기 싫어하는 아이와 함께 가기는 조금 무리예요. 아이가 계단을 좋아하거나 씩씩하게 걸을 수 없다면 부모가 안고 가야 하는데, 아이를 안고 이동하기에는 힘든 코스예요.

동식물 도감보다 더 생생한 생태 교육

석모도수목원과 자연휴양림

주소 [석모도수목원] 인천 강화군 삼산면 삼산북로 449번길 161

[석모도자연휴양림] 인천 강화군 삼산서로 39-75

전화 [석모도수목원] 032-932-5432 [석모도자연휴양림] 032-932-1100

홈페이지 [석모도수목원] sukmodo.ganghwa.go.kr

[석모도자연휴양림] forest.ganghwa.go.kr

석모도수목원은 풀무지원, 고산습지원, 아이리스원, 바위솔원, 유실수원, 암석원, 고사리원 등 12개 테마 전시관을 갖추고 있습니다. 수목원관찰로와 숲길을 따라 올라가면 수목원 가운데 위치한 생태체험관이 나타납니다.

체험관은 아이들이 좋아하는 공간입니다. 앞마당에는 아이 몸집보다 큰 대형 청개구리, 나비 등의 조형물이 있어 사진 찍기에도 좋습니다. 2층 규모의 체험관 내부는 한눈에 보는 강화도존, 식물이야기존, 숲이야기존, 나무와 사람이야기존, 나무체험이야기존, 생태표본실 등 총 9개의 존으로 구성되어 있습니다. 각 영역에 미디어 혹은 실제 표본이 함께 전시되어 있어서 아이들이 쉽게 다가가고 이해할 수 있어요.

수목원은 나무데크로 조성된 관찰로뿐만 아니라, 숲길 대부분 짚으로 짠 멍석이 깔려 있어 유모차로 이동하기에 어렵지 않습니다. 숲 해설을 듣거나, 목공예 체험을 해봐도 좋습니다. 목공예 체험은 월요일부터 금요일까지 오전, 오후 각 1회씩, 사전 예약제로 운영됩니다.

수목원 입구 오른편에 위치한 석모도자연휴양림에서 하룻밤 묵어도 좋습니다. 인천 지역 유일한 휴양림인 석모도자연휴양림에는 총 28개 객실이 있습니다. 산림문화휴양관은 탁 트인 서해 전망을 자랑하는 곳입니다.

신나는 갯벌 체험과 짜릿한 손맛을 즐길 수 있는

민머루해수욕장

주소 인천 강화군 삼산면 매음리

총 42km 길이의 석모도 해안선은 드라이브 코스로 유명합니다. 드라이브할 때 만나는 관광 명소 중 하나가 민머루해수욕장입니다. 해수욕장 앞으로 주차장도 꽤 넓게 조성되어 있어요. 길이 1km, 폭 50m의 모래사장과 갯벌로 이루어진 민머루해변에 도착하면 짭짤한 바닷바람이 와락 안깁니다. 겨울이면 바람은 차가워도 햇살을 받아 퍼지는 잔물결이 매우 아름답습니다. 서해안 낙조 명소로 알려진 곳이라 해넘이 시간이면 이곳에 찾아와 물끄러미 바다를 바라보는 여행객도 볼 수 있습니다.

석모도의 유일한 해수욕장인 민머루해수욕장은 물이 빠지면 약 1km의 갯벌이 펼쳐집니다. 여름이면 아이와 함께 호미와 바구니 하나 들

TIP
- 민머루해수욕장 앞 편의점에서 호미와 튜브 등을 대여할 수 있어요.
- 갯벌 체험을 하려면 만조, 간조 시간을 확인하고 출발하세요.
- 민머루해수욕장 입구에 세면대와 유료 샤워장이 있어요.

고 갯벌 체험을 해봐도 좋습니다. 모래사장이 넓고 갯벌이 부드러워 아이에게 적합한 환경입니다. 텐트를 치고 취사할 수 있는 지역이라 가족 단위 피서객에게 인기 만점입니다. 해수욕장에 물이 가득 차면 망둥이 낚시도 즐길 수 있습니다. 근처에 장구너머항과 어류정항이 있어서 싱싱한 해산물도 맛볼 수 있습니다.

해외여행보다 짜릿한 도심 바캉스

송도센트럴파크

#여기가 우리나라 맞아? #이스트보트하우스 #웨스트보트하우스
#호수에서 즐기는 수상 스포츠 #트라이볼 #인천도시역사관 #송도한옥마을
#G타워 하늘전망대 #늘솔공원 #양떼목장 #송도국제어린이도서관 #영어책 3만 권 보유

센트럴파크에서 즐기는 도심 바캉스

"우아, 외국 같아!"

송도센트럴파크에 서면 이런 감탄사가 터져 나옵니다. 마천루와 조화를 이룬 해수공원. 바닷바람이 불고, 보트와 유람선이 인공 호수에 떠다니며 사슴이 노닙니다. 특히 달빛이 빛나는 밤이 되면 홍콩과 싱가포르의 어딘가에 와있는 것 같습니다.

"그래, 힘들게 비행기 타고 멀리 갈 필요 있겠어?"

송도센트럴파크를 뷰로 두고 사는 주민들이 부러워지기도 합니다. 전 세계를 홀로 누비던 저도 굳이 해외여행을 고집할 필요가 없다고 생각한 건 우리나라의 아름다움을 새삼 느끼고 있기 때문입니다. 송도는 인천공항과 가까워 머리 위로 날아오르는 비행기를 보면 멀리 여행 온 듯한 착각이 듭니다.

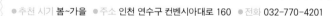

- 추천 시기 **봄~가을** ● 주소 **인천 연수구 컨벤시아대로 160** ● 전화 **032-770-4201**
- 홈페이지 **www.insiseol.or.kr/institution_guidance/central_park/index.asp**
- 이용 시간 **24시간 개방**
- 이용 요금 **수상 레포츠 카누 및 카약(3인 / 50분) 25,000원, 패밀리보트(5인 / 30분) 35,000원**
  인천도시역사관 무료
- 아이 먹거리 **한옥마을 내 카페, 한식당, 일식당 / 이스트보트하우스 내 카페 /**
  인근 송도커낼워크, 롯데몰 내 식당가
- 수유실 **센트럴파크역 3번 출구 방향 개찰구 안쪽(기저귀 교환대, 아기 의자, 수유 의자, 전자레인지, 세면대)**
- 유모차 대여 **인천관광안내소**
- 주차장 **공원 지하로 지하 3층, 지상 2층에 2,715대 주차 가능(1시간 1,000원, 하루 5,000원)**
- 소요 시간 **반나절**

하늘 높이 치솟은 건물을 보면 과거 송도가 바닷가였다는 사실이 믿기지 않습니다. 송도국제도시는 연수구 해안에 모래를 쌓고 다져서 만들었습니다. 여의도 넓이의 17배쯤 되는 간척지에 빌딩 숲이 하나 둘 들어섰는데, 그 중심에 센트럴파크가 있습니다. 뉴욕센트럴파크를 모티브로 한 송도센트럴파크는 이제 한나절 가족 여행지로 손색없습니다. 볼거리, 놀거리, 쉴거리, 먹거리가 입맛대로 다 있으니까요.

도심에서 수상 레포츠 즐기기

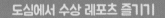

37만 750m²(11만 2,348평)의 드넓은 송도센트럴파크는 이스트보트하우스, 산책정원, 억새밭, 초지원, 테라스정원 등으로 조성되어 있습니다.

하늘을 찌를 듯 솟아오른 마천루와 구불구불하거나 타원형 등 다양한 형태의 건물이 어우러진 송도는 이국적인 분위기를 뿜어낸다.

◀▲ 송도센트럴파크
곳곳에 들어선 조각상
은 포토존 역할을 한다.

▶ 송도센트럴파크 한
쪽 공간에 '사슴농장'
을 만들어 공원을 이용
하는 시민들이 가까이
에서 사슴을 볼 수 있
도록 했다.

▲◀ 송도센트럴파크를 가로지르는 호수는
길이 1.8km, 최대 폭 110m에 이른다. 수
로 끝 웨스트보트하우스(서쪽 선착장)에서
는 유람선과 수상 택시를 탈 수 있다.

이스트보트하우스(동쪽 선착장)에서 시작해 시계반대방향으로 돌아보는 코스를 추천합니다.

송도센트럴파크를 가로지르는 호수는 길이 1.8km, 최대 폭 110m에 이릅니다. 이 물길을 따라 수상 레포츠를 즐길 수 있습니다. 이런 색다른 체험은 아이와 어른 모두의 구미를 당깁니다. 티켓은 이스트보트하우스에서 구매할 수 있어요. 수로 끝 웨스트보트하우스(서쪽 선착장)에서는 유람선과 수상 택시를 탈 수 있습니다. 주말이면 뱃사공이 된 가족들이 호수를 빽빽이 채웁니다.

이제 천천히 산책할 차례입니다. 물론 유모차로 산책할 수 있습니다. 산책정원을 천천히 걷다 보면 송림원, 암석원, 돌의 계곡을 만납니다. 정원에는 초롱초롱한 눈망울의 사슴과 토끼도 노닐고 있습니다. 곳곳에 들어선 지구촌의 얼굴, 관악기, 오줌싸개, 고래 등의 조각상은 즐거운 포토존이 됩니다. 억새밭을 지나면 'G타워 하늘전망대'와 연결되니 꼭 한번 들려 보세요.

특색있는 건물이 그려내는 도시 풍경

송도센트럴파크의 랜드마크로 꼽히는 '트라이볼'이 이내 눈에 들어옵니다. 사발 세 개를 붙여놓은 듯한 모양이 인상적입니다. 마치 커다란 그릇이 물 위에 떠 있는 것 같습니다. 트라이볼의 정체는 공연과 전시가 열리는 복합문화예술공간입니다. 트라이볼 아래에 서서 하늘로 향하는 건물의 곡선을 바라보는 것만으로도 한편의 공연을 보는 듯한 감동이 밀려옵니다.

몇 걸음 옮기면 '인천도시역사관'과 '방문자센터'가 있습니다. 지하 1층 지상 4층 규모의 인천도시역사관은 1883년 개항 이후부터 1945년 광복까지 도시 인천의 형성과 변천 과정을 전시하고 있습니다. 아이들을 대상으로 다양한 체험학습 프로그램도 진행하고 있으니 예약해두는 센스를 발휘해보세요.

아직도 볼거리가 남아있느냐고요? 한옥 호텔 경원재와 송도한옥마을에서 또 다른 분위기를 만납니다. 송도한옥마을 마당에서는

▲ 트라이볼(Tri-bowl)은 이름처럼 3개의 그릇이 놓인 모양으로 하늘과 바다, 땅이 모두 조화된 인천시의 정체성을 나타내는 동시에 인천경제자유구역인 송도·청라·영종도를 상징한다.

▲▲ 고층빌딩을 지나 송도한옥마을에 다다르면 도시의 얼굴이 또 한 번 바뀐다. 송도한옥마을은 호텔, 식당, 카페 등으로 이루어진 곳으로, 마당에서 아이와 투호 등 전통놀이를 즐길 수 있다.

이건 내 꺼~

전통놀이를 즐길 수 있고, 카페는 아이들과 쉬어갈 공간이 됩니다. 원점으로 돌아와 발에 쌓인 피로는 이스트보트하우스 옆에 마련된 무료 해수 족욕탕에서 족욕으로 풀면 됩니다.

송도센트럴파크 인근에는 스트리트몰인 '송도커널워크', '롯데몰', '현대프리미엄아울렛 송도점' 등 궂은 날씨에도 아이들과 즐길 공간이 준비되어 있습니다. 이쯤 되면 종일 '도심 바캉스'를 즐기기에 손색없겠죠?

미래 도시를 한눈에

G타워 하늘전망대

주소 인천 연수구 아트센터대로 175

전화 032-120(미추홀콜센터)

홈페이지 www.ifez.go.kr

하늘 높이 치솟은 인천 송도의 빌딩숲과 어깨를 나란히 하는 곳이 바로 'G타워 하늘전망대'입니다. 사선과 삼각형 무늬의 외관이 돋보이는 G타워는 센트럴파크와 바로 연결되어 있어 접근성도 좋습니다. G타워라는 이름에서 'G'는 녹색(Green), 글로벌(Global), 성장(Growth)을 의미합니다. '세계에서 몇 번째' 같은 수식어는 없지만, '무료'라는 엄청난 장점이 있는 전망대입니다.

33층으로 올라서면 인천 풍경이 한눈에 펼쳐집니다. 발아래로 센트럴파크 인공호수가 유유히 흐르고, 가시거리가 좋은 날에는 인천대교, 팔미도, 청량산, 문학산까지 훤히 보입니다. 인천공항에 이착륙하는 비행기도 볼 수 있는데요. 훌쩍 떠나고 싶은 마음에 불을 지핍니다. 33층 전망대는 29층 하늘정원 테라스와 함께 180도 개방된 구조라 바람을 느끼며 전망을 즐길 수 있습니다.

송도신도시의 정식 명칭은 '인천경제자유구역(IFEZ) 송도지구'입니다. 전망대에는 인천경제자유구역 관련 전시물이 있습니다. 아름다운 전망도 보고 경제 관련 지식도 쌓을 수 있는 곳입니다.

도심 공원에서 만나는 양

늘솔길공원 양떼목장

주소 인천 남동구 논현동 738-8 늘솔길공원

전화 032-453-2850(남동구청 녹지과)

늘솔길공원은 56만 1,968m²(약 17만 평)의 드넓은 부지에 약 70%가 녹지로 형성된 시민공원입니다. 잔디광장, 늘솔길호수, 편백나무숲 등 가까이 산다면 매일 걸으며 산책하고 싶은 공간이 가득합니다. 호수 주변에는 큰 아름드리나무가 많아서 쉴 수 있는 곳도 많으니 돗자리를 챙겨가도 좋겠습니다. 넓은 만큼 자전거나 킥보드 같은 아이들 탈것도 환영입니다.

빽빽한 편백나무숲 속에는 아이들 체험 거리가 다양합니다. 산책로가 나무 데크로 되어 있어 유모차 진입도 가능합니다. 산림욕을 하며 숲 체험도 해보세요.

무엇보다 공원 안에 무료로 개방된 '양떼목장'은 멀리서도 늘솔길공원을 찾는 이유입니다. 아이들은 울타리 주변 풀을 뜯어 덥수룩한 양에게 거침없이 다가갑니다. 자연과 동물 곁에 있는 아이는 행복해 보입니다. 한가로운 양떼목장에는 아기양도 꾸벅꾸벅 졸고 있습니다. 양떼목장은 4~9월은 오전 9시 30분~오후 5시 30분, 10~3월은 오전 9시 30분~오후 5시까지 문을 엽니다.

TIP
양에게 풀잎을 제외한 다른 것은 절대 주면 안 된다고 알려주세요. 풀잎 외에 채소를 먹으면 양이 설사한다고 합니다. 양에게 너무 가까이 다가가면 자칫 발굽에 아이 발등이 찍힐 수도 있으니 보호자의 세심한 주의가 필요합니다.

송도국제어린이도서관

주소 인천 연수구 컨벤시아대로 43

전화 032-749-8220

홈페이지 www.yspubliclib.go.kr

송도국제어린이도서관은 책이 있는 모든 곳이 마룻바닥입니다. 맘에 드는 책을 골라 철퍼덕 앉으면 그만입니다. 아이들과 편하게 책 읽을 공간이 많아서 영유아에겐 사랑방 같은 공간입니다. 2층 '외국어자료실'에 들어서면 도서관 이름에 왜 '국제'가 붙었는지를 단번에 알게 됩니다. 영어, 일본어, 중국어 책이 수두룩합니다. 도서 분류가 여느 도서관보다 잘 되어 있어 골라 읽기도 편합니다.

0~7세 영어책은 'ER(Early Readers)' 코너에서 찾으면 됩니다. 랜덤으로 골라 아이가 관심을 보이는 책부터 읽기 시작하라는 것이 이곳 도서관 사서의 팁입니다.

1층은 유아·아동·건강 자료실, 책을 함께 읽을 수 있는 '이야기방', 책을 읽어 주는 나무(북트리) 이용 공간인 '영어동화방'도 있습니다. 입구에 마련된 유모차 소독기(무료 이용)도 탐나는 아이템입니다. 관외 대출은 인천시민만 가능하지만, 어느 때고 아이와 쉬어갈 여행지로 괜찮아요.

TIP
아이가 외국어에 관심이 많다면 USB를 챙겨 가세요. 1층에 설치된 오디오북 기기에서 중국어, 일본어, 영어 등 외국어로 된 이솝우화와 전래동화 오디오북을 USB에 무료로 내려받을 수 있어요.

379

쪽빛 동해의 설렘
삼척 장호항

#대한민국 1호 투명카누 #장호항어촌체험마을 #해상케이블카
#둔대암 #스노클링 #삼척 쏠비치리조트 #한국의 산토리니 #산토리니 광장
#해양레일바이크 #이사부사자공원 #물썰매장

물 위에 누워 본 경험이 있으신가요? 수영장이든 목욕탕이든 강, 바다 어디든 말이에요. 물에 머리를 기대면 새로운 세계가 찾아옵니다. 소란한 세상의 소리가 잦아들면서 뽀글뽀글 물방울 기포 소리에 집중하게 됩니다. 귓바퀴에 찰랑대는 물소리가 익숙해지면 평온해지면서, 고요 속으로 빠져듭니다. 나를, 아이를, 가족을 힘겹게 짊어지고 살다가, 물이 떠받쳐주니 얼마나 편안한지 모릅니다.

쉼이 필요한 어느 날, 삼척 어촌체험마을 장호항을 찾아보세요. 바닥이 훤히 보이는 투명카누에 올라 에메랄드빛 바다 위를 유영하는 특별한 경험을 할 수 있습니다. 물론 북적입니다. 장호항은 코발트블루색의 삼척 바다, 대한민국 1호 투명카누 체험, 해상케이블카, 장호해수욕장 등 천혜의 자연과 소문난 관광자원이

● 추천 시기 7~8월 ● 주소 강원 삼척시 근덕면 장호항길 31
● 전화 070-4132-1601(사무실), 010-7709-8954(사무장)
● 홈페이지 jangho.seantour.com
● 이용 요금 투명카누 2인승 22,000원, 4인승 44,000원
● 운영 시간 08:00~18:00(체험 시작은 10:00경부터)
　　　　　※ 체험은 현지 기상에 따라 변동될 수 있으므로 미리 전화로 문의하고 출발하세요.
　　　　　※ 샤워장(사용료 대인 2,000원, 소인 1,000원, 찬물)
● 수유실 없음, 공용화장실 안에 기저귀 교환대가 있어요.
● 아이 먹거리 장호항 인근에 횟집, 중국집, 생선구이집 등
● 소요 시간 2시간

합쳐져 여름이면 더욱 문전성시를 이룹니다. 그래서 '즐기는 방법'이 중요합니다. 떠들썩한 핫스팟에서는 잠시나마 물에 몸을 뉘이듯 시간을 보내길 권합니다.

"엉덩이가 바다에 둥둥 떠요!", 투명카누 체험

2008년 국내에서 처음 시작된 투명카누 체험은 오늘날 삼척 장호항어촌체험마을을 '관광 명소'로 만든 1등 공신입니다. 매년 100만 명 이상의 사람을 장호항으로 부릅니다. 장호항은 지형 자체가 천연 바람막이인데다 수심이 얕고 파도가 잔잔해 카누를 즐길 최적의 조건을 갖췄습니다.

◀▲ 천혜의 자연과 관광자원이 합쳐진 장호항은 여름이면 관광객으로 붐빈다. 그러나 바다 위에서만큼은 여유를 느낄 수 있다.

체험하는데 나이 제한이 없어서 보호자와 함께라면 영유아 누구나 탑승할 수 있는 것도 장점입니다. 돌 전 아기와 바다 체험은 쉽지 않은데, 장호항에서는 오케이입니다!

먼저 구명조끼를 착용하고 2인용 혹은 4인용 투명카누에 올라 탑니다. 양쪽 균형이 잡히도록 무게를 맞춰 탑승해야 합니다. 안전요원이 방법을 알려주니 걱정하지 마세요. 카누에 앉은 아이는 "엉덩이가 바다에 둥둥 떠 있어요!"라며 배를 탄 것과는 또 다른 감상평을 얘기합니다.

정말 바닷속이 훤히 들여다보입니다. 시기에 따라 다른 해양생물을 만날 수도 있고요. 바람이 세게 불어 카누가 흔들릴 땐 어른들도 스릴을 느낄 정도입니다. 카누가 한쪽으로 기울지 않도록 노를 저어야 하는데, 이때 어른들의 균형 감각이 시험대에 오

르기도 합니다. 일부러 카누를 흔드는 체험자들이 있어, 이곳
저곳에서 신나는 비명이 들립니다.

아이에게 노를 손에 쥐어줬더니 아빠를 따라 제법 잘 젓습
니다. 카누 체험 중 물에 젖을 수 있으니 여별의 옷도 꼭 준
비해 주세요. 신발은 물이 들어가도 괜찮은 아쿠아슈즈나
샌들을 추천합니다.

투명카누 체험은 5~9월까지만 운영합니다. 5~6월, 9월은
주말 및 공휴일만, 7~8월은 휴일 없이 매일 열립니다.
다만 바다 체험의 특성상 기상의 영향을 많이 받기 때
문에 체험 당일 혹은 전날 전화로 꼭 문의해보고 가는
것이 좋습니다. 볕이 쨍쨍한 날은 바다색이 더욱 빛나
사진 찍기에는 좋지만, 실제 체험하기에는 바람이 많
이 불지 않는 약간 흐린 날이 더 좋습니다.

" 선크림 바르고,
샌들 신고,
챙 넓은 모자 쓰면
체험 준비 끝! "

케이블카 타고 또는 둔대암에 올라 즐기는 바다

느긋하게 바다를 유영하며 푸른 하늘을 올려다보면 장호항 위
로 빨간색 케이블카가 지나갑니다. 어촌마을 바로 뒤로 용 모양
의 역사(station)가 보입니다. 장호해수욕장을 가로질러 장호항으
로 이어지는 길이 874m의 해상케이블카입니다. 시간이 허락한
다면 함께 즐겨도 좋습니다.

▲ 투명한 에메랄드빛 바다와 암벽이 한데 어우러진 장호해변에서는 스노클링과 스쿠버다이빙을 즐기는 사람을 쉽게 만날 수 있다.

해상케이블카는 전화나 인터넷으로 사전 예매를 할 수 없어요. 그러다 보니 주말과 공휴일에는 오전에 발매가 마감되는 경우가 더러 있습니다. 미리 발권 후 장호항 어촌 체험을 즐기는 것도 방법입니다.

약 30분에서 최대 1시간 정도 카누를 즐겼다면 둔대암으로 올라가 보세요. 바위 전망대에서 바라보는 시원한 동해 풍경이 일품입니다.

장호항어촌체험마을에서는 투명카누뿐만 아니라 바다레프팅, 스노클링, 스쿠버다이빙, 선상낚시 체험 등 여러 가지 바다 체험을 함께할 수 있습니다. 스노클링 장비가 있다면 준비해서 자유롭게 할 수도 있습니다.

다만, 샤워장에 온수가 나오지 않아요. 한여름이라도 아이가 감기에 걸리지 않도록 잘 살펴 주세요.

아이랑 여행 꿀팁

● 바위 전망대로 오르는 길은 조금 가파른 산책로여서 보호자의 주의가 필요해요.

#완벽한 휴가 #로맨틱 하루
삼척 쏠비치리조트

주소 강원 삼척시 수로부인길 453

전화 1588-4888

홈페이지 www.daemyungresort.com/sb/sc/

쏠비치리조트는 가족 단위 여행객에게 로맨틱한 하룻밤을 선물합니다. 리조트에 들어서면 하얀 외벽과 파란색 지붕이 먼저 시선을 끕니다. 그리스 키클라딕(Cycladic) 건축 양식을 구경하는 것만으로 먼 나라로 떠나온 느낌이 충만해집니다.

쏠비치 전용 해안가, 동해가 펼쳐 보이는 산책로, 산토리니광장, 레스토랑, 각종 편의시설 및 워터파크 등이 있어 리조트 내에서만 하루를 보낼 수 있습니다. 그만큼 성수기에는 예약을 서둘러야 합니다. 겨울인 비수기에는 비교적 저렴하고 한적해 여유를 느끼기엔 더없이 좋고요. 굳이 숙박하지 않더라도 산토리니광장이나 부대시설을 자유롭게 이용할 수 있으니, 한 번쯤 둘러보길 추천합니다.

저녁 무렵에 가보세요. 아름다운 조명이 더해져 깊어가는 밤을 잊을 정도입니다. 사계절 워터

파크인 '아쿠아월드'에서 바다를 조망하며 수영을 즐겨도 좋습니다(36개월 미만 무료). 영유아 가족을 위한 패밀리 샤워장과 놀이시설이 있고, 리조트 내 마켓에 아기 용품 대부분이 구비되어 있어 편리합니다.

바다를 곁에 두고 달리다!

삼척 해양레일바이크

주소 강원 삼척시 근덕면 용화해변길 23(용화정거장)

전화 033-576-0656~8

홈페이지 www.oceanrailbike.com

기차가 멈춘 철도 위를 두 발로 달리는 여행. 전국 25여 곳의 레일바이크 가운데 삼척은 단연 인기가 높습니다. 해양 터널을 지나는 국내 하나뿐인 코스이고, 달리는 내내 동해를 볼 수 있기 때문입니다. 물론 페달을 밟는 보호자는 겨울에도 땀이 나니, 체력은 필수입니다. 다행히 오르막길 구간은 전동으로 되어 있어요.

삼척 해양레일바이크는 용화역과 궁촌역간 5.4km를 복선으로 운행합니다. 소요 시간은 총 1시간 정도. 출발은 여행 동선에 따라 용화역 혹은 궁촌역 어디에서 해도 무방합니다. 개인적으로 용화역에서 출발하면 오른편으로 바로 동해의 곰 솔과 기암괴석을 마주할 수 있어 추천합니다. 만약 임산부나 영유아가 탑승할 경 우 충돌 위험을 고려해 제일 뒤쪽의 바이크를 배정받을 수 있으니, 안전 요원에게 미리 알려주세요.

구간 중에는 '축제', '신비', '몬주익의 영웅 황영조'를 주제로 조성한 세 개의 터널 이 있습니다. 마라토너 황영조 선수의 고향이 이곳 삼척 초곡항입니다. 오전 9시 부터 2시간 간격으로 하루 5번 운행하며, 인터넷 예약이 필수입니다. 유모차는 사 무실에 보관한 후 탑승해야 합니다. 매월 둘째, 넷째 주 수요일은 휴무입니다.

독도는 우리 땅!
이사부사자공원

주소 강원 삼척시 수로부인길 333

전화 033-573-0561

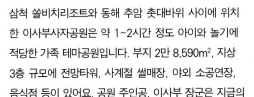

삼척 쏠비치리조트와 동해 추암 촛대바위 사이에 위치
한 이사부사자공원은 약 1~2시간 정도 아이와 놀기에
적당한 가족 테마공원입니다. 부지 2만 8,590m², 지상
3층 규모에 전망타워, 사계절 썰매장, 야외 소공연장,
음식점 등이 있어요. 공원 주인공, 이사부 장군은 지금의
독도인 우산국을 정복해 신라의 영토로 편입시킨 인물입니다. '독도는
우리 땅♬' 노래를 가능하게 만든 역사적 위인입니다.

우산국 정복 당시 나무로 만든 사자를 배에 싣고, 살아있는 사자처럼 적을 위협해 항복을 받
아냈다고 합니다. 공원 곳곳의 사자 형상은 해양 개척의 상징입니다. 주차장에서 보이는 아

찔한 높이의 계단을 차근차근 올라, 전망대에 오르면 탁 트인 동해가 선물
처럼 나타납니다.

공원 안에 있는 사자 조각은 '나무사자 전국 공예대전'의 역대수상작이
라 완성도가 뛰어납니다. 아이는 사자의 무서운 표정 때문에 가까이 가
지 못하기도 합니다. 이사부사자공원에서 계단을 통해 이동하면 바닷길
위로 난 데크가 나옵니다. 데크는 추암해변과 이어지는 해파랑길 33코스
와 만납니다. 5월부터 8월까지 오전 9시부터 오후 6시까지 물썰매장(1인
5,000원)이 운영되니, 여벌 옷을 준비하면 아이와 함께 즐길 수 있습니다.

스릴 백점, 풍경 만점 바다 횡단

여수해상케이블카

#국내 최초 바다 횡단 #크리스탈 캐빈 #한국관광 100선 #놀아정류장 #검은모래해수욕장
#해야정류장 #돌산도 #돌산공원 #자산공원 #놀아정류장 전망대 #국내 최고 일출 명소
#여수세계박람회장 4대 명물 #향일암 #여수 아쿠아플라넷 #오동도 #동백꽃 군락

도시 '여수'는 오솔길을 걷다 만난 작은 산장 같습니다. 끝없는 수평선을 풍경으로 가진 무인카페이고요. 시인의 작업실 마당에서 자라는 풀잎처럼 소박합니다. 네, 맞아요. 여수는 낭만입니다. 어린이집 등원하는 아침, 느릿느릿한 아이보다 느긋하니 아이의 속도에도 잘 맞을 그런 도시입니다.

"여수 밤바다~ 그 조명에 담긴~ ♬"

남쪽으로 달리는 차 안에서 5시간 동안 흥얼거린 노래를 멈추자 바닷냄새가 와락 안겨듭니다. 여수를 여행하는 내내 남해의 쪽빛 바다와 함께합니다. 알이 꽉 찬 간장게장, 새콤달콤 서대회 무침, 갓 지은 밥 위에 올린 갓김치 생각에 벌써 군침이 흐르지요. 거기에 아이와 함께 낭만 한 스푼을 더할 필수 코스를 소개합니다.

- 추천 시기 **동백꽃 가득한 12~2월 그리고 봄**
- 주소 **전남 여수시 돌산읍 돌산로 3600-1** ● 전화 **061-664-7301**
- 홈페이지 [여수해상케이블카] **www.yeosucablecar.com**, [여수관광문화] **www.yeosu.go.kr/tour**
- 이용 시간 **평일 및 공휴일 09:00~21:30, 토요일 09:00~22:30**
  - ※ 강풍 및 시설 정비 등의 이유로 운영이 중단될 수 있어요.
  - ※ 현장 당일 발권. 예약은 안 됩니다. 하루 전까지 온라인 할인티켓 구매 가능
- 휴무 **연중무휴**
- 이용 요금 **일반 캐빈(8인승) 왕복 어른 15,000원, 소인 11,000원**
  - **크리스탈 캐빈(5인승) 왕복 어른 22,000원, 소인 17,000원**
  - ※ 36개월 미만 무료 탑승(증빙서류 필수 지참)
- 아이 먹거리 **정류장 내 편의점(와플, 음료 등)** ● 수유실 **1층 사무실**
- 소요 시간 **1시간 30분(탑승 시간 편도 13분, 왕복 25분 소요)**

▶ 전남 여수는 한 해 1,300만 명이 찾는 관광 명소다. 여수 관광의 중심에는 밤바다가 자리 잡고 있다. 사진은 놀아정류장에서 본 돌산대교 야경.

해상케이블카 타고 즐기는 여수에서의 완벽한 하루!

'국내 최초 바다 횡단' 타이틀을 가진 여수해상케이블카가 첫 번째 목적지입니다. 여수해상케이블카는 돌산도의 돌산공원과 오동도 앞 자산공원을 잇는 1.5km 구간의 케이블카입니다. 2014년 우리나라 최초로 섬과 육지를 연결해, 연간 약 200만 명에 달하는 여행자가 케이블카에 탑승했습니다. 여수 바다를 바라보며 케이블카를 타는 것도 재밌지만, 양쪽 정류장에 펼쳐지는 풍경도 놓칠 수 없습니다.

돌산공원의 '놀아정류장', 자산공원의 '해야정류장'은 각각 특색이 다릅니다. 추천 코스는 놀아정류장에서 탑승해 해야정류장에

아이랑 여행 꿀팁

● 아이를 유모차에 태운 채 케이블카에 탑승하는 건 일반 캐빈만 가능해요.

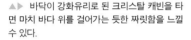
바닥이 강화유리로 된 크리스탈 캐빈을 타면 마치 바다 위를 걸어가는 듯한 짜릿함을 느낄 수 있다.

내리는 겁니다. 오동도와 여수세계박람회장 안의 아쿠아플라넷을 둘러보고, 다시 놀아정류장의 야경까지 보면 완벽한 하루 일정이 잡힙니다. 놀아정류장은 무료 주차장을 운영하고 있어서 자동차를 이용할 경우 더욱 편리합니다.

바닥이 투명한 크리스탈 캐빈 10대와 일반 캐빈 40대, 총 50대의 케이블카가 바다 위를 건넙니다. 크리스탈 캐빈은 바닥을 강화유리로 만들어 스릴이 넘칩니다. 5인승이라 가족만 탑승할 확률이 높은 것도 장점입니다. 약간의 덜컹거림과 동시에 발아래로 바다가 보이니 무서워하는 아이도 있습니다. 하지만 아이 대부분이 "또! 또 타요!"를 외치지요.

놀아정류장 2층 탑승장으로 향하기 전 3층 전망대에 꼭 올라가 보세요. 낮에는 돌산대교와 장군도, 종포해양공원, 거북선대교

▶ 놀아정류장 3층 전망대에서는 돌산대교, 장군도, 종포해양공원, 거북선대교까지 모두 볼 수 있다. 밤이면 공원 시설들이 아름다운 빛으로 물든다.

까지 모두 조망할 수 있습니다. '놀아'라는 이름에서 느껴지듯 돌산대교 머리 위로 지는 해넘이와 야경 또한 감탄을 자아냅니다. 해가 진 밤이면 공원 내 시설에 형형색색의 조명이 켜져 빛 축제장을 연상시킵니다. 정류장에 있는 편의점과 카페, 롯데리아 등에서 간단하게 요기할 수도 있습니다.

" 해야정류장 팔각정에 오르면 오동도와 다도해 풍광이 와락 안겨들지요. "

바다를 건너 해야정류장에 내리면 바로 앞 오동도와 다도해 풍광이 와락 안겨듭니다. 해야정류장은 지상 95m 높이로 아파트 25층 정도에 자리 잡고 있기 때문입니다.

정류장 가장자리에 있는 팔각정에서는 여수신항과 오동도를 오가는 방파제 위 사람들도 한눈에 보입니다. 여수의 랜드마크가 된 엠블호텔도 시야에 들어옵니다.

해야정류장에서 오동도, 여수세계박람회장 모두 도보로 이동할 수 있을 만큼 가까이에 있습니다. 여수세계박람회장에서는 아쿠아플라넷을 비롯해 엑스포디지털갤러리(EDG), 스카이타워, 빅오(Big-O) 등 박람회장의 4대 명물을 한 번에 만날 수 있습니다.

최고 일출 명소, 향일암

여수 여행에 낭만 두 스푼을 더해줄 곳은 향일암입니다. 여수는 한려해상국립공원과 다도해해상국립공원 모두를 품고 있습니다. 여수시에 포함된 365개 섬은 비췻빛으로 물든 바다에 점점

▲ 우리나라 4대 관음도량 가운데 한 곳인 향일암은
우리나라 최고의 일출 명소다.

향일암은 해를 향한
암자라는 뜻이에요.

이 떠 있습니다. 아이와 섬 여행은 배를 타야 해
서 쉽지 않습니다. 하지만 돌산도는 여수 시내
와 돌산대교로 이어져 있어 자동차로 접근할
수 있습니다. 그 끝에 향일암이 있고요.

'해를 향한 암자'라는 뜻을 가진 향일암(向日
庵)은 낙산사 홍련암, 금산 보리암, 강화 보문사와 더불어 우리나
라 4대 관음도량입니다. 전국 최고의 일출 명소이기도 합니다.
가는 길이 꼬불꼬불해서 새벽부터 아이와 함께 나서기는 만만
치 않지만, 천하 일경 남해에서 펼쳐지는 일출을 보면 모든 고생
을 잊습니다. 향일암으로 가는 길목에 있는 전라남도해양수산과
학관도 들려봄 직합니다.

바닷속 수족관
여수 아쿠아플라넷

주소 전남 여수시 오동도로 61-11 아쿠아리움

전화 061-660-1111

홈페이지 www.aquaplanet.co.kr/yeosu/index.jsp

여수 아쿠아플라넷은 아이의, 아이에 의한, 아이를 위한 여행지가 분명합니다. 어림잡아도 방문객 열에 아홉은 유모차를 끌거나 아이 손을 잡은 영아 가족인 걸 보면요. 수유실, 카페테리아, 휴게실 등의 편의시설은 기본! 드넓은 광장에서 마음껏 뛰어놀기도 좋습니다.

내부에는 마린라이프, 오션라이프, 아쿠아 포리스트 등 3개의 전시관이 있습니다. 시간이 넉넉하지 않다면 메인수조가 있는 오션라이프부터 관람하는 것을 추천합니다. 메인수조에서는 하루 5회 아쿠아판타지쇼가 열리는데, 아이들은 아름다운 인어공주의 환상적인 수중발레와 피에로의 익살스러운 공연에 입을 다물지 못합니다. 아쿠아리움에 사는 해양 생물 수만 3만 3,000여 마리입니다. 아이들은 평소 접하지 못한 다양한 어종의 물고기와 해양생물과 끊임없이 교감합니다. 오션라이프에는 국내 최대 아크릴 관람창과 360도 돔수조가 있어 흡사 광활한 바다 안에 와있는 듯한 착각이 듭니다. 이곳의 마스코트인 '벨루가' 생태설명회도 인기입니다.

TIP
- 오후 4시 이후에는 입장권 가격이 비교적 저렴해요. 여행 계획 세울 때 여수 아쿠아플라넷 방문 시간을 오후로 잡는 것도 만족도를 높이는 팁입니다!
- 유모차는 2층 박물관 입·출구에서 빌릴 수 있는데, 36개월 미만 아이만 가능해요.

'여수의 꽃'

오동도

주소 전남 여수시 수정동 산1-11

전화 061-659-1819

홈페이지 tour.yeosu.go.kr/tour/travel/10tour/odongdo

한려해상국립공원의 시작점 오동도. 섬 모양이 오동잎을 닮아 오동도라 불리지만 실은 동백으로 더 유명합니다. 겨울에서 봄이 되는 동안 나무와 땅, 마음에서 세 번 핀다는 동백이 지천으로 펼쳐집니다. 그래서 동백섬이라는 별칭도 갖고 있습니다. 동백꽃은 붉은빛이 가장 절정에 달할 때 송이째 툭 떨어집니다.

오동도는 418종의 희귀수목과 용굴, 코끼리바위 등 천혜의 비경을 자랑합니다. 등대(오후 6시까지 개방)와 음악분수도 볼거리지요. 13만 3,000m² 규모의 섬은 한마디로 거대한 생태숲입니다. 오동도는 섬이지만 768m의 방파제로 육지와 연결되어 있어 아이와 함께 가기에 좋습니다. 방파제는 도보로 15분 남짓. 아이와 '동백열차'를 타는 것도 특별한 재미를 선사합니다. 특히 오동도는 한국관광공사 '열린관광지'에 선정될 만큼 여러 편의시설을 잘 갖추고 있습니다. 가파른 계단을 올라야 하는 용굴을 제외한 탐방로는 유모차와 휠체어로 접근할 수 있으니, 아이를 유모차에 태우고 슝~ 출발해 볼까요?!

TIP
동백꽃은 1월부터 피기 시작해 3월이면 만개해요. 3월에 오동도를 방문하면 만발한 동백꽃으로 붉게 물든 섬을 만날 수 있어요.

검은 모래성 쌓고 노는

검은모래해수욕장

주소 전남 여수시 만성리길 15-1

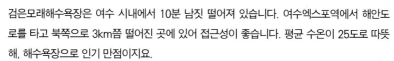

바닷물에 발 담그고 싶은 아이들을 위한 곳, 만성리
검은모래해수욕장은 여수 시내에서 10분 남짓 떨어져 있습니다. 여수엑스포역에서 해안도
로를 타고 북쪽으로 3km쯤 떨어진 곳에 있어 접근성이 좋습니다. 평균 수온이 25도로 따뜻
해, 해수욕장으로 인기 만점이지요.

만성리 검은모래해수욕장은 품이 큰 바닷가로, 시원스러운 경치를 자랑합니다. 백사장이 아
닌 검은 모래 해변이라 특색이 있어요. 제주도의 삼양검은모래해변과 같이 모래찜질로 유명
합니다. 모래찜질은 신경통과 각종 부인병에 효험이 있는 것으로 알려졌어요. 그 효험이 절
정에 이르는 매년 음력 4월 20일(양력 5월 하순~6월 초순 사이)이면 검은 모래가 눈을 뜬다
하여 '검은모래찜질 체험 한마당'이 펼쳐집니다.

해변의 돌은 몽돌이어서 고사리 같은 아이들이 돌을 쥐고 물수제비 놀이를 해보면 좋습니다.

다만 해변 접근 통로가 계단이어서 유모차로 접근하기 불
편합니다. 바로 인근에 여수 해양레일바이크도 있으니 함
께 들러보세요. 전 구간 해안을 따라 달리기 때문에 탁 트
인 바다를 조망할 수 있다는 점이 매력적입니다.

아이 눈높이에 맞춘 예절 교육

유교랜드

#안동문화관광단지 #유교쉼터 #소년선비촌 #온뜨레피움 #허브테마공원 #핑크뮬리
#<엄마 까투리> #안동 홍보대사 #하회마을 #대한민국 8대 으뜸 명소 #한지 체험

"어른한테 왜 인사해야 해?"

"서현아, 이번 추석에 할아버지 할머니를 만나면 예쁘게 절해야 하니까 자, 엄마 따라 해봐."

"절? 왜?"

"응. 절은 이렇게 오른손을 왼손 위에 올리고……."

어리둥절해진 아이는 정작 절은 왜 해야 하는지도 모른 체 그저 엄마가 하라니까 바닥에 넙죽 엎드립니다. 제법 따라 하는가 싶 더니 카메라를 들이대니까 되레 도망가기 바쁘고, 겨우 입혔던 한복마저도 어색한지 벗기라 야단입니다.

"서현아, 어른을 만나면 인사해야지……"

"왜?"

"그건 말이야, 원래 어른들께는 공손함을 표현해야 하는 거야. 인사를 하면 서현이를 잘 기억해주실 거거든."

- ● 추천 시기 **사계절**   ● 주소 **경북 안동시 관광단지로 346-30(성곡동)**
- ● 전화 **054-820-8800**
- ● 홈페이지 **www.confucianland.com**
- ● 이용 시간 **10:00~18:00(계절별 탄력 운영)**
- ● 휴관일 **매주 월요일**
- ● 이용 요금 **일반 9,000원, 어린이 7,000원(만 24개월 미만 무료)**
- ● 수유실 **지하 1층 유아 침대 구비**
- ● 아이 먹거리 **3층 카페테리아 간식거리 있음(수제소시지, 아이스크림). 도시락을 준비하거나, 근처 온뜨레피움 안 프레즐팩토리(피자)에서 먹어도 좋아요.**
- ● 소요 시간 **2시간**

"……"

제법 말을 알아듣기 시작한 30개월, 엄마의 모든 말에는 "왜?"라는 물음표가 따라옵니다. 밥을 왜 앉아서 먹어야 하는지부터 나비가 왜 나비인가까지 말이죠. 식사예절이나 생활 속의 예의범절을 가르치는 건 부모에게 무한한 인내를 요구하기도 합니다.

이불 밟고 다니지 말기, 문지방 밟지 말기 등 그 이유를 딱히 설명하기 어려운 것들은 "그냥 좋지 않은 거야!"라고 결론 내리기 일쑤였지요. 사실 엄마인 저도 자세한 이유를 모른 채 살았고, 그런 채 어른이 된 거죠.

또 가족 간의 호칭은 매번 들어도 왜 그렇게 어렵게 느껴질까요? 이럴 때, 아이의 눈높이로, 어른도 함께 배우는 공간이 있습니다. 바로 경북 안동의 '유교랜드'입니다. 다양한 체험을 하면서 자연스럽게 예절을 배우게 됩니다.

사자소학과 함께하는 놀이터에서 예절 교육 워밍업

안동문화관광단지 입구에 들어서면 너른 광장과 대형 갓을 연상시키는 건물 외관이 관람객의 시선을 사로잡습니다. 탁 트인 공원은 아이가 뛰어놀기에도 그만입니다.

◀ 조선시대 선비들이 썼던 갓을 닮은 유교랜드 건물. 앞마당이 넓고 평탄해서 아이와 뛰어놀기 좋다.

▶ 타임터널을 지나면 16세기 안동 대동마을로 이동한다. 영유아와 함께 방문했다면 '신나는 놀이세상'에서 재미있게 놀며 유교랜드라는 장소에 대한 기대감을 높여보자.

내부는 지하 2층, 지상 3층, 총 5층 규모에 소년·청년·중년·노년·참 선비촌 등 6개관으로 알차게 꾸며져 있습니다. 유익한 체험과 스토리텔링을 결합해 옛 것이 가진 생소함을 덜어주죠. 전시 공간을 모두 체험하려면 최소한 반나절 정도의 시간을 예상해야 합니다.

타임터널을 지나 16세기 안동 대동마을로 가는 시간 여행이 시작됩니다. 영유아와 함께라면 1층 '신나는 놀이세상'이 첫 번째 코스예요. 볼풀장과 트램펄린, 미끄럼틀은 당연 참새 방앗간이지요. 놀이터이지만 유교랜드답게 사자소학을 접할 수 있는 체험 코너가 함께 마련되어 있습니다.

어른도 아이도 함께 배우는 예의범절

2층에는 체험관의 메인 로비 공간인
유교쉼터가 있습니다. 대동마당과 인
공폭포로 꾸며져 있어 가족 단위 관
람객이 쉬면서 선비의 풍류를 느낄 수 있어요. 도시락을 준비했
다면 이곳에서 먹어도 좋습니다.

어린아이들은 제 2관 소년선비촌에 있는 천자문 배우기와 심청
이가 탄 배에 호기심을 가집니다. 이곳에서는 입기 싫다던 한복
도 꽤 오랫동안 입으며 즐거워했답니다. 족보 찾기, 촌수 알기
등의 코너에선 복잡한 가족 관계를 아이에게 어떻게 가르칠지
에 대한 힌트를 얻게 됩니다.

국내 최대 지름 16.4m 원통형 스크린에 입체 영화가 비춰지는
5D 원형 입체영상관도 볼만합니다. 그런데 간혹 어두운 실내에
겁을 내는 아이들이 있으니 보호자가 꼭 함께 있어 주세요.

▲ 소년선비촌 전시 체험 중 '뿌리찾기' 코너에서 성씨의 유래와 시조,
가족의 호칭을 알아본다.
▶ 서당처럼 꾸며진 소년선비촌 전시체험관에서 천자문을 배울 수 있다.

사실 아이는 어른들이 원하는 '콘텐츠'보다 버튼 누르기, 색칠하
기, 두드리기 체험에 더 열중합니다. 그것이 3세 아
이에게는 무엇보다 의미 있는 활동이기도 하고요.
그런데 신기하게도 아이는 알고 있습니다. 이
모든 것이 엄마 아빠와 함께 하면 배워야
할 것이 아닌, 그저 즐거움이라는 걸요..

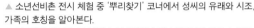

아이랑 여행 꿀팁

- 휠체어와 유모차를 대여할 수 있어요.
- 입장료에 500원을 더하면 허브테마공원인 온뜨레피움을 함께 둘러볼 수 있어요.
- 안동문화관광단지 안에 리조트와 호텔이 있으니 1박하며 둘러보기 좋아요.
- 간혹 작동되지 않는 체험물이 있어서 아쉬워요.

유아기 예절 교육은 어떻게 해야 할가?

'세 살 버릇 여든 간다'는 속담이 있죠. 그만큼 유아기에 배운 습관과 예절은 어른이 되어서도 그대로 드러난다는 뜻일 텐데요. 너무 어린 나이에 훈육을 하면 자칫 눈치 보는 아이로 성장할까봐 걱정되고, 모두 받아주자니 버릇없는 아이가 될까 고민됩니다. 유아기 예절 교육에도 원칙이 있어요.

첫째, 말귀가 통할 무렵부터 일관되게 교육합니다. 말을 알아듣는다면, 안 되는 일에는 단호하게 얘기해주는 것이 좋아요.

둘째, 부모가 좋은 본보기가 되어야 해요. 인사를 시키기 전에 먼저 인사하는 모습을 자주 보여주는 거지요.

셋째, 예절 교육은 보상이 아닌 칭찬으로 이끌어주세요. 잘했으니 사탕을 준다거나, TV 시청 30분 더하기 등의 보상을 한다면 아이가 모든 행동을 보상받기 위한 것으로 오인하기 쉬워요.

온 뜰에 꽃을 피우는
온뜨레피움

주소 경북 안동시 관광단지로 346-95

전화 054-823-8850

홈페이지 www.ontrepieum.co.kr

유교랜드에서 자동차로 3분 거리에 있는 온뜨레피움은 안동문화관광단지를 대표하는 허브테마공원이에요. 약 3만㎡ 규모에 350여 종, 4만 5천여 본의 식물과 바위정원, 토피어리정원, 분수광장, 놀이광장, 풍차, 동물조형물 등 조경 시설물이 잘 갖춰져 있어 가족 단위 휴식 공간으로 제격입니다. 사계절 체험이 가능하고, 언제 어느 때 찾아도 싱그러운 초록 잎을 만날 수 있습니다.

온뜨레피움 관람은 공원 정상에 있는 열대온실에서 시작하면 좋습니다. 야자수, 청견오렌지, 바나나, 선인장 등 260종의 식물 1만 4천 그루가 식재되어 있어 이국적인 정취가 가득한 곳입니다. 가을이면 야외정원에서 요즘 인기가 많은 식물 '핑크뮬리'도 만날 수 있습니다.

온뜨레피움 입장 시 가장 먼저 만날 수 있는 파머스랜드에서는 고추, 오이, 호박, 감자 등 갖가지 농작물을 재배하고 있어요. 아이들에게는 무엇보다 뽀로로 미니기차가 인기입니다.

자연이 모두 놀거리인
하회마을

주소 **경북 안동시 풍천면 하회리**

전화 **054-853-0109**

홈페이지 **www.hahoe.or.kr**

안동 여행하면 빼놓을 수 없는 곳이 하회마을입니다. 하지만 어린 아이에게 고택이나, 초가집이 '뭐 재미있을까?'라는 생각에 고민되는 여행지기도 합니다. 제 아무리 '2017 한국관광 100선' 선정, 문화체육관광부 선정 '대한민국 8대 으뜸 명소' 등의 타이틀을 가지고 있어도 아이들이 심심해하면 아쉬움이 남으니까요.

하지만 하회마을 입구에서부터 노파심이었다는 걸 알게 됩니다. 낙동강이 마을을 감싸며 S자 형으로 흐르고 있는 풍경만 봐도 힐링이 됩니다. 끝없이 펼쳐진 백사장과 부용대로 향하는 뗏목, 울창한 소나무 숲 모두 놀거리입니다. 특히 만송정 솔숲은 고즈넉합니다.

하회마을 입구의 하회세계탈박물관도 둘러봄 직해요. 도깨비 탈을 보고 놀라 뛰쳐나오는 아이들의 모습이 재밌기도 합니다.

부모가 더 신기해하는
안동한지체험장

주소 경북 안동시 풍산읍 나바우길 13

전화 054-858-7007

홈페이지 www.andonghanji.com

하회마을 인근에는 전국 최고의 품질을 자랑하는 안동한지를 만들어볼 수 있는 안동한지체험장이 있습니다. 안동한지는 질 좋은 닥나무를 엄선해 전통적인 제조법으로 생산하고 있어서 유명합니다. 한지공장에서는 한지체험장을 운영하고 있습니다. 아이와 함께 하회마을 여행을 계획했다면 이곳도 꼭 한번 들르길 추천합니다.

공장 견학은 전화 예약 후 무료로 둘러 볼 수 있어요. 예약 없이 방문해도 친절하게 응대해주십니다. 한지 원료인 닥나무를 쪄서 껍질을 벗겨낸 것을 '피닥'이라고 하는데요. 체험장에는 피닥 창고, 전시관, 판매장, 공예방 등이 있어서 한지에 대한 궁금증을 해소할 수 있습니다.

체험은 한지와 한지 탈 만들기, 오색한지 공예, 채색판화 등 다양합니다. 사실 아이보다 한지를 처음 만들어본 제가 더 신기했던 곳입니다. 연중무휴로 운영되고 있어 좋습니다.

타다닥! 장작 타들어 가는 밤

공주한옥마을

#한옥에서 하룻밤 #한옥의 아침 #공주 알밤 다식 만들기 체험 #국립공주박물관
#무령왕릉 #유네스코 세계문화유산길 #로보카폴리안전체험공원 #공산성
#유네스코 세계유산 백제역사지구 #공주풀꽃문학관

옛것의 즐거움을 알게 해준 한옥에서의 하룻밤

"엄마! 굴뚝에서 연기가 나요!"

겨울에 공주한옥마을을 찾으면 오전 6시 반 경 새로운 아침이 열립니다. 아이 허벅지보다 훨씬 굵은 장작이 아궁이에서 이글이글 타오릅니다. 이곳 한옥마을은 참나무 장작으로 불을 지피는 전통 구들장 방식으로 설계 되었습니다. 곧 체크아웃 시간인데 왜 불을 다시 피우느냐고요?

▲ 공주시 캐릭터 공주와 고마곰

지난밤 구들장을 달군 뜨끈한 온기는 이틀 전 피운 불의 결과입니다. 손가락 하나로 온도를 조절하는 오늘날 주택에서는 경험할 수 없는 색다른 체험입니다. 나무와 황토로 지은 집이라 땀과 노폐물 배출에도 도움을 준다니, 건강해지는 잠자리입니다. 다만, 겨울에는 건조해 습도 유지에 신경을 써야 합니다.

- 추천 시기 **사계절** • 주소 **충남 공주시 관광단지길 12**
- 전화 **041-840-8900** • 이용 시간 **00:00~24:00**
- 이용 요금 **입장료 무료, 숙박비(80,000~250,000원), 체험비(5,000~15,000원)**
- 홈페이지 **hanok.gongju.go.kr**
- 아이 먹거리 **한옥마을 내 식당(율화관, 도화관, 태화관, 공주면옥), 편의점**
- 주차장 **카라반 4대, 자가용 22대, 대형 10대, 임산부 2대, 장애인 2대**
- 기타 **유모차 및 휠체어 무료 대여**
- 소요 시간 **1시간 30분**

▲▶ 공주한옥마을은 아궁이에 참나무 장작
으로 불을 지펴 난방한다.

공주한옥마을은 3만 1,310㎡ 부지에 22동 57개의 객실이 있습니다. 아이와 함께 머물 숙소를 정할 때 주변에 유해시설이 없다는 것만으로도 뿌듯한데요. 더욱이 '한옥'이 생소한 아이들에게 이곳에서 하룻밤은 특별한 경험이 될 것입니다. 기단, 초석, 대들보, 서까래 등 전통 가옥을 미리 살짝 공부해가면 아이의 기습적인 질문에 당당하게 답할 수 있겠지요?

인기도 많습니다. 숙박 예약은 매월 1일 오후 2시에 다음 달 예약을 받습니다. 예를 들어 6월에 여행할 계획이라면 5월 1일에

아이랑 여행 꿀팁

4인 가족이라면 사랑채와 별채, 3인 가족은 이인관, 의당관, 농본관을 추천합니다. 영유아 가족은 성인 6명 이상 사용할 수 있는 단체숙박동도 괜찮습니다. 비교적 방 규모가 커 아이가 답답해지지 않습니다.

개별숙박동 실속형(2인실) 내부

예약해야 원하는 날짜에 맞출 수 있어요. 특히 주말 여행을 계획한다면 일정을 미리 확인해두세요!

한옥마을의 백미는 밤과 이른 아침입니다. 해가 저물고 달빛이 고개 내밀 때쯤 아이와 쪽마루에 앉아 하늘을 올려다보세요. 도심에서 볼 수 없었던 반짝이는 별이 가득해 운치를 더합니다.

새가 노래하는 이른 아침에는 창호를 활짝 열고 마름에 팔을 걸치고 앉아보세요. 멀리 보이는 연미산 자락이 장관입니다.

" 한옥마을은 아침과 밤, 각자 다른 운치가 있어요. 이른 아침 창호를 열면 수묵화 같은 풍경이 펼쳐지고, 처마 밑 청사초롱에 불이 켜지면 밤하늘에 별이 하나둘 떠오르지요. "

천 년 전으로 거슬러 가는 전통 체험들

군이 숙박하지 않더라도 한옥마을은 꼭 한번 들려보길 추천합니다. 저잣거리 식당과 전통체험관이 상시 운영되고 있어요. 우성관 앞에 위치한 '전통문화체험관'에서는 백제 의상 입어보기, 공주 알밤 다식 만들기 등을 체험할 수 있습니다.

공주 알밤 다식 만들기 체험은 아이가 클레이 놀이하듯 재밌어합니다. 다식판 구멍에 반죽을 넣어 문양 틀로 눌러 찍는 간단한 체험이지만, 백제 전통 복식을 갖추고 체험하니 더 그럴싸합니다. 과거 다식은 돌, 제례, 혼례, 회갑연 등에만 올렸던 귀한 음식이었던 만큼 건강한 간식이라 많이 먹어도 괜찮습니다. 예약은 필수입니다.

◀▼ 전통문화체험관에서는 백제 전통복을 입고 공주 특산물인 밤으로 다식을 만들어볼 수 있다. 아이는 다식 반죽을 클레이 마냥 조물조물 거리며 즐거워한다.

한옥마을에서 도보 5분 거리에는 국립공주박물관과 아트센터 고마(GOMA)가 있습니다. 15분 거리에는 무령왕릉도 있습니다. 국립공주박물관은 백제 25대 왕이었던 무령왕과 왕비의 능에서 출토된 108종 4,600여 점의 유물을 전시하고 있습니다.

박물관 내부는 마치 두 부부의 속살을 들여다보는 듯합니다. 왕과 왕비의 관장식, 귀걸이, 금제뒤꽂이, 무덤을 지키는 상상의 동물과 묘지석

어떤 한복을 입을까?

▲◀ 감나무 아래 앉아 햇볕 샤워하고, 나지막한 돌담을 따라 고택을 기웃거리고, 뜨락에 핀 꽃 이름을 배우고, 처마 끝에 걸린 달을 말없이 바라보는 등 한옥에서의 시간은 느리게 간다.

등 웅진 백제 문화의 정수를 확인할 수 있습니다. 박물관에서 아이들은 어린이박물관인 '우리 문화 체험실'에서 가장 많은 시간을 보냅니다. 묘지석 꾸미기 체험은 결과물을 인쇄할 수 있어 흥미롭습니다.

날씨가 좋은 날에는 한옥마을 주변으로 조성된 '유네스코 세계문화유산길'을 걸어보세요. 국립공주박물관 옆길에서 정지산 유적지까지 이어지는 1코스는 약 25분, 선화당 옆길을 통해 왕릉공원길까지 가는 2코스는 약 30분 정도로 가볍게 산책하는 기분으로 걸을 수 있습니다.

폴리야, 약속!
로보카폴리안전체험공원

주소 **충남 공주시 월미동길 219**

전화 **041-855-2458**

호불호가 없는 여행지, 로보카폴리안전체험공원입니다. "로보카 폴리 만나러 가자!" 한마디면 아이가 먼저 신발을 신고 있습니다. 공주 월미동에 위치한 안전체험공원에서는 월별로 다른 생활안전 체험이 가능합니다. 교통과 재난 안전을 기본으로, 여름에는 물놀이 안전과 겨울철에는 소방 안전 등을 실습합니다.

1층 영상실에서 약 20분간 이론 교육으로 체험이 시작되는데, 재밌는 스티커북 선물이 걸려있으니 지루할 틈이 없습니다. 2층 체험관에서는 도로와 집안, 등하굣길 통학버스 등 일상생활 공간에서 위험에 대비하는 방법을 배웁니다.

야외 교통안전체험장의 '전동차 체험'이 하이라이트입니다. 5세 이상 어린이는 직접 운전대를 잡고, 신호에 따라 멈추며 교통안전을 익힐 수 있습니다.

전체 체험은 약 2시간 정도 소요됩니다. 시설 주변에 식당 및 편의점이 없으니 시간에 따라 간식을 준비해가면 좋습니다. 체험 7일 전 사전 예약은 필수입니다. 예약 상황에 따라 현장 접수도 가능합니다.

과거와 현재를 잇는 풍경이 펼쳐지는
공산성

주소 충남 공주시 웅진로 280

전화 041-840-2266

공산성은 공주 최고의 전망대입니다. 성곽을 오르면 탁 트인 공주 시내 전경이 한눈에 들어옵니다. 공산성은 백제가 공주에서 부여로 도읍을 옮길 때까지 64년간 백제의 왕성이었습니다. 성곽을 오르면 시원한 강바람에 절로 미소를 머금게 됩니다. 유네스코 세계유산 백제역사유적지구라는 것은 덤입니다. 역사와 관계없이 아이는 성곽을 걸으며 돌, 나무, 깃발, 누각을 마음껏 즐깁니다. 공산성벽의 총 길이는 총 2,660m입니다.

매표소에서 구불구불한 경사로를 걸으면 금서루가 보입니다. 아이와 함께라면 금서루 왼쪽에 있는 공산정을 거쳐 공북루까지 성곽을 걸어간 다음, 다시 금서루로 향하는 평지로 돌아오는 코스가 적당합니다. 유모차 진입은 가능하지만, 경사가 높아 아기띠가 나을 수 있어요. 성곽 계단을 걸을 때는 안전망이 별도로 설치되어 있지 않으니 보호자의 주의가 필요합니다.

공산정으로 향하는 길에 보이는 금강철교도 눈여겨보세요. 1933년만 해도 한강 이남에서 가장 긴 다리였답니다. 공산성 맞은편에는 백제의 맛이라는 '백미고을'이 있는데, 공주 특산품과 먹거리가 즐비합니다. 공산성 안내소에서 할인 쿠폰지 챙기는 것도 잊지 마세요.

공주풀꽃문학관

주소 충남 공주시 봉황로 85-12

전화 041-881-2708

홈페이지 gjliterary.org

"자세히 보아야 예쁘다. 오래 보아야 사랑스럽다. 너도 그렇다."
어디선가 한 번쯤 들어본 시입니다. 짧은 세 문장을 자
꾸 읊조리게 됩니다. 축 처진 어깨를 토닥여주는 듯한
이 시는 나태주 시인의 〈풀꽃〉입니다. 공주풀꽃문학관
은 나태주 시인의 손때 묻은 공간입니다.

여느 문학관과 달리 나태주 시인이 자주 머무르며, 관람
객들과 담소도 나눕니다. 문학관 앞 울타리에 자전거가
세워져 있다면, 그날은 시인을 만날 수 있는 날입니다.

무엇보다 딱딱한 전시관 형태의 문학관이 아닌, 야생화와
풀 향기가 감도는 정원이 있어 좋습니다. 신발을 벗고 문학관으로 들어서면 시인이 쓴 시와
시집, 그의 생활을 한눈에 살펴볼 수 있는 집필실이 있습니다. 문학소녀를 꿈꾸던 시절로 돌
아가 손 글씨로 쓰인 시를 따라 적어보기도 합니다.

오르는 계단은 약 10m 남짓이지만 언덕
배기라 유모차를 끌 때는 힘을 좀 써야
합니다. 문학관 앞으로 넓은 주차장이
마련되어 있어서 편리합니다. 운영 시간
은 오전 10시부터 오후 5시까지(동절기
오후 4시까지, 월요일 휴무)입니다.

아이를 변화시키는 1% 습관 혁명
머리가 좋아지는 정리정돈법

| 오오노리 마미 지음 | 윤지희 옮김 | 238쪽 | 14,000원 |

정리정돈 습관이 아이의 공부뇌를 키운다!

정리정돈은 사물을 분류하고 행동의 절차를 수립하고 이를 단계적으로
실행할 수 있는 능력이다. 이 책은 정리정돈이 전두엽을 고루 발달시킬
수 있다는 점에 주목해, 정리정돈 습관을 통해 아이의 공부뇌를 키우는
방법들을 안내한다. 사용한 물건을 제자리에 두고, 물건을 어디에 두면
더 효율적일지 고민해보고, 필요한 물건과 필요 없어진 물건을 분류하는
등 정리정돈이 습관이 되면 논리력과 집중력이 높아진다.

그림에 번진 아이의 상처를 어루만지다!
아이의 스케치북

| 김태진 지음 | 332쪽 | 16,000원 |

• 문화체육관광부 '우수 교양 도서' 선정

한 편 한 편 그림을 완성하는 사이 아이들의 생채기가 꽃으로 피어난다!

여기 한 미술교사가 있다. 어린 시절 상처받는 아들이었고, 어른이 되어
상처를 준 아버지이기도 한 그는, 이제 그림으로 아이들의 상처를 어루만
진다. 아이들은 그의 미술실로 달려와 감추었던 마음 속 이야기를 그림에
펼쳐놓는다. 그 속에는 부모에게 받은 상처, 친구와의 갈등, 좌절된 꿈에
대한 이야기가 아이들의 일기장처럼 오롯이 담겨있다.

한꺼번에 만들어놓고 전자렌지에 데우면 끝!
엄마표 냉동이유식은 다르다

| 호리에 사와코, 우에다 레이코 지음 | 윤지희 옮김 | 328쪽 | 13,800원 |

매일매일 다른 이유식을 5분 만에 뚝딱 완성!

냉동이유식의 기본은 일주일에 한 번 식재료를 밑손질 해서 냉동해두고,
요리할 때마다 꺼내서 가열하는 것이다. 끼니마다 해야 하는 복잡한 손질
과정이 생략되고, 남은 식재료의 보관 걱정도 해결된다. 일주일에 한 번
장을 봐서 월요일부터 금요일까지의 식재료를 준비하기 때문에 계획적
인 메뉴 구성도 가능하다. 냉동이라고 해서 아기 건강에 해로울까 노심초
사하지는 말자. 이 책은 재료의 신선도를 유지하면서 영양소 파괴가 가장
적은 냉동 비법을 꼼꼼히 일러준다.